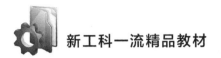新工科一流精品教材

工程图学

（第3版）

◎ 王菊槐　江湘颜　主　编
◎ 段晓菲　赵近谊　陈义庄　郝南南　副主编

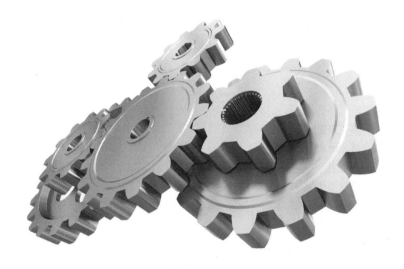

电子工业出版社

Publishing House of Electronics Industry

北京·BEIJING

内 容 简 介

本书是根据教育部高等学校工程图学教学指导委员会制定的工程图学课程教学基本要求,结合多年来的教学实践经验,并吸收兄弟院校近年来教学改革的经验编写而成的,与赵近谊、江湘颜主编的《工程图学习题集》(第 3 版)配套同步出版。

全书共 10 章,另加绪论与附录,主要内容包括投影基础、立体及表面交线、制图的基本知识、轴测图、组合体的视图、机件常用表达方法、标准件和常用件、零件图、装配图、计算机绘图等。本套教材配套电子课件、习题、参考答案、图文件等。

本书可作为高等学校非机械类各专业相关课程(40~75 学时)的教材,也可供相关专业技术人员学习参考。

图书在版编目(CIP)数据

工程图学/王菊槐,江湘颜主编.—3 版.—北京:电子工业出版社,2023.8
ISBN 978-7-121-46246-7

Ⅰ.①工… Ⅱ.①王… ②江… Ⅲ.①工程制图-高等学校-教材 Ⅳ.①TB23

中国国家版本馆 CIP 数据核字(2023)第 167691 号

责任编辑:王羽佳
印　　刷:北京联兴盛业印刷股份有限公司
装　　订:北京联兴盛业印刷股份有限公司
出版发行:电子工业出版社
　　　　　北京市海淀区万寿路 173 信箱　邮编:100036
开　　本:787×1092　1/16　印张:17　字数:469 千字
版　　次:2017 年 8 月第 1 版
　　　　　2023 年 8 月第 3 版
印　　次:2024 年 8 月第 3 次印刷
定　　价:55.00 元

凡所购买电子工业出版社图书有缺损问题,请向购买书店调换。若书店售缺,请与本社发行部联系,联系及邮购电话:(010)88254888,88258888。

质量投诉请发邮件至 zlts@ phei. com. cn,盗版侵权举报请发邮件至 dbqq@ phei. com. cn。

本书咨询联系方式:(010)88254535,wyj@ phei. com. cn。

前　　言

本书是根据教育部工程图学教学指导委员会制定的工程图学课程教学基本要求,结合多年来的教学实践,并吸收兄弟院校近年来教学改革的经验编写而成的。本书与赵近谊、江湘颜主编的《工程图学习题集》(第3版)配套使用。

本书共10章,另加绪论与附录。本套教材的主要特点如下:

(1)重视了对绪论的编写。对从设计的起源到现代工业设计,从图形表达的历史渊源到现代工程图学的发展进行了简要介绍,使得本书的开篇具有趣味性与厚重感。同时,明确了该课程的研究内容与学习任务,使学生对该课程的技术基础性地位与重要性有了全方位的认识与了解,从而加强了学习的积极性与主动性。

(2)改进了传统理论知识介绍的表述方式。本书以研究“体”的投影规律为出发点,将传统画法几何内容中对点、线、面的空间分析融入“体”的投影中,从“知其然”再到“知其所以然”,符合人们认知事物的客观规律。

(3)坚持基础理论以实践应用为目的。以“必须、够用”为指导思想,教材内容的选择及体系结构力求体现应用型本科的特色。注重“仪器绘图、徒手草图、计算机绘图”三大技能以及空间分析能力与创新能力的培养。

(4)注重对教学内容的递进式教学设计。考虑到只有建立起基本的投影体系,完成一定的习题作业后,再用图纸进行尺规绘图,教学的成效才会更佳,所以,本书将《技术制图》国家标准等陈述性内容安排在投影基础理论之后。考虑到计算机上机相对集中安排较为便利,所以计算机绘图部分采取单独成章的方式编写。

(5)注重编写的创新性。注意从日常的产品中提取几何形体进行分析。例如,在轴测图一章中,立体的几何形态来自照相机、螺母螺栓、台阶、手提灯、椅子等,增加了内容的可读性。标准件与常用件的连接画法归类到了装配图一章的典型装配结构画法中。组合体的构型分析开阔了学生的发散性思维,增加了对组合体三维造型基础的介绍。全书贯彻了最新国家标准。

(6)强调了教材中图例的选择与习题的呼应性,注重基础练习与提高性练习题的合理安排。习题集的编写由教材相应章编写人承担,注重了图例选择的典型性、精练性和目的性。为了检测学习效果,习题集附了 4 套测试卷,供学生与教师期中与期末检测复习之用。

本套教材的参考学时为 40~75 学时。本套教材提供配套电子课件、习题参考答案等,请登录华信教育资源网(http://www.hxedu.com.cn)注册下载。

本书由王菊槐、江湘颜担任主编。

编写章次与分工为:绪论、第一章(王菊槐),第二章(赵近谊),第三章(赵近谊、段晓菲),第四章(王菊槐、段晓菲),第五章(江湘颜),第六章(易惠萍、江湘颜),第七章、第九章(刘东燊、陈义庄),第八章、第十章(林益平、郝南南),附录(刘东燊、朱亨荣)。

在本书的编写过程中,编者参考了国内一些同类著作和资料,已作为参考文献列于书末。湖南工业大学教务处对本书的出版给予了大力的支持,在此一并致谢!

编 者
2023 年 7 月

目　录

VI

绪　　论

0.1　设计的起源与现代工业设计

1. 设计的起源

设计是人类为了实现某种特定目的而进行的一项创造性活动,是人类赖以生存与发展的最基本的活动。从这个意义上讲,自从人类有意识地制造、使用工具和装饰品开始,人类的设计文明便开始萌发了。设计的萌芽阶段可以追溯到石器时代。远古先民们已经能够加工出石凿、石斧等原始工具来满足自身生存的需要了。远古时期人类使用的工具如图 0-1 所示。这个时期,设计者就是制造者,他的设计构思和结果直接表达成"产品"。

图 0-1　远古时期人类使用的工具

2. 手工艺设计阶段

距今七八千年前,人类出现了社会分工。随着新材料的出现,各种用品和工具也被不断创造出来,以满足社会发展的需求。人类的设计活动日益丰富并走向手工业设计的新阶段。

设计反映了时代的思想,它既体现了人类生活方式和审美意识的演变,又体现了社会生产水平的变迁。数千年漫长的发展历程至工业革命前,人类创造了光辉灿烂的手工业设计文明。如图 0-2 所示为中国的经典手工业品。

如图 0-3 所示为国外工业革命前的经典手工业品。

3. 现代工业设计阶段

随着时代的发展,人类进入了机器大生产时代。现代工业(产品)设计是以工业化大批量为条件发展起来的,它是人类设计文明的延续与发展。设计可以与制造相分离的前提是图样的出现与规范。

陶瓶　　　　　　　　　　　漆鼎　　　　　　　　　　明代靠椅

图 0-2　中国的经典手工业品

法老王座　　　　　　　　三腿凳　　　　　　　　　铁烛台

图 0-3　国外工业革命前的经典手工业品

现代工业设计的基本程序是:设计准备 → 设计深入→ 设计完善 → 设计完成。
其具体步骤为:

① 提出问题,确定课题
② 市场调查与资料收集
③ 调查结果的分析与综合
④ 设计定位,确立设计目标
⑤ 草图构思,功能与结构分析
⑥ 方案选定,绘制效果图与工程图
⑦ 模型与样机的试制
⑧ 设计报告书的完成

设计师

工程师

改良设计

开发设计

概念设计

效果图:具有色彩与质感及透视效果的产品图。如图 0-4(a)所示为组合文具效
果图。

工程图:表达形状结构、尺寸大小、技术要求等的图样。如图 0-4(b)所示为组合文
具外形简单三视图。

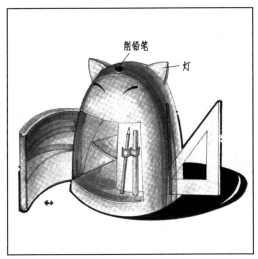

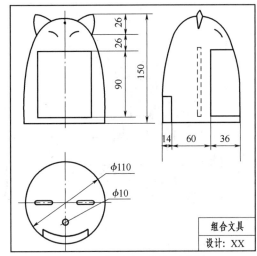

(a) 组合文具效果图　　　　　　　　　　(b) 组合文具外形简单三视图

图 0-4　组合文具

0.2　本课程的研究对象与内容

在现代工业生产中，无论是设计还是制造，大到航空航天机器设备，小到仪器仪表，都离不开图样。所以，图样是设计意图、交流技术思想和指导生产的重要工具，是生产中重要的技术文件。图样常被称为"工程界的技术语言"。

本课程主要研究空间问题在平面上的图示与图解，其主要任务是研究工程图样的绘制与阅读。它是工科院校学生一门十分重要的技术基础课，也是大学生公共知识平台的重要组成部分。

图样主要包括的内容为以下四个方面。

① 一组图形：表示产品或零件的形状结构。

② 一组尺寸：表示产品或零件的大小。

③ 技术要求：使产品达到工作性能提出的特殊要求和技术措施。

④ 标题栏等：产品名称、比例、材料、图号、设计、审核、单位等信息均要填写在图样标题栏内。装配图还要有零件编号与明细栏等信息。

在上述四个方面中，本课程的研究对象主要是图形。

1. 装配图

产品或者机器部件都是由零件组装而成的，从而实现某种功能。装配图就是表达产品或者机器部件结构及其工作原理的图样。如图 0-5 所示为球阀的装配图。

组成球阀的零件如图 0-6 所示。

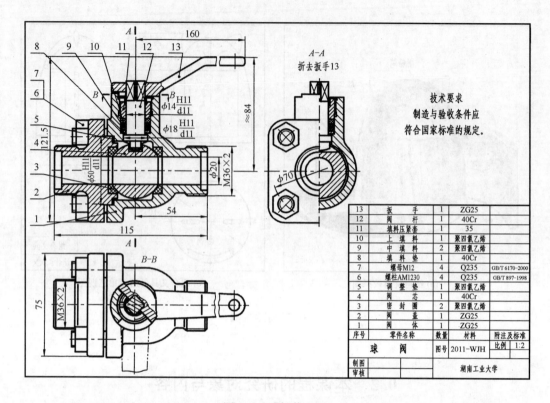

技术要求
制造与验收条件应
符合国家标准的规定。

13	扳 手	1	ZG25	
12	阀 杆	1	40Cr	
11	填料压紧套	1	35	
10	上 填 料	1	聚四氯乙烯	
9	中 填 料	2	聚四氯乙烯	
8	填 料 垫	1	40Cr	
7	螺母 M12	4	Q235	GB/T 6170-2000
6	螺柱 AM1230	4	Q235	GB/T 897-1998
5	调 整 垫	1	聚四氯乙烯	
4	阀 芯	1	40Cr	
3	密 封 圈	2	聚四氯乙烯	
2	阀 盖	1	ZG25	
1	阀 体	1	ZG25	
序号	零件名称	数量	材料	附注及标准
球 阀		图号	2011-WJH	比例 1:2
制图			湖南工业大学	
审核				

图 0-5　球阀装配图

图 0-6　组成球阀的零件

2. 零件图

　　所谓零件就是产品或者机器部件上不能分解的最小单元。图 0-7 所示为阀盖立体及其零件图。

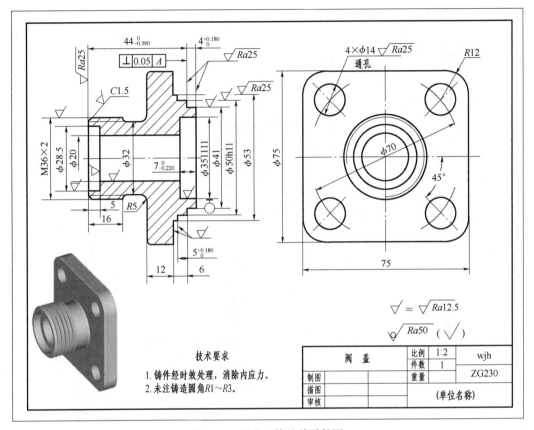

图 0-7　阀盖立体及其零件图

3. 建筑工程图

如图 0-8 所示的建筑工程图为某建筑体及其底层平面图。

0.3　本课程的历史形成与发展

任何一门学科的产生归根到底依赖于人类的生产实践。恩格斯在谈到数学时说:"和其他科学一样,数学是从人的需要中产生的:从丈量土地、测量容积、计算时间和制造器物中产生。"工程图学同样在农业、建筑、记录天象等人的生产实践需要中产生。

1. 中国古代的设计制图

远在公元前,我们的祖先对于圆、勾、股等几何问题就有了卓越的见解。在春秋时代《周礼考工记》中就有关于"规""矩""绳"画图仪器的记载。宋代李诚所著《营造法式》中不仅有传统使用的轴测投影图,还有许多采用正投影图法绘制的图样。明代《武备志》一书中龙尾战车图不仅有外形图,还有每个零件的零件图。

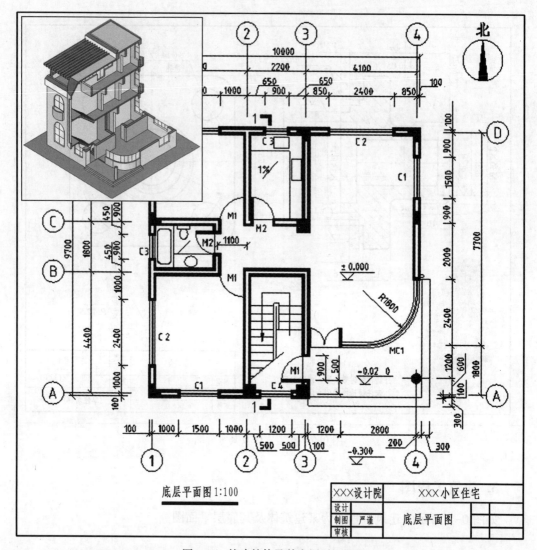

图 0-8　某建筑体及其底层平面图

　　图 0-9 所示为南朝宋炳(公元 375—443) 著《画山水序》中所附的投影原理图。它形象地表现了在透明画面上表达物体的透视方法。图 0-10 所示为《营造法式》中的建筑图。

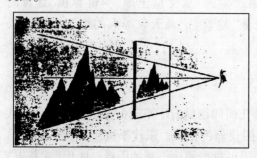

图 0-9　《画山水序》中所附投影原理图

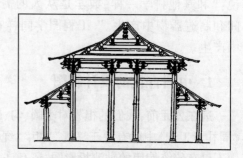

图 0-10　《营造法式》中的建筑图

图 0-11 所示为元代薛景石《梓人遗作》中的纺织机械图。图 0-12 所示为元代王祯的《农书》中的农业机械图。

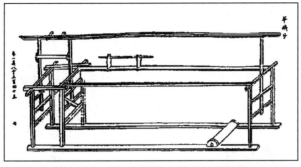

图 0-11　《梓人遗作》中的纺织机械图

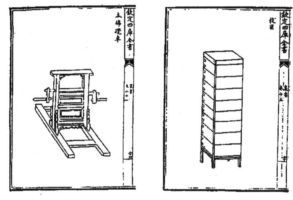

图 0-12　《农书》中的农业机械图

2. 外国古代的设计表达

几何作图规律是从各种建筑物、工事要塞等的建筑实践中总结出来的，到了晚些时期才应用到机器制造中。保存至今的古代宏伟的建筑遗迹，说明这些建筑物曾经采用过平面图和其他图样。古罗马作家、建筑师、工程师维特鲁威（全名 Marcus Vitruvius Pollio）的《建筑十书》是这方面最古老的著作之一。如图 0-13 所示为《建筑十书》中的设计插图。

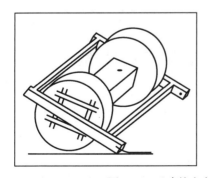

图 0-13　《建筑十书》中的设计插图

至文艺复兴时期,在意大利、荷兰和德国,建筑学与绘画术得到了蓬勃发展,外国古代的工程设计常常与艺术联系在一起。意大利文艺复兴时期的画家、自然科学家、工程师达·芬奇(Leonardo da Vinci)的大量设计作品就充分说明了这一点,如图0-14所示。

 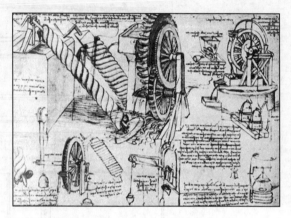

图 0-14　达·芬奇的设计草图

18世纪的工业革命,也称产业革命,是资本主义生产从手工工场阶段向机器大工业阶段的过渡。生产技术的根本变革与细化的社会分工,为工业产品的设计与表达提出了新的课题。

3. 现代设计的表达与发展

法国数学家、化学家和物理学家蒙日(Gaspard Monge,1746—1818),将空间物体图像在平面上的绘制加以系统化与概括,在1798年出版了著作《画法几何学》,它是第一本系统阐述在平面上绘制空间形体图像一般方法的著作,是工程图学发展史上的里程碑。

随着工业化进程的发展与技术的日新月异,逐步形成了一门包括理论图学、应用图学、计算机图学等内容的重要学科——工程图学。应用工程图学的方法,可以画出机械图、建筑图等多种形式的工程图样,为解决工程设计等问题提供了可靠的理论依据和有效手段。

人类进入了信息社会,设计与制造环境发生了巨变。计算机辅助设计(CAD)技术的发展推动了所有领域的设计革命。设计界开始进入数字化三维设计时代。

0.4　本课程的任务与基本技能

1. 本课程的学习任务

① 掌握投影法,特别是正投影法基本理论。
② 培养良好的空间想象能力和空间分析能力。
③ 能正确使用工具,掌握仪器绘图和徒手作图技能,具有初步的"国家标准"意识。
④ 对计算机辅助设计(CAD)的两维画图与三维建模有初步的了解。

⑤ 能够绘制和阅读中等复杂程度的图样。

⑥ 培养严谨、细致的工作作风与创新能力。

2. 本课程应具备的基本技能

（1）仪器绘图能力

能利用图板、丁字尺等绘图仪器，用手工的方法绘制图样，如图 0-15 所示。

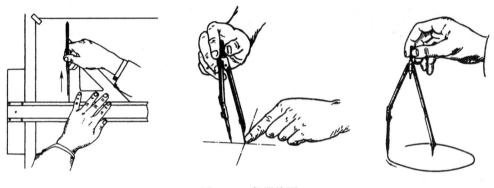

图 0-15　仪器绘图

图 0-16 所示为用图板、圆规等绘图仪器在图纸上绘制的仪器画图示例。

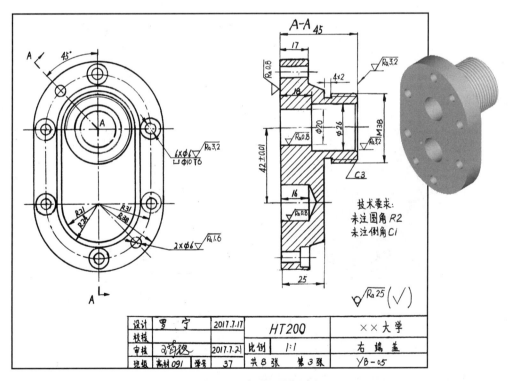

图 0-16　仪器画图示例

(2) 徒手绘草图能力

① 设计草图

使用铅笔等工具徒手勾勒出的具有立体效果的创意设计草图,如图 0-17 所示。

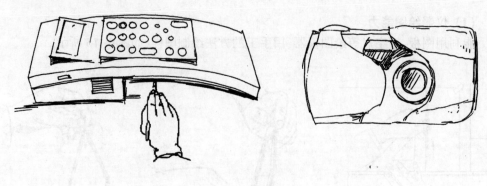

图 0-17　设计草图

② 工程草图

如图 0-18(a)所示为齿轮的立体图,如图 0-18(b)所示为表达齿轮的工程草图。它是基于投影法原理绘制的。

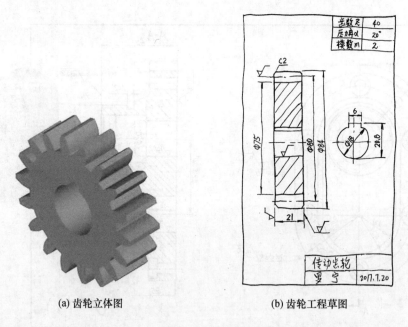

(a) 齿轮立体图　　　　　　　(b) 齿轮工程草图

图 0-18　齿轮

如图 0-19 所示为平面图形的草图绘制过程。

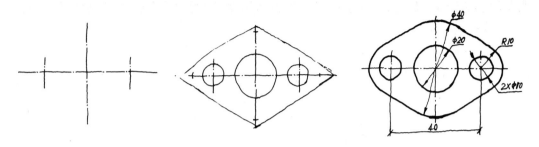

图 0-19　平面图形的草图绘制过程

（3）计算机绘图能力

① 利用计算机及其软件绘制二维图形

图 0-20 所示为用 Auto CAD 软件绘制的轴承座三视图与实体界面。

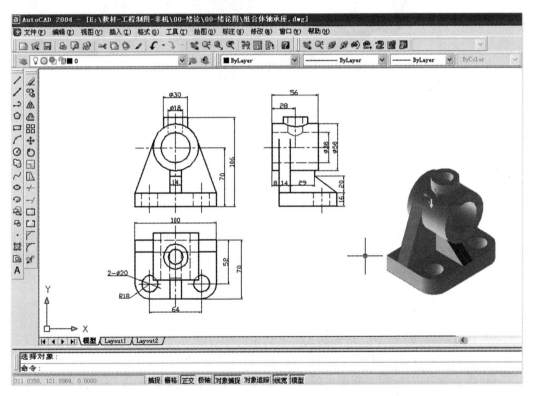

图 0-20　用 Auto CAD 软件绘制的轴承座三视图与实体界面

② 利用计算机软件绘制三维模型

如图 0-21 所示为用三维计算机软件绘制的轴系爆炸图界面。

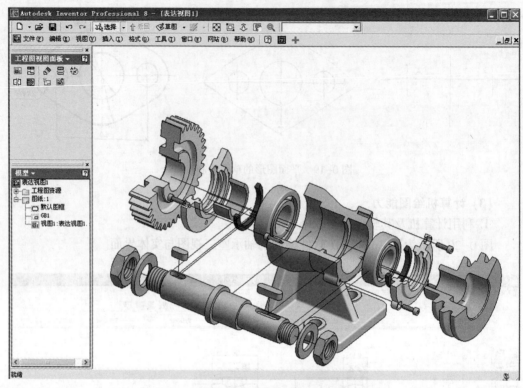

图 0-21　三维计算机软件绘制的轴系爆炸图界面

0.5　本课程的学习方法

本课程是一门实践性很强的技术基础课,学习本课程必须坚持理论联系实际,既要注重学好基本理论知识,又要注意练好基本功,为此,应通过大量的习题、绘图作业、计算机上机、机器部件测绘等实践环节,加深对所学知识的理解、巩固与掌握,从而达到灵活应用的目的。为此,需要注意如下几点:

①　扎实掌握基本概念、理论、方法,注重学习方法与效果。

②　认真听课,勤于思考,培养与人沟通讨论的学习能力,独立完成各类作业。

③　特别重视仪器绘图、手工草图和计算机制图三大能力的培养。

④　学会学习方法,树立制图过程中的"国家标准"意识、规范意识、审美意识。

⑤　多看多画、多想多练,培养自己严肃认真、一丝不苟的学习作风与态度。

第1章 投影基础

太阳或灯光照射物体时,在墙壁或地面上就出现了物体的影子,这是一种自然的投影现象。根据这种现象,人类经过科学总结影子与物体的几何关系,创造了把空间物体在平面上表示的方法——投影法。本章主要研究立体以及构成立体最基本的几何元素点、线、面在平面上的表达理论与方法。

1.1 投影法概述

1. 投影法基本概念

在投影法中,得到投影的平面(P)称为投影面,发自投射中心且通过物体上各点的直线称为投射线,投影面上的"影子"称为投影。投影法及分类如图 1-1 所示。

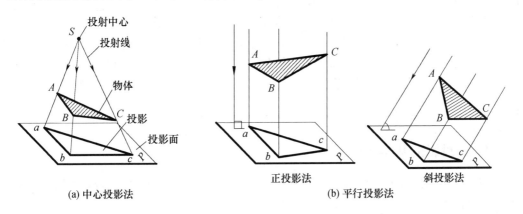

(a) 中心投影法　　　　正投影法　　(b) 平行投影法　　　斜投影法

图 1-1　投影法及分类

2. 投影法分类

由于投射线的不同,投影法一般可分为中心投影法和平行投影法两大类。

(1) 中心投影法

投射线相交于一点的投影法称为中心投影法,如图 1-1(a)所示。

(2) 平行投影法

投射线相互平行的投影法(投射中心位于无限远处)称为平行投影法,如图 1-1(b)所示。在平行投影法中,根据投射线是否垂直投影面,又分为如下两种。

① 正投影法:投射线垂直于投影面的平行投影法,根据正投影法所得到的图形称为正投影图,简称正投影。

②斜投影法：投射线与投影面相倾斜的平行投影法，根据斜投影法所得到的图形称为斜投影图，简称斜投影。

3. 投影法应用

工程上常用的投影方法是平行投影法。特别是在一定条件下，正投影图的度量性好、作图简便，应用尤其广泛。本课程主要研究正投影法。为了叙述简便起见，本书中如未加说明，所述投影均指正投影。投影法应用与图例见表1-1。

表1-1　投影法应用与图例

投影法	投影图名	图　　例	投影面数	特点与应用
中心投影法	透视图		单个	近大远小特征，直观逼真，但作图复杂，度量性差。多应用于建筑等效果图
平行投影法	轴测图		单个	直观性强但没有透视图逼真，度量性差。多应用于工程辅助图样
	多面正投影图		多个	度量性好且作图容易，但直观性较差。主要应用于工程图样的绘制

4. 正投影的基本特性

空间元素与投影面的相对位置不同，其投影特性也不同。正投影的基本特性有真实性、积聚性、类似性。正投影的图例与特性见表1-2。

表1-2　正投影的图例与特性

投影性质	真实性	积聚性	类似性
图例			
说明	直线、平面平行于投影面时，投影反映实形	直线、平面垂直于投影面时，投影积聚成点和直线	平面倾斜于投影面时，投影形状与原形状类似

1.2 三 面 投 影

1. 三视图的形成

(1) 单面投影

如图 1-2(a)所示,点的投影仍为点。设投射方向为 S,空间点 A 在投影面 H 上有唯一的投影 a。反之,若已知点 A 在 H 面上的投影 a,却不能唯一确定点 A 的空间位置(如 A_1、A_2),由此可见,点的一个投影不能确定点的空间位置。

同样,仅有物体的单面投影也无法确定空间物体的真实形状,如图 1-2(b)所示。形态不同的 A、B 物体在 W 面上却得到了相同的投影。这样,空间形体与投影之间没有一一对应关系。为此,必须增加投影面的数量。

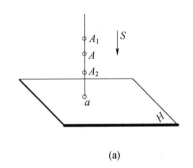

(a)

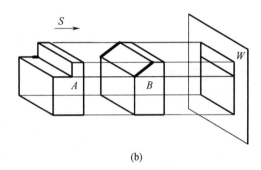

(b)

图 1-2 单面投影

(2) 三面投影

三个相互垂直的投影面 V、H 和 W 构成三面投影体系,如图 1-3 所示。

正立放置的 V 面称正立投影面,简称正立面;水平放置的 H 面称水平投影面,简称水平面;侧立放置的 W 面称侧立投影面,简称侧立面。

投影面的交线称投影轴即 OX、OY、OZ,三投影轴的交点 O 称为投影轴原点。

三面投影体系将空间分为八个区域,称为分角。国家标准"图样画法"规定,技术图样优先采用第一分角画法,本教材主要讨论在第一分角。

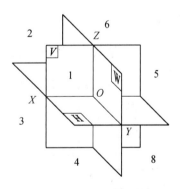

图 1-3 三面投影体系

三面投影体系与三视图如图 1-4 所示。如图 1-4(a)所示,将物体置于第一分角后,分别在三个方向上得到投影。为了把物体的三面投影画在同一平面内,国家标准规定 V 面保持不动,H 面绕 OX 轴向下旋转 90° 与 V 面重合,W 面绕 OZ 轴向右旋转 90° 与 V 面重合。这样,V-H-W 展开后就得到了物体的三面投影,如图 1-4(b)所示,其中 OY 轴随 H 面旋转时以 OY_H 表示,随 W 面旋转时以 OY_W 表示。

投影图大小与物体相对于投影面的距离无关,即改变物体与投影面的相对距离,并不会引起图形的变化。所以,在画实体投影图时一般不画出投影面的边界以及投影轴,如图 1-4(c)所示。

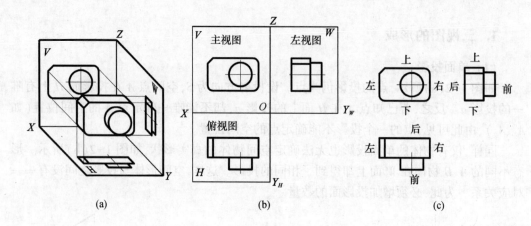

图 1-4　三面投影体系与三视图

(3) 视图的概念

所谓视图实际上就是物体正投影的通俗说法。如图 1-4 所示,物体在 V、H 和 W 面上的三个投影,通常称为物体的三视图。

其中,正面投影即从前向后投射所得图形,称为主视图;水平投影即从上向下投射所得的图形,称为俯视图;侧面投影即从左向右投射所得的图形,称为左视图。如图 1-4(b)所示即为三视图的配置关系。

主视图上反映物体左右、上下方向;俯视图上反映左右、前后方向;左视图上反映上下、前后方向,如图 1-4(c)所示。

2. 三视图之间的投影规律

如图 1-5 所示,三视图之间的投影关系如下。

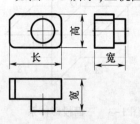

图 1-5　三视图投影关系

主、俯视图:共同反映物体的长度方向的尺寸,简称"长对正"。

主、左视图:共同反映物体的高度方向的尺寸,简称"高平齐"。

俯、左视图:共同反映物体的宽度方向的尺寸,简称"宽相等"。

"长对正、高平齐、宽相等"反映了物体上所有几何元素三个投影之间的对应关系。三视图之间的这种投影关系是画图时必须遵循的投影规律和读图时必须掌握的要领。

3. 物体三视图画法示例

如图 1-6 所示为立体的三视图画法示例。根据《技术制图》国家标准,对图线的规范要求是：

中心线与对称轴线必须画成细点画线；可见轮廓画成粗实线；不可见轮廓画成细虚线；作图中的辅助线与投影连线通常画成细实线。

图线粗细的规范是，粗线的线宽为细线线宽的 2 倍。

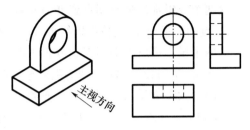

图 1-6　立体的三视图画法示例

1.3　点、直线、平面的投影

前面已经初步研究了物体与视图之间的对应关系，但为了迅速而准确地表达更为复杂的空间形体，就必须进一步研究构成形体的最基本的几何元素（点、线、面）的投影规律。

1. 点的投影

(1) 点的三面投影

点的三面投影如图 1-7 所示，由空间点 A 分别作垂直于 H、V 和 W 的投射线，其垂足 a、a'、a'' 分别为点 A 在 H 面、V 面和 W 面上的投影。通常规定，空间点用大写字母如 A、B 表示，水平投影用相应的小写字母表示，正面投影用相应小写字母加一撇表示，侧面投影用相应小写字母加两撇表示。a 称为点 A 的水平投影；a' 称为点 A 的正面投影；a'' 称为点 A 的侧面投影。

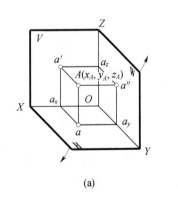 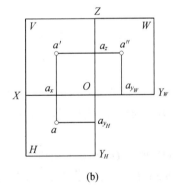 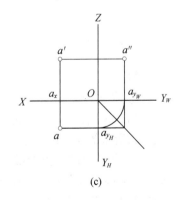

(a)　　　　　　　　　　　(b)　　　　　　　　　　　(c)

图 1-7　点的三面投影

(2) 点的投影规律

从图 1-7 中可以看出，空间一点 $A(x_A, y_A, z_A)$ 在三面投影体系中有唯一确定的一组投影 (a, a', a'')，反之如果已知点 A 的三面投影即可确定点 A 的坐标值，也就确定了其空间位置。因此可以得出点的投影规律：

① 点的 V 面与 H 面的投影连线垂直于 OX 轴，即 $a'a \perp OX$

这两个投影都反映空间点到 W 面的距离即 X 坐标：$a'a_z=aa_{y_H}=X_A$

② 点的 V 面与 W 面投影连线垂直于 OZ 轴,即 $a'a''\perp OZ$

这两个投影都反映空间点到 H 面的距离即 Z 坐标：$a'a_x=a''a_{y_W}=Z_A$

③ 点的 H 面投影到 OX 轴的距离等于点的 W 面投影到 OZ 轴的距离。

这两个投影都反映空间点到 V 面的距离即 Y 坐标：$aa_x=a''a_z=Y_A$

实际上,上述点的投影规律也体现了三视图的"长对正、高平齐、宽相等"。

作图时,为了表示 $aa_x=a''a_z$ 的关系,通常用过原点 O 的 $45°$ 辅助线把点的 H 面与 W 面投影关系联系起来,如图 1-7(c)所示。

点的三个坐标值 (x,y,z) 分别反映了点到 W、V、H 面之间的距离。根据点的投影规律,可由点的坐标画出三面投影,也可根据点的两个投影作出第三投影。

【例 1-1】 已知点 A 的两面投影和点 B 的坐标为 $(25,20,30)$,求点 A 的第三面投影及点 B 的三面投影(见图 1-8(a))。

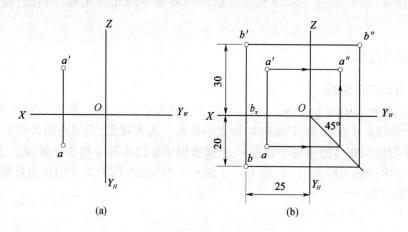

(a)　　　　　　　　　　　(b)

图 1-8　求点的三面投影

解：

① 求 A 点的侧面投影。先过原点 O 作 $45°$ 辅助线。作平行于 OX 轴的直线与 $45°$ 辅助线相交一点,过交点作垂直于 OY_W 的直线,该直线与过 a' 平行于 OX 轴的直线相交于一点即为所求侧面投影 a''。

② 求 B 点的三面投影。在 OX 轴取 $Ob_x=25$mm,得点 b_x,过点 b_x 作 OX 轴的垂线,取 $b'b_x=30$mm,得点 b',取 $bb_x=20$mm,得点 b;同求 A 点的侧面投影一样,可求得点 B 的侧面投影 b''。答案如图 1-8(b)所示。

(3) 重影点及点的相对位置

若空间两点的某一投影重合在一起,则该点称为投影面的重影点。如图 1-9 所示,在切角三棱柱上的两点 A、C 为 H 面上的重影点,A、B 为 W 面上的重影点。重影点的可见性由两点的相对位置判别,不可见点的投影字母以加括号"( )"表示。

空间点的相对位置,可以在三面投影中直接反映出来,如图 1-9(b)所示,在切角三棱柱的两点 A、D,在 V 面上反映两点上下、左右关系,H 面上反映两点左右、前后关系,W 面上反映两点上下、前后关系。

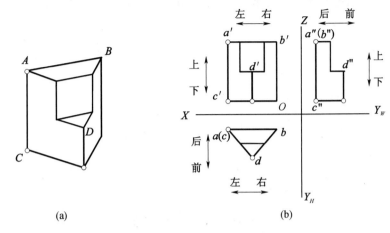

图 1-9　重影点及点的相对位置

2. 直线的投影

（1）一般直线及直线上点的投影

直线的投影一般仍为直线。由几何学知道,空间两点决定一条直线,因此要作直线的投影,只需作出直线段上两点的投影(两点在同一投影面上的投影称为同面投影),如图 1-10所示。

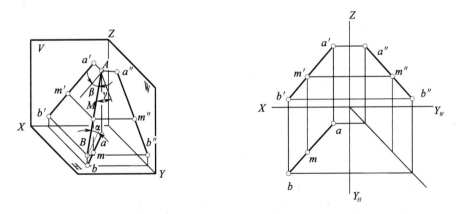

图 1-10　一般直线及直线上点的投影

一般位置直线对三个投影面都倾斜,其三面投影仍为直线。直线对 H、V、W 面的倾角用 α、β、γ 来表示,则 $ab=AB\cos\alpha<AB$,$a'b'=AB\cos\beta<AB$,$a''b''=AB\cos\gamma<AB$。

直线上的点,具有下列投影特性。

① 从属性:点在直线上,点的投影必在直线的同面投影上。如图 1-10 所示,在直线 AB 上有一点 M,点 M 的三面投影 m、m'、m'' 分别在直线 AB 的同面投影 ab,$a'b'$,$a''b''$ 上。

② 定比性:点在直线上,点分线段之比等于其投影之比。如图 1-10 所示,点 M 分 AB 成 AM 和 BM,则 $AM:BM=am:bm=a'm':b'm'=a''m'':b''m''$。

【例1-2】　如图1-11(a)所示,已知点 C 分 AB 为 $AC:BC=3:2$,求点 C 的投影。

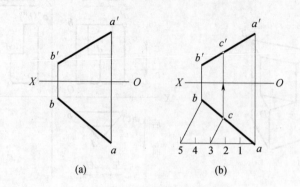

图1-11　求直线上点的投影

解:

分析:根据直线上点的定比性,可将 AB 的任一投影分成3:2,求得点 C 的一个投影,利用从属性,求出点 C 的另一投影。

作图(如图1-11(b)所示):

① 过点 a 作任意直线,并截取5个单位长度,并连接线 $5b$。

② 过点3作 $5b$ 的平行线,交 ab 于点 c。

③ 由点 c 作投影连线,交 $a'\,b'$ 于点 c'。

(2) 特殊位置直线的投影特性

$$\text{特殊直线}\begin{cases}\text{投影面平行线}\\\text{(仅平行于某个投影面)}\begin{cases}\text{正平线:平行于 }V\text{,倾斜于 }H\text{、}W\\\text{水平线:平行于 }H\text{,倾斜于 }V\text{、}W\\\text{侧平线:平行于 }W\text{,倾斜于 }V\text{、}H\end{cases}\\\text{投影面垂直线}\\\text{(垂直于某个投影面)}\begin{cases}\text{正垂线:垂直于 }V\text{,平行于 }H\text{、}W\\\text{铅垂线:垂直于 }H\text{,平行于 }V\text{、}W\\\text{侧垂线:垂直于 }W\text{,平行于 }V\text{、}H\end{cases}\end{cases}$$

① 投影面平行线的投影。

投影面平行线的投影特性(正平线、水平线、侧平线)见表1-3。

表1-3　投影面平行线的投影规律

名称	立体图	投影图	投影特性
正平线 $AB/\!/V$	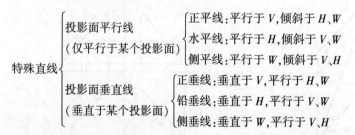		(1) $a'b'$ 反映实长和真实倾角 α、γ。$\beta=0$。 (2) $ab/\!/OX$,$a''b''/\!/OZ$,长度缩短

续表

名称	立 体 图	投 影 图	投 影 特 性
水平线 $AC//H$			(1) ac 反映实长和真实倾角 β、γ。$\alpha=0$。 (2) $a'c'//OX$, $a''c''//OY_W$, 长度缩短
侧平线 $BC//W$			(1) $b''c''$ 反映实长和真实倾角 α、β。$\gamma=0$。 (2) $b'c'//OZ$, $bc//OY_H$, 长度缩短

投影面平行线的投影特性:
① 直线在与其平行的投影面上的投影,反映该线段的实长及该直线与其他两个投影面的倾角。
② 直线在其他两个投影面的投影分别平行于相应的投影轴

② 投影面垂直线的投影。

投影面垂直线的投影特性(正垂线、铅垂线、侧垂线)见表 1-4。

表 1-4 投影面垂直线的投影

名称	立 体 图	投 影 图	投 影 特 性
正垂线 $CF\perp V$			(1) $c'f'$ 积聚成一点。 (2) $cf\perp OX$, $c''f''\perp OZ$, 且反映实长,即 $cf=c''f''=CF$
铅垂线 $BE\perp H$			(1) b、e 积聚成一点。 (2) $b'e'\perp OX$, $b''e''\perp OY_W$, 且反映实长,即 $b'e'=b''e''=BE$

名　称	立 体 图	投 影 图	投 影 特 性
侧 垂 线 $AD \perp W$			(1) a''、d'' 积聚成一点。 (2) $a'd' \perp OZ$，$ad \perp OY_H$， 且反映实长，即 $ad =$ $a'd' = AD$

投影面垂直线的投影特性：
① 直线在与其垂直的投影面上的投影积聚成一点。
② 直线在其他两个投影面的投影分别垂直于相应的投影轴，且反映该线段的实长

③ 直角三角形法求一般线实长及倾角。

特殊位置的直线至少有一个投影反映实长并反映直线对投影面的倾角。一般位置直线的三面投影均不反映实长及倾角的真实大小，能否根据直线的已知投影求其实长及倾角的真实大小呢？实际应用中，可用直角三角形法求得。

如图 1-12 所示，AB 为一般位置的直线，过 A 作 $AB_0 /\!/ ab$，则得一个直角 $\triangle ABB_0$。在直角 $\triangle ABB_0$ 中，两直角边的长度为 $BB_0 = Bb - Aa = Z_B - Z_A = \Delta Z$，$AB_0 = ab$，$\angle BAB_0 = \alpha$。

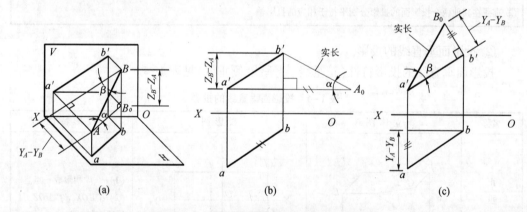

图 1-12　直角三角形法求一般线实长及倾角

可见只要知道直线的投影长度 ab 和对该投影面的坐标差 ΔZ，就可求出 AB 的实长及倾角 α，作图过程如图 1-12(b) 所示。

同理利用直线的 V 面投影和对该投影面的坐标差 ΔY，可求得直线对 V 面的倾角 β 和实长，如图 1-12(c) 所示。同样方法可以求出直线对 W 面的倾角 γ，请读者自己分析。

【例 1-3】　如图 1-13(a) 所示，求直线 AB 的实长及对 H 面的倾角 α。并在直线 AB 上取一点 C，使线段 $AC = 10\text{mm}$。

解：

分析：先求出 AB 的实长及对 H 面的倾角 α，再在 AB 实长上截取 $AC_0 = 10\text{mm}$ 得 C_0 点，然后将 C_0 点返回到 AB 的投影 ab，$a'b'$ 上求得 C 点的投影。

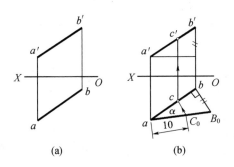

图 1-13 例 1-3 图

作图(如图 1-13(b)所示):

① 过 b 作 ab 的垂线,取 $B_0b = Z_B - Z_A$ 得直角三角形。则 aB_0、α 即为所求实长与倾角。

② 在 AB 的实长 aB_0 上,截取 $aC_0 = 10$,得点 C_0。

③ 再作 $C_0c /\!/ B_0b$ 得点 C 的水平投影 c,作投影连线得点 C 的正面投影 c'。

(3) 两直线的相对位置

空间两直线的相对位置有相交、平行和交叉三种情况。交叉两直线不在同一平面上,所以称为异面直线。相交两直线和平行两直线在同一平面上,所以又称它们为共面直线。

两直线的相对位置投影特性见表 1-5。根据投影图可判断两直线的相对位置。若两直线处于一般位置,则一般由两面投影即可判断;若直线处于特殊位置,则需要利用三面投影或定比性等方法判断。

表 1-5 两直线的相对位置投影特性

名称	立 体 图	投 影 图	投 影 特 性
平行两直线			平行两直线的同面投影分别相互平行,且具有定比性
相交两直线			相交两直线的同面投影分别相交,且交点符合点的投影规律

续表

名称	立 体 图	投 影 图	投 影 特 性
交叉两直线	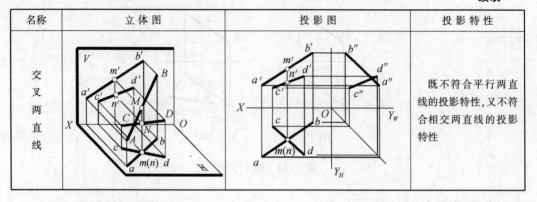		既不符合平行两直线的投影特性,又不符合相交两直线的投影特性

(4) 直角投影定理

定理:相互垂直的两直线,若其中一直线为投影面的平行线,则两直线在该投影面上的投影反映直角。

已知:$AB \perp BC$、$BC // H$ 面,如图 1-14(a)所示。

证明:因为 $BC // H$ 面,而 $Bb \perp H$ 面,故 $BC \perp Bb$,所以 $BC \perp$ 平面 $BbaA$,又因为 $bc // BC$,故 $bc \perp$ 平面 $BbaA$。所以 $bc \perp ab$,即 $\angle abc = 90°$,如图 1-14(b)所示。

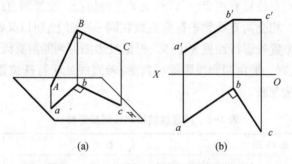

(a)　　　　　　　　　(b)

图 1-14　一边平行于投影面的直角投影

该定理的逆定理同样成立。直角投影定理常被用来求解有关距离问题。

【**例 1-4**】　如图 1-15(a)所示,求点 C 到直线 AB 距离 CD 的实长。

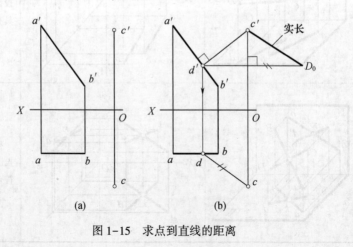

(a)　　　　　　　　　(b)

图 1-15　求点到直线的距离

解：

分析：求点到直线的距离，即从点向直线作垂线，求垂足。因为 AB 是正平线，根据直角投影定理，从点 C 向 AB 所作垂线，其正面投影必相互垂直。

作图（如图 1-15(b) 所示）：

① 过点 C' 作 $a'b'$ 的垂线得垂足投影 d'。

② 根据点 D 在直线上，求出 d。

③ 连 cd、$c'd'$ 即为距离的两面投影，利用直角三角法求出 CD 实长。

3. 平面的投影

（1）平面的表示法与一般平面

空间平面可用下列任意一组几何元素表示，如图 1-16 所示。

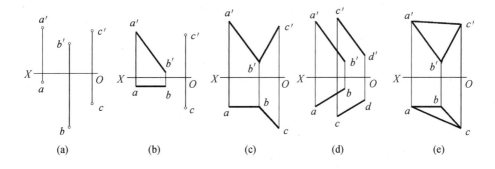

图 1-16　平面的表示法

① 不在同一直线上的三点，见图 1-16(a)。

② 一直线和直线外一点，见图 1-16(b)。

③ 相交两直线，见图 1-16(c)。

④ 平行两直线，见图 1-16(d)。

⑤ 任意平面图形，见图 1-16(e)。

一般位置平面的投影如图 1-17 所示，由于 $\triangle ABC$ 对 V、H、W 面都倾斜，因此其三面投影都是三角形，为原平面图形的类似形，且面积比原图形小。

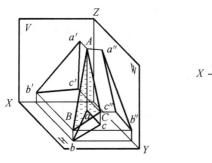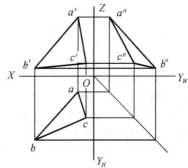

图 1-17　一般位置平面的投影

平面对 H、V、W 面的倾角,分别用 α、β、γ 来表示。

(2) 特殊位置平面的投影特性

特殊位置平面分为投影面垂直面和投影面平行面两类。

$$
特殊平面
\begin{cases}
投影面垂直面 \\ (仅垂直于一个投影面)
\begin{cases}
正垂面:垂直于 V,倾斜于 H、W \\
铅垂面:垂直于 H,倾斜于 V、W \\
侧垂面:垂直于 W,倾斜于 V、H
\end{cases} \\[4ex]
投影面平行面 \\ (平行于一个投影面)
\begin{cases}
正平面:平行于 V,垂直于 H、W \\
水平面:平行于 H,垂直于 V、W \\
侧平面:平行于 W,垂直于 V、H
\end{cases}
\end{cases}
$$

① 投影面垂直面的投影。

投影面垂直面的投影特性见表 1—6。

表 1—6　投影面垂直面的投影

名称	立 体 图	投 影 图	投 影 特 性
铅 垂 面 $P \perp H$			① 水平投影积聚成一直线,并反映真实倾角 β、γ。 ② 正面投影和侧面投影为类似形,但面积缩小
正 垂 面 $Q \perp V$			① 正面投影积聚成一直线,并反映真实倾角 α、γ。 ② 水平投影和侧面投影为类似形,但面积缩小
侧 垂 面 $R \perp W$			① 侧面投影积聚成一直线,并反映真实倾角 α、β。 ② 正面投影和水平投影为类似形,但面积缩小

投影面垂直面的投影特性:
① 平面在与其垂直的投影面上的投影积聚成一直线,并反映该平面对其他两个投影面的倾角。
② 平面在其他两个投影面的投影都是面积小于原平面图形的类似形

② 投影面平行面的投影。

投影面平行面的投影特性见表 1—7。

表 1-7　投影面平行面的投影

名称	立体图	投影图	投影特性
正平面 $M/\!/V$	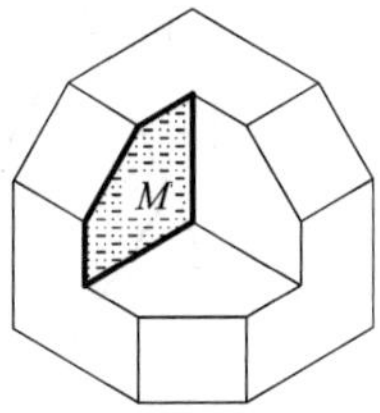	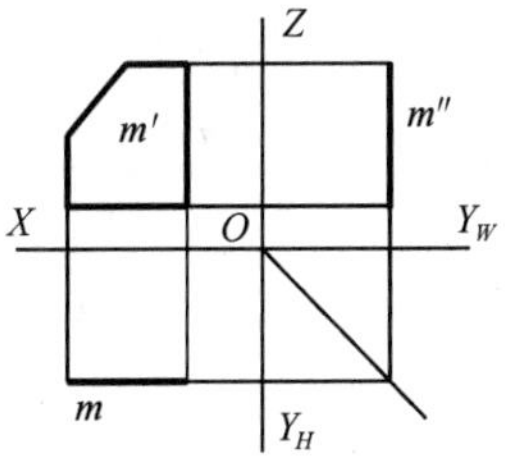	(1) 正面投影 m' 反映实形。 (2) 水平投影 $/\!/OX$、侧面投影 $/\!/OZ$，并分别积聚成一直线
水平面 $N/\!/H$	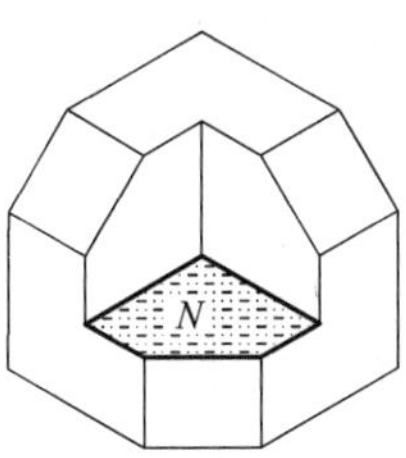	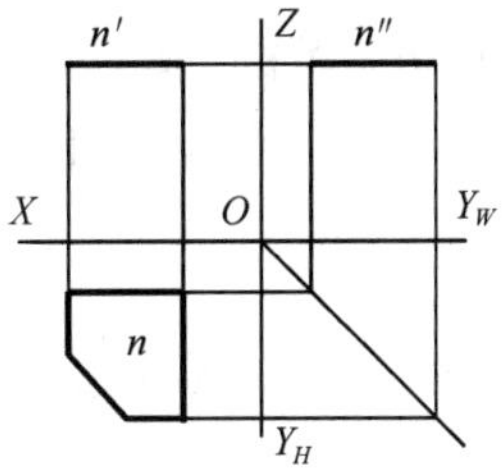	(1) 水平投影 n 反映实形。 (2) 正面投影 $/\!/OX$、侧面投影 $/\!/OY_W$，并分别积聚成一直线
侧平面 $K/\!/W$	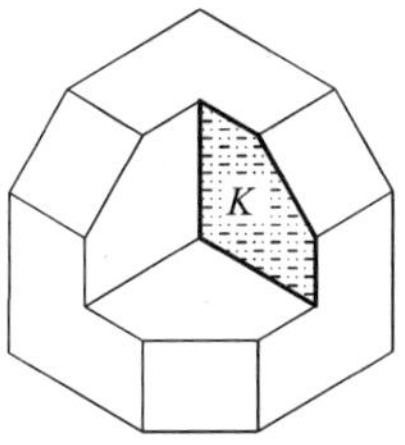	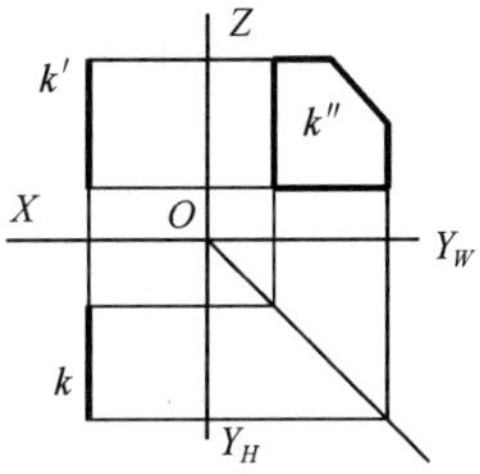	(1) 侧面投影 k'' 反映实形。 (2) 正面投影 $/\!/OZ$、水平投影 $/\!/OY_H$，并分别积聚成一直线

投影面平行面的投影特性：

① 平面在与其平行的投影面上的投影反映平面实形。

② 平面在其他两个投影面的投影都积聚成平行于相应投影轴的直线

(3) 平面内的点和直线

① 平面内取点和直线。

点属于平面的几何条件是：点必须在平面内的一条直线上。因此要在平面内取点，必须过点在平面内取一条已知直线。如图 1-18 所示，在 $\triangle ABC$ 所确定的平面内取一点 N，点 N 取在已知直线 AD 上，即在 $a'd'$ 上取 n'，在 ad 上取 n，因此点 N 必在该平面内。

直线属于平面的几何条件是：该直线必通过此平面内的两个点或通过该平面内一点且平行于该平面内的另一已知直线。

依此条件，可在平面内取直线，如图 1-19(a) 所示，在 DE 和 EF 相交直线所确定的平面内取两点 M 和 N，直线 MN 必在该平面内。图 1-19(b) 为过 M 作直线 $MN/\!/EF$，则直线 MN 必在该平面内。

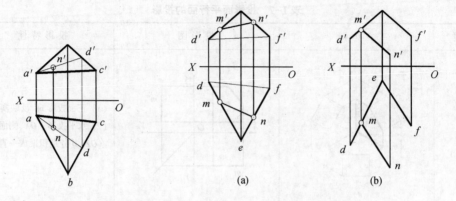

图 1-18 平面上取点　　　图 1-19 平面内取直线

在平面内取点和直线是密切相关的,取点要先取直线,而取直线又离不开取点。

【例 1-5】 如图 1-20(a)所示,点 K 属于 $\triangle ABC$ 所确定的平面,求作点 K 的水平投影。

解:

分析:根据点在平面内的条件,点必属于平面内的一条直线上。则在 $\triangle ABC$ 作一直线 AK 交 BC 于 D,点 K 必在直线 AD 上。

作图(如图 1-20(b)所示):

连接点 a'、k' 交 $b'c'$ 于点 d',过点 d' 作投影连线得点 d,即求得 AD 的水平投影 ad。而点 K 的水平投影 k 必在 ad 上,过点 k' 作投影连线与 ad 交得水平投影 k。

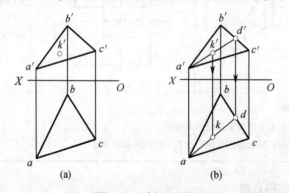

图 1-20 例 1-5 图

② 平面内的投影面平行线。

既在给定平面内,又平行于投影面的直线,称为该平面内的投影面平行线。它们既具有投影面平行线的投影特性,又符合直线在平面内的条件。在图 1-21 中,AD 在 $\triangle ABC$ 内,$ad /\!/ OX$ 轴即 $AD /\!/ V$ 面,故 AD 为 $\triangle ABC$ 平面内的正平线。同理,AB 为该平面内的水平线。

【例 1-6】 如图 1-22 所示,在平面 $ABCD$ 内求点 K,使其距 V 面 15mm,距 H 面 12mm。

解:

分析:在平面 $ABCD$ 内求点 K 距 V 面 15mm,则点一定在距 V 面 15mm 的正平线上。同理,又因点距 H 面为 12mm,则点一定在距 H 面为 12mm 的水平线上。平面上的正平线与水平线的交点即为所求 K。

作图(见图 1-22):先作正平线 MN 的水平投影 mn // OX,且距 OX 轴为 15mm,并作出 MN 的正面投影 $m'n'$。

同理,作水平线 PQ 的正面投影 $p'q'$ // OX,且距 OX 轴为 12mm。$m'n'$ 与 $p'q'$ 的交点即为 K 点的正面投影 k',作投影连线交 mn 于 k,点 $K(k,k')$ 即为所求。

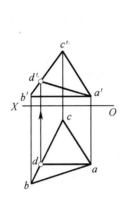

图 1-21　平面内的投影面平行线

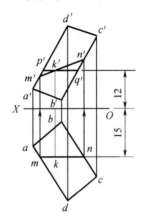

图 1-22　投影面平行线的应用

1.4　直线与平面、两平面的相对位置

直线与平面、两平面的相对位置可分为平行和相交两类。

1. 直线与平面、平面与平面平行

① 直线与平面平行的几何条件是:直线平行于平面内任一直线。

② 平面与平面平行的几何条件是:一平面内相交两直线对应平行于另一平面内的两相交直线。利用上述几何条件可在投影图上求解有关平行问题。

【例 1-7】　如图 1-23 所示,判别直线 EF 是否平行于△ABC。

解:若 EF // △ABC,则 △ABC 上可作出一直线 // EF。故先作一辅助线 AD,使 $a'd'$ // $e'f'$,再求出水平投影 ad。因为 ad 不平行 ef,所以 EF 不平行于 AD,也就是说在 △ABC 内不能作出一条直线平行于 EF 直线,故 EF 不平行于△ABC。

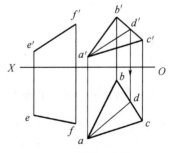

图 1-23　判别直线与
平面是否平行

【例 1-8】　如图 1-24(a)所示,过已知点 D 作正平线 DE 与△ABC 平行。

解:

分析:过点 D 可作无数条直线平行于已知平面,但其中只有一条正平线,故可先在平面内取一条辅助正平线,然后过 D 作直线平行于平面内的正平线。

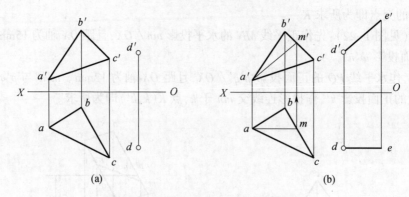

图 1-24 过已知点作正平线与平面平行

作图(如图 1-24(b)所示):

① 过平面内的点 A 作一正平线 AM(am // OX)。

② 过点 D 作 DE 平行于 AM,即 de // am,d'e' // a'm',则 DE 即为所求。

【例 1-9】 如图 1-25(a)所示,过点 E 作平面 // 两平行线 AB 与 CD 所确定的平面。

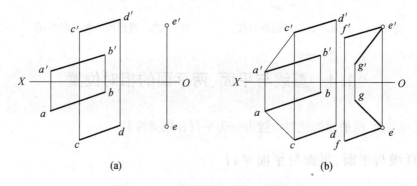

图 1-25 过点作平面平行于已知平面

解:

分析:只要过点 E 作相交两直线分别平行于 AB 与 CD 所确定的平面内任意两相交直线即可满足题目要求。

作图(图 1-25(b)):先连 AC 线,再过点 E 作 EF // AB,即作 ef // ab,e'f' // a'b';再过点 E 作 EG // AC,即作 eg // ac,e'g' // a'c',则平面 EFG 即为所求。

2. 直线与平面、平面与平面相交

直线与平面相交、平面与平面相交其关键是求交点和交线,并判别可见性。其实质是求直线与平面的共有点、两平面的共有线。同时,它们也是可见与不可见的分界点、分界线。本节只对直线或者平面处于特殊位置时进行讨论。

(1) 直线与平面相交

① 当平面对投影面处于垂直位置时,由于它在该投影面上的投影具有积聚性,所以交点的一个投影可以直接确定,其他投影可以运用在直线上取点的方法确定。

如图 1-26 所示,直线与铅垂面 △ABC 交于点 K。由于 △ABC 的水平投影 abc 积聚成

直线,故 MN 的水平投影 mn 与 abc 的交点 k 就是点 K 的水平投影,由点 k 在 $m'n'$ 上作出点 k'。

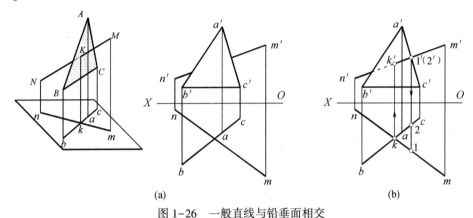

(a)　　　　　　　　　　　　　　　(b)

图 1-26　一般直线与铅垂面相交

MN 的可见性可利用重影点来判断。直线 MN 与 AC 在正立面投影有一重影点即 $m'n'$ 与 $a'c'$ 的交点 $1'$、$2'$。分别在 mn 和 ac 上求出点 1 和 2,由于点 1 在点 2 之前,故 $1'$ 可见,所以 $m'k'$ 为可见,画成粗实线。而交点为可见与不可见的分界点,故 $n'k'$ 与 $\triangle a'b'c'$ 重叠部分为不可见,画成细虚线,如图 1-26(b)所示。

② 当直线为投影面的垂直线时,则该直线在投影面上积聚成一点,那么,这个积聚点就是直线与平面交点的一个投影。再利用平面上取点的方法求得交点的另一投影。

如图 1-27 所示,铅垂线 MN 与平面交于点 K。由于 MN 在水平面上积聚成一点 $m(n)$,所以,交点的水平投影 k 就是这个积聚点。因为 K 点在平面内,所以,过交点的水平投影 k 作平面内直线的水平投影 cd,再利用 $c'd'$ 求得交点的正面投影 k'。可见性问题可以用直观法判别,即 $m'k'$ 可见,$k'n'$ 与平面的重叠部分为不可见,画成细虚线,如图 1-27(b)所示。

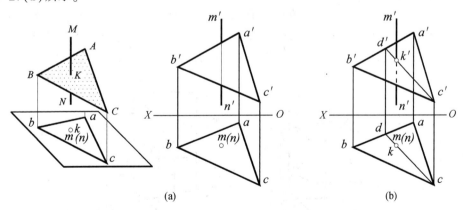

(a)　　　　　　　　　　　　　　　(b)

图 1-27　铅垂线与一般平面相交

直线与平面相交的特殊情况是垂直相交。

当平面为投影面垂直面时,如果直线和该面垂直,则直线必平行该平面所垂直的投影面,并且直线在该投影面的投影,也必垂直平面的投影。如图 1-28(a)所示,平面 $CDEF$ 为铅垂面,直线 $AB \perp CDEF$ 面,则 AB 肯定为水平线。即 $ab \perp cdef$,$a'b' // OX$ 轴,如图 1-28

(b)所示。

【例 1-10】　如图 1-29(a)所示,求点 D 到正垂面 ABC 的距离 DE,垂足为 E。

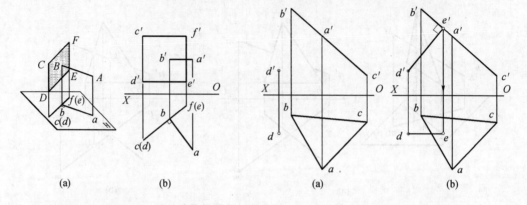

图 1-28　直线与铅垂面垂直　　　　　　图 1-29　求点到平面的距离

解:

分析:求点到平面的距离,是从点向平面作垂线,点与垂足的距离即为点到平面的距离。因为 ABC 是正垂面,故所作垂线肯定为正平线,且在正面投影上反映直角。

作图:由点 d' 作线 $d'e' \perp a'b'c'$,e' 为垂足的正面投影。由点 d 作直线 $\parallel OX$ 轴,求出 e,故 $d'e'$ 即为点 D 到正垂面 $\triangle ABC$ 的距离实长。如图 1-29(b)所示。

(2) 平面与平面相交

平面与平面相交的关键是求交线并判别可见性。它可以转化为一个平面里的两直线与另一个平面的交点问题来求解。

如图 1-30 所示,平面 $\triangle ABC$ 和铅垂面 $DEFG$ 相交线为 MN。显然 M、N 分别是 $\triangle ABC$ 的两边 AB、AC 与铅垂面 $DEFG$ 的交点。如图 1-30(b)所示,利用求直线与投影面垂直面交点的作图方法,求出交点 m、n,对应得点 m'、n',连接 $m'n'$、mn,即为交线的两面投影。

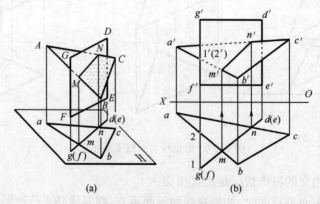

图 1-30　铅垂面与一般平面相交

两平面重叠部分的可见性判别,同样可用重影点 1′、2′ 来判别。如图 1-30(b)可知,由于点 1 在点 2 之前,所以 1′ 可见,故 g′1′ 可见,m′ 2′不可见,根据平面与平面存在遮住与被遮住的关系,可判断其余各部分的可见性。

【例 1-11】　如图 1-31(a)所示,求作两铅垂面 *ABC* 与 *EFGH* 的交线,并表明可见性。

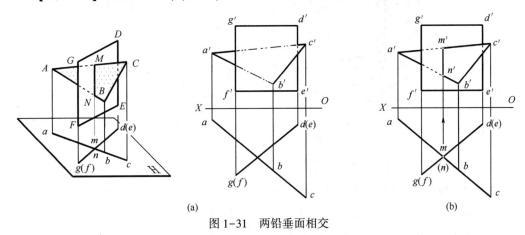

图 1-31　两铅垂面相交

解:

分析:两平面同时垂直于第三平面,那么,它们的交线一定垂直于该投影面并积聚成一点。因为平面 *ABC* 与 *EFGH* 在水平投影面上都有积聚性,所以,它们水平投影的交点就是交线的水平投影。该交线为铅垂线。

作图:经过分析可知,水平投影 *abc* 与 *d*(*e*)(*f*)*g* 的交点就是交线 *MN* 的水平投影,可以直接标出 *m*(*n*)。再根据点在直线上返还作出交线的正面投影 *m′n′*。

两平面重叠部分的可见性,可以通过水平投影,根据平面的遮挡关系,利用直观的方法进行判别,如图 1-31(b)所示。

1.5　基本立体的投影

复杂的形体都是由基本立体按一定的方式结合而形成的。研究基本立体的投影将为研究复杂的立体的投影打下必要的基础。基本立体主要有平面立体与曲面立体。

1. 平面立体的投影

平面立体是由平面包围而成的立体,主要有棱柱、棱锥。

(1) 棱柱的投影

① 棱柱的三面投影

如图 1-32(a)所示为正六棱柱投影的直观图。该正六棱柱由六个棱面(即两正平面以及四个铅垂面)和上下底面(即两个正六边形的上下水平面)构成。如图 1-32(b)为正六棱柱的三视图。

② 棱柱表面上取点

如图 1-33(a)所示为六棱柱的三视图,现已知点 Ⅰ、Ⅱ、Ⅲ 的正面投影,点Ⅳ的侧面投影和点 Ⅴ 的水平投影,求作各点的其余投影。

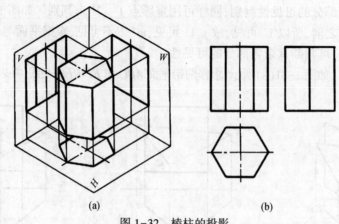

图 1-32　棱柱的投影

在平面立体上取点的关键是要确定该点在哪一个棱面或棱线上,从而明确点的空间位置与投影位置。由图 1-33(a)的主视图可知:点 1′可见,故点 Ⅰ 在最左的棱线上;由点 2′可知,点 Ⅱ 在前面正平棱面上;由不可见点 3′可知,点 Ⅲ 在右后铅垂棱面上。

在左视图上,由可见点 4″可知,点 Ⅳ 在左前铅垂棱面上。

在俯视图上,由可见点 5 可知,点 Ⅴ 在最上水平面上。

确定了点的位置后,利用平面的积聚性可以分别求得点的其余两投影,如图 1-33(b)所示。

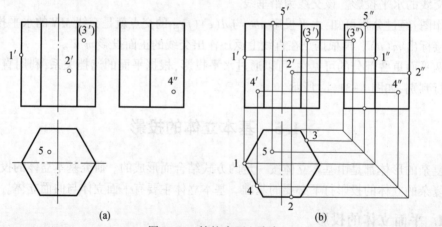

图 1-33　棱柱表面上取点

(2) 棱锥的投影

① 棱锥的三面投影

如图 1-34(a)所示为正三棱锥的投影直观图,锥顶为 S 点,底面 ABC 为等边三角形的水平面。棱面 SAB、SBC 为一般位置平面,棱面 SAB 为侧垂面。如图 1-34(b)所示为正三棱锥的三视图。

② 棱锥表面上取点

如图 1-35(a)所示为三棱锥的三视图,已知表面上点 Ⅰ 和点 Ⅱ 的正面投影,点 Ⅲ 的侧面投影,求作各点的其余投影。

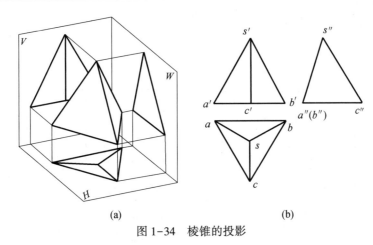

图 1-34 棱锥的投影

首先应分析各点所在棱面,从而确定其空间位置。在主视图上,由点 1′可知点 Ⅰ在面 SBC 上;由不可见点 2′可知点 Ⅱ在侧垂棱面 SAB 上。在左视图上,由可见点 3″可知点 Ⅲ在棱面 SAC 面上。

求作棱面上的点,需找点在棱面上作辅助线。如图 1-35(b)所示是通过棱面上作底边的平行线来确定各点的其余投影的。

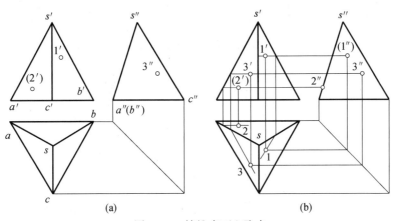

图 1-35 棱锥表面上取点

2. 曲面立体的投影

曲面立体是由曲面或曲面与平面包围而成的立体,主要有圆柱、圆锥、球体等回转体。

(1) 圆柱体的投影

① 圆柱体的三面投影

如图 1-36(a)所示是圆柱体投影的直观图。圆柱体由上下底面(均为水平面)和圆柱面构成的。水平圆既是上下底面圆的投影,也是圆柱面的投影。AB 是前半圆柱面到后半圆柱面的转向轮廓线,CD 是左半圆柱面到右半圆柱面的转向轮廓线。图 1-36(b)是圆柱体的三视图。

② 圆柱表面上取点

如图 1-37(a)所示,已知圆柱面上的点 Ⅰ的正面投影,点 Ⅱ的侧面投影和点 Ⅲ的水平投影,求作各点的其余投影。

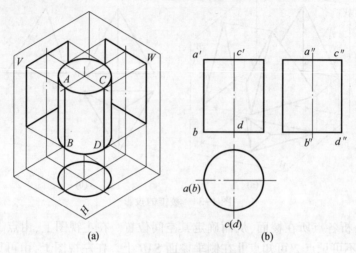

图 1-36　圆柱体的投影

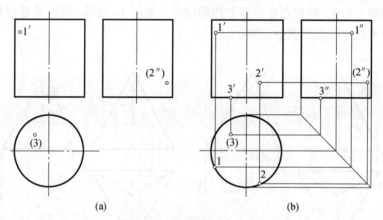

图 1-37　圆柱体表面上取点

圆柱面上取点同样要根据给定条件首先确定点的空间位置。由于点 Ⅰ 的正面投影是可见的,且在左半圆柱面的区域内,说明点 Ⅰ 在左前圆柱面上。由于点 Ⅱ 的侧面投影不可见,说明点 Ⅱ 在右前圆柱面上。点 Ⅲ 的水平投影不可见,说明点 Ⅲ 在下底面上。

确定了点的位置后,利用积聚性可以分别求得点的其余两投影如图 1-37(b)所示。

(2) 圆锥体的投影

① 圆锥体的三面投影

如图 1-38(a)所示是圆锥体投影的直观图。圆锥体由水平底圆面和圆锥面构成。*SA* 是前半圆锥面至后半圆锥面的转向轮廓线。*SB* 是圆锥左半圆锥面至右半圆锥面的转向轮廓线。如图 1-38(b)所示是圆锥体的三视图。

② 圆锥表面上取点

如图 1-39(a)所示,已知圆锥表面上的点 *A* 和点 *B* 的正面投影,求作它们的水平投影和侧面投影。

圆锥表面上取点,同样应先分析点的空间位置。由主视图可知点 *a'* 和 *b'* 均可见,说

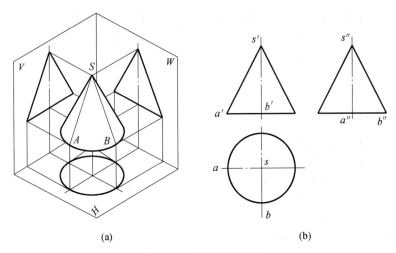

图 1-38 圆锥体的投影

明点 A 与点 B 均在前半圆锥面上,且点 A 在左前圆锥面上,点 B 在右前圆锥面上。

由于点 A 和点 B 不在圆锥面的特殊位置上,圆锥面也不具有积聚性,因而无法直接确定其余投影。为此,必须在圆锥面上作辅助线。

圆锥面上的辅助线有两种:通过该点的辅助纬圆;通过该点与锥顶的辅助直线。

辅助纬圆法:过点 a' 作与底圆的正面投影平行得 $1'$,则该纬圆的水平投影是以 s 点为圆心,以 $s1$ 为半径的圆。根据点投影规律即可作出其水平投影 a,再作出其侧面投影 a''。

辅助直线法:过点 b' 与锥顶 s' 作直线交底圆于 $2'$,根据投影规律作出直线的水平投影 $s2$ 和侧面投影 $s''2''$,则点 B 的水平投影 b 落在 $s2$ 上、侧面投影落在 $s''2''$ 上且不可见,标记为 (b'')。如图 1-39(b)所示。

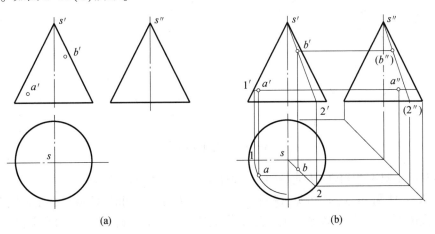

图 1-39 圆锥体表面上取点

(3) 圆球的投影

① 圆球的三面投影

球面是围绕它的任意一条直径轴旋转而成的,圆上的每一点的运动轨迹都是圆。

如图 1-40(a)所示是圆球投影的直观图。前半球至后半球的转向轮廓线是球面上的

最大正平圆 A ,水平投影与侧面投影均落在轴线上。同理,上半球和下半球的转向轮廓线就是球面上的最大水平圆,左半球至右半球的转向轮廓线就是球面上的最大侧平圆。如图 1-40(b)所示是球体的三视图。

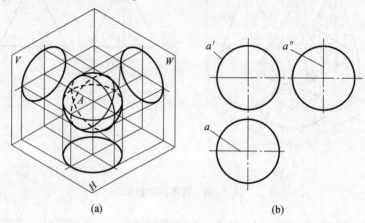

(a)　　　　　　　　　　　　(b)

图 1-40　圆球的投影

② 球面上取点

如图 1-41(a)所示,已知点 A 和点 B 的正面投影,求作该两点的水平投影和侧面投影。

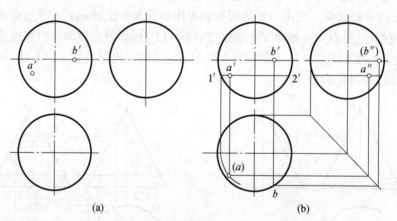

(a)　　　　　　　　　　　　(b)

图 1-41　圆球表面上取点

圆球面不具有积聚性,为此,必须在圆球面上作辅助圆来求解。

由图 1-41 可知,点 a' 可见,说明点 A 在前半球面上。同时,该点位于左下球面内,故其水平投影不可见,侧面投影可见。过 a' 作直径为 $1'2'$ 水平圆,则点 A 的水平投影一定落在该圆的水平投影圆上且不可见,标记为 (a)。然后根据投影规律作出侧面投影 a''。

点 b' 可见且在轴线上,说明点 B 在前半球面上并在最大水平圆上。故其水平投影 b 就在轮廓圆上,再根据投影规律作出侧面投影 b''。因点 B 在圆球的右面,故其侧面投影不可见,标记为 (b'')。

复习思考题

1. 投影法分为哪两类？什么叫正投影？正投影的基本特性有哪些？

2. 三视图之间的投影规律是什么？3 个视图分别反映了物体的哪些方位？

3. 点的三面投影规律如何？重影点如何判断其可见性？如何区分投影面平行线和投影面垂直线？

4. 如何求解一般位置直线的实长？何谓直角投影定理？两直线的相对位置有哪些？怎么判断？

5. 如何区分投影面平行面和投影面垂直面？

6. 点或直线属于平面的几何条件是什么？如何作图？

7. 直线与平面平行、平面与平面平行的几何条件是什么？

8. 平面体表面上取点的方法是什么？圆柱、圆锥与球体表面取点的方法有哪些？

第 2 章 立体及表面交线

生产中一些零件可以看成是基本立体被平面截切后所形成的截切体,其表面的交线称为截交线,如图 2-1(a)所示;有些零件可看成是两基本立体相交(也叫相贯)形成的相贯体,其表面产生的交线叫作相贯线,如图 2-1(b)所示。要绘制截切立体和相交立体的投影图,就应掌握截交线和相贯线的画法。

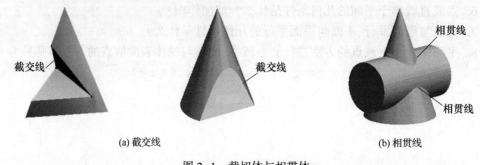

(a) 截交线   (b) 相贯线

图 2-1 截切体与相贯体

2.1 基本立体的截切

如图 2-2 所示,平面与立体相交,即立体被平面截切。

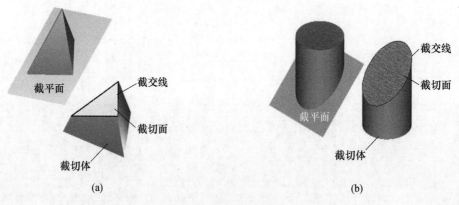

(a)   (b)

图 2-2 基本立体的截切

截平面:截切立体的平面。
截切体:被平面截切的立体。
截切面:立体被截切后的断面。
截交线:立体被平面截切后在表面上产生的交线。

截交线的性质如下:

① 截交线是截平面与立体表面的共有线,其上的点是截平面与立体表面的共有点。

② 截交线一般是封闭的平面图形。

因此,求截交线就是求截平面与立体表面的共有点的问题。

1. 平面立体的截切

平面截切平面立体时,截交线是由直线段围成的封闭的平面多边形。

平面立体截交线上的点可以分为:

① 棱线的断点,如图 2-3 中的 Ⅰ、Ⅱ、Ⅲ、Ⅳ、Ⅴ 点。

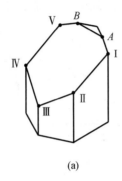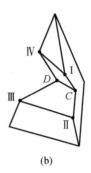

(a)　　　　　　　　　　　　　(b)

图 2-3　平面立体的截切

② 截平面与立体表面交线的两个端点,如图 2-3(a)中的 A、B 点。

③ 两截平面交线在立体表面上的两个端点,如图 2-3(b)中的 C、D 点。

求出了点的投影,并判断可见性,然后依次连线,即可得截交线的投影。

【例 2-1】　如图 2-4(a)所示,已知六棱柱被正垂面截切,补画俯视图并画出左视图。

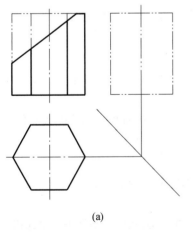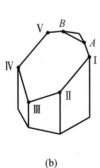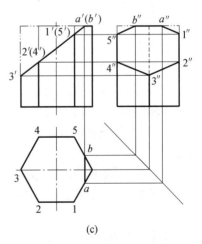

(a)　　　　　　　　　　　(b)　　　　　　　　　　(c)

图 2-4　六棱柱的截切

解:

分析:由于截平面与六棱柱的六个棱面及上底面相交,所以截交线是七边形,如

图 2-4(b)所示。其七个点中Ⅰ、Ⅱ、Ⅲ、Ⅳ、Ⅴ点是棱线的断点,A、B 点是截平面与立体表面交线的两个端点。七边形的正面投影积聚成一斜线段,由正面投影可求出水平、侧面投影。

作图:

① 因截交线的正面投影积聚成直线,可首先在正面投影上找出七点的投影 $1'$、$2'$、$3'$、$4'$、$5'$、a'、b'。

② 根据点的投影规律,作出七点的水平投影 1、2、3、4、5、a、b 和侧面投影 $1''$、$2''$、$3''$、$4''$、$5''$、a''、b''。

③ 截交线的各面投影均可见,依次连接各点的同面投影,即得截交线的投影。

④ 补全其他轮廓线,完成左视图,如图 2-4(c)所示。

【例 2-2】 如图 2-5(a)所示,求作斜切三棱锥的截交线,完成三面投影图。

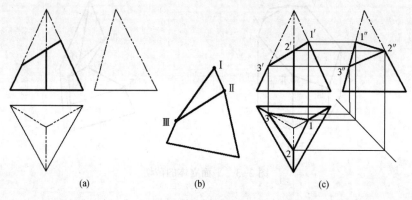

(a)　　　　　　(b)　　　　　　(c)

图 2-5　三棱锥的截切

解:

分析:截平面与三棱锥的三个侧表面相交,截交线为三边形,三边形的三个顶点分别是三棱锥的三条棱线与截平面的交点,如图 2-5(b)所示。由于截平面是正垂面,其正面投影积聚为一直线,故截交线的正面投影为直线段,由正面投影可求出水平、侧面投影。

作图:

① 在正立投影面上找出棱线的断点 Ⅰ、Ⅱ、Ⅲ 三点的投影 $1'$、$2'$、$3'$。

② 利用直线上点的投影从属性和点投影三等关系,即可作出三点在水平面上的投影 1、2、3 和侧面上的投影 $1''$、$2''$、$3''$。

③ 截交线的各面投影均可见,用粗实线依次连接各点的同面投影,即获截交线的投影。

④ 补全其他轮廓线,完成三视图,如图 2-5(c)所示。

【例 2-3】 如图 2-6(a)所示,已知四棱锥被截切,求作截交线,完成三面投影图。

解:

分析:此四棱锥由左往右分别被正垂面、水平面、侧平面三次截切。被正垂面截切时,截断面上有断点一个(Ⅱ点),交线端点两个(C、D 点),截交线为三角形。被侧平面截切时,截断面上有断点一个(Ⅰ点),交线端点两个(A、B 点),截交线亦为三角形。被水平面截切时,截断面有断点两个(Ⅲ、Ⅳ点),两条交线端点 4 个(A、B、C、D 点),截交线为六边形。如图 2-6(b)所示。

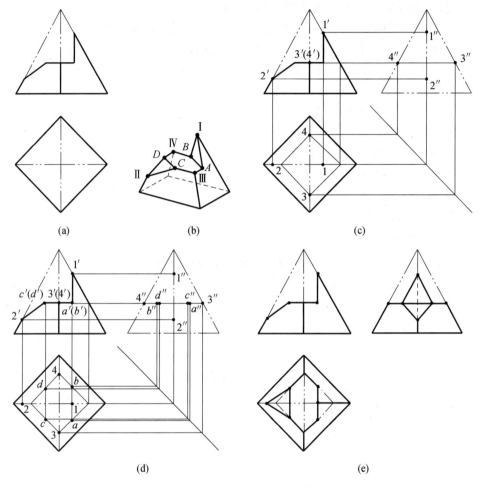

图 2-6 四棱锥的截切

作图:

① 先画出完整四棱锥的左视图,然后在正面投影上找出断点 Ⅰ、Ⅱ、Ⅲ、Ⅳ 的投影 1′、2′、3′、4′,根据点的投影规律,作出四点的水平投影 1、2、3、4 和侧面投影 1″、2″、3″、4″,且通过 3、4 两点作底面四边形的相似形,如图 2-6(c)所示。

② 在正面投影上找出 A、B、C、D 四点的投影 a′、b′、c′、d′。根据点的投影规律,作出四点的水平投影 a、b、c、d 和侧面投影 a″、b″、c″、d″,如图 2-6(d)所示。

③ 截交线的各面投影均可见,用粗实线依次连接各点的同面投影,即获截交线的投影。

④ 补全其他轮廓线,完成三视图,如图 2-6(e)所示。

2. 回转体的截切

平面截切回转体时,截交线一般是由曲线或曲线加直线围成的平面曲线。

求回转体截交线的方法及步骤如下。

① 分析回转体的形状以及截平面与回转体轴线的相对位置,以便确定截交线的形

状,明确截交线的投影特性,如积聚性、类似性等。

② 画出截交线的投影。当截平面处于垂直回转体轴线位置截切时,产生的截交线总是圆,且该圆的直径尺寸等于截断面积聚线长度,这种截交线圆就是回转面上的纬圆。当交线的投影为直线时,则找出两个端点连成线段或根据一个端点和直线的方向画出。当截交线的投影为非圆曲线时,作图步骤为:

　　a. 先找截交线上特殊点(如最高最低、最前最后、最左最右点,以及可见与不可见部分的分界点等)。

　　b. 根据需要求出若干个一般点。

　　c. 判断交线的可见性,光滑连接各点。

　　d. 最后整理轮廓线,完成作图。

(1) 圆柱体截交线

相对圆柱体轴线有三种截平面位置,产生三种不同形状的截交线,见表 2-1。

表 2-1　圆柱体截交线

截平面位置	平行于轴线	垂直于轴线	倾斜于轴线
截交线形状	矩形	圆	椭圆
立体图	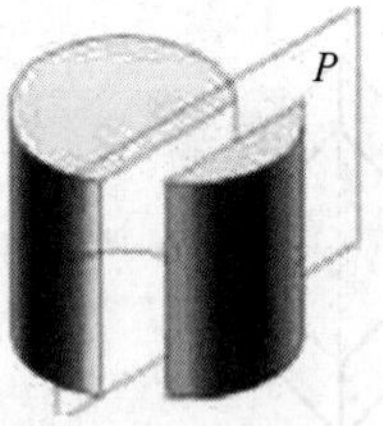	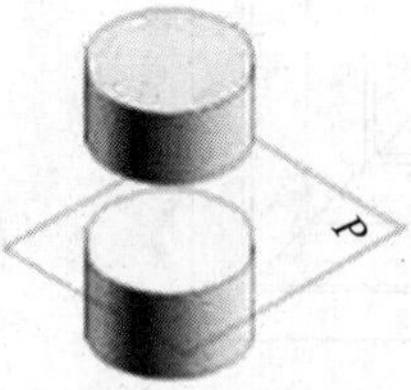	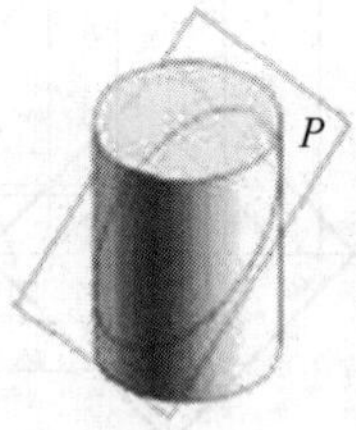
投影图	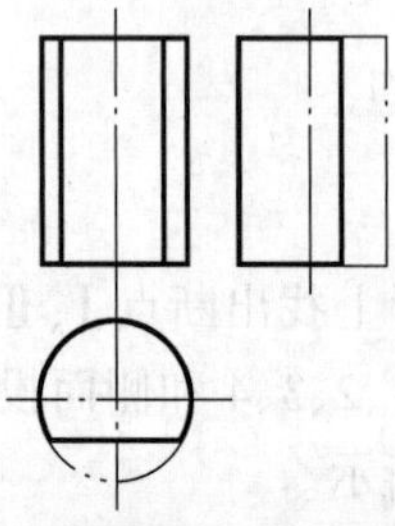	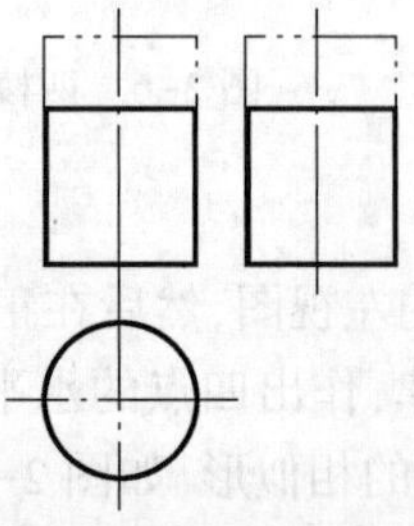	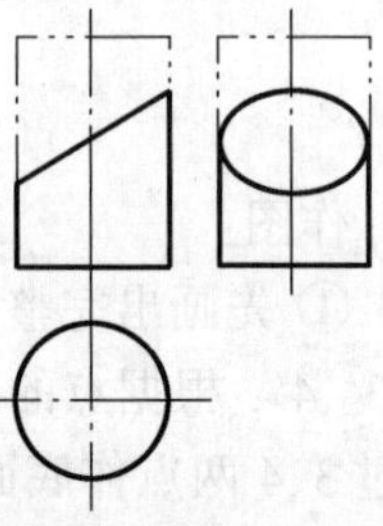

【例 2-4】　如图 2-7(a)所示,完成圆柱切口的水平和侧面投影。

解:

　　分析:圆柱上部被左右对称的两个侧平面和一个水平面截切。两侧平面平行于圆柱轴线,与圆柱面的交线为平行于圆柱轴线的铅垂线。水平面垂直于圆柱轴线,与圆柱面的交线为水平的两段圆弧。如图 2-7(b)所示。

　　作图:

　　① 根据三视图的投影规律,分别求出侧平面和水平面截切的投影,找出 Ⅰ、Ⅱ、Ⅲ、Ⅳ四点的投影,如图 2-7(c)所示。

　　② 判断可见性,光滑连线,完成作图,如图 2-7(d)所示。

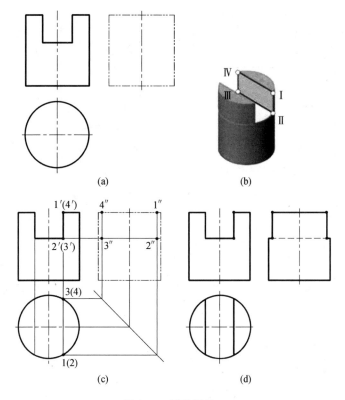

图 2-7　圆柱切口

【例 2-5】　如图 2-8(a)所示,作出斜切圆柱体的截交线,完成三视图。

解:

分析:由于截平面与圆柱轴线倾斜,截交线为椭圆,如图 2-8(b) 所示。其正面投影积聚成直线,水平投影与圆柱面的投影重合,侧面投影可根据圆柱面上取点的方法求出。

作图:

① 找特殊点 Ⅰ 、Ⅱ 、Ⅲ 、Ⅳ 的投影, 如图 2-8(c)所示。

② 作一般点 Ⅴ 、Ⅵ 、Ⅶ 、Ⅷ 的投影, 如图 2-8(d) 所示。

③ 判断可见性,光滑连线,完成作图,如图 2-8(d) 所示。

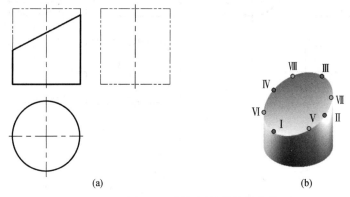

图 2-8　斜切圆柱体的截交线

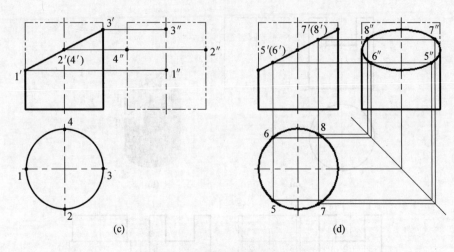

图 2-8 斜切圆柱体的截交线(续)

【例 2-6】 如图 2-9(a)所示,圆柱体被一个水平面和一个正垂面截切,完成截断体的水平投影。

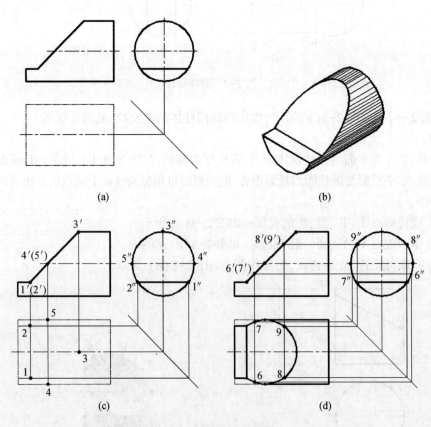

图 2-9 圆柱被二次截切

解:

分析:水平面截圆柱面截交线为两平行线段,截断面形状为矩形,此矩形的正面与侧面投影为直线,水平投影反映矩形实形。正垂面截圆柱面的截交线为椭圆弧,正面投影积聚成直线,侧面投影重合在圆周上,水平投影为椭圆弧的类似形。如图 2-9(b)所示。

作图:

① 先求出截交线上的特殊点的水平投影,如图 2-9(c)所示 1、2、3、4、5 点。

② 再求几个一般点的水平投影,如图 2-9(d)所示 6、7、8、9 点。

③ 判断可见性,因为被截的部分在圆柱体的上方,水平投影可见,所以光滑连接各点并加粗。

④ 整理轮廓线,完成作图,如图 2-9(d)所示。

(2)圆锥体截交线

相对圆锥体轴线有五种截平面位置,产生五种不同形状的截交线,见表 2-2。

表 2-2　圆锥体截交线

截平面的位置	过锥顶	不过锥顶			
		$\theta = 90°$	$\theta > \alpha$	$\theta = \alpha$	$\theta < \alpha$
截交钱的形状	相交两直线	圆	椭圆	抛物线	双曲线
立体图	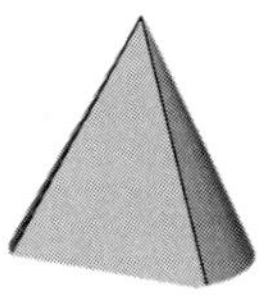		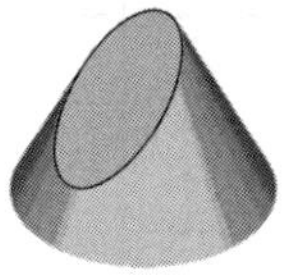	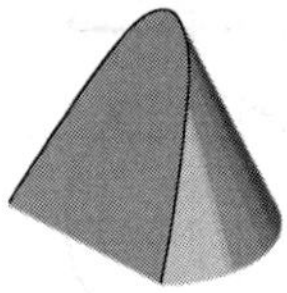	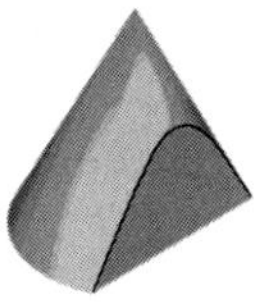
投影图	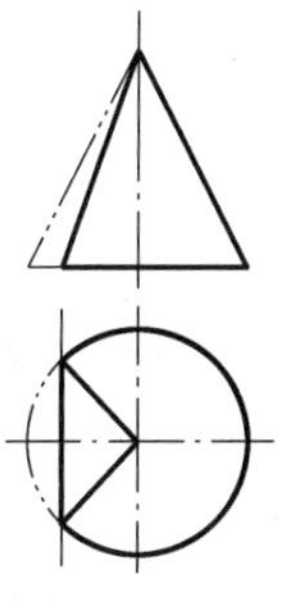	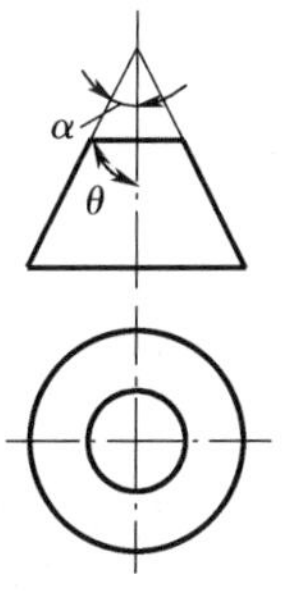	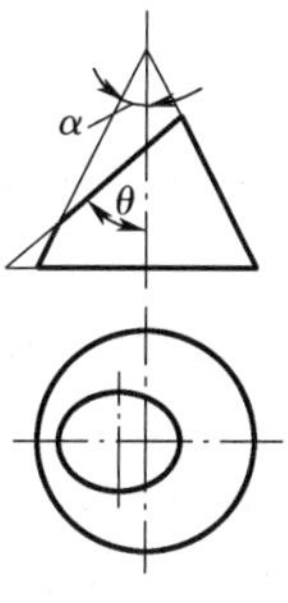	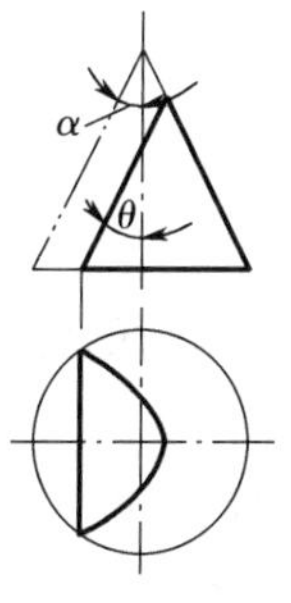	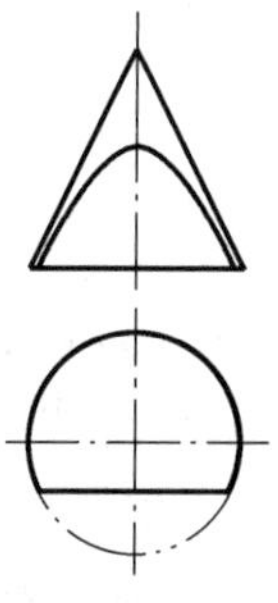

在圆锥的五种不同形状的截交线中,两条相交直线和圆的作图比较容易。椭圆、双曲线和抛物线的作图方法类似,即通过求出曲线上的若干点后再连接而成。

【例 2-7】　如图 2-10(a)所示,完成截切圆锥的俯视图和左视图。

解:

分析:两截平面中一个过锥顶截切圆锥,截交线为两条相交直线。另一截平面与圆锥轴线垂直,在圆锥表面上切出部分圆。如图 2-10(b)所示。

作图:

① 作出垂直轴线的平面截切圆锥产生的截交线圆的投影,图 2-10(c)中的点 1′到轴线的距离即为该截交线圆的半径,在 H 面上画底圆的同心圆,截交线在侧面投影积聚为垂直轴线的直线。

② 作出过锥顶截切产生的截交线三角形的投影。在图 2-10(d)中,两截断面交线端

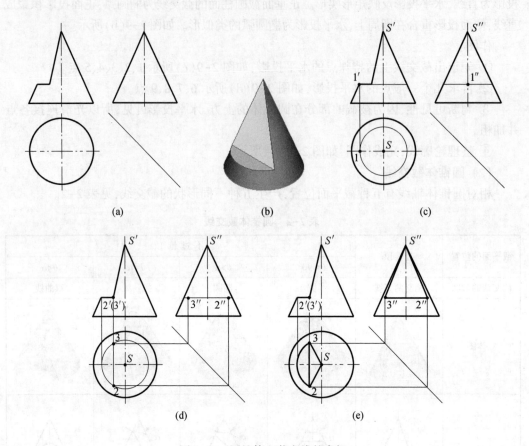

图 2-10　圆锥体上截交线的求解

点 2、3 为截交线三角形的两角顶,另有一顶点为锥顶 S ,该截交线在水平面的投影即为这三点的连线。

③ 判断可见性,修改与加粗描深各图,如图 2-10(e)所示。

【例 2-8】　如图 2-11(a)所示,求正垂面与圆锥的截交线,完成三视图。

解:

分析:截平面与圆锥轴线斜交,截交线为椭圆,如图 2-11(b)所示。截交线的正面投影积聚为直线段,而其水平投影和侧面投影为椭圆的类似形,仍是椭圆。

作图:

① 作出特殊点 Ⅰ、Ⅱ、Ⅲ、Ⅳ 的投影,这四点是转向素线上的点,如图 2-11(c)所示。

② 作出特殊点 Ⅴ、Ⅵ 的投影,Ⅰ、Ⅲ、Ⅴ、Ⅵ 是截交线椭圆长、短轴的端点,$5'(6')$ 位于 $1'3'$ 的中点;过 Ⅴ、Ⅵ 作水平纬圆,求其水平投影 5、6 ,并根据投影关系求出 $5''$、$6''$,如图 2-11(d)所示。

③ 采用纬圆法求一般点 Ⅶ、Ⅷ 的投影,如图 2-11(d)所示。

④ 判断可见性,光滑连接各点,如图 2-11(e)所示。在侧面投影上,椭圆应与圆锥的界限素线的投影相切于 $2''$、$4''$。

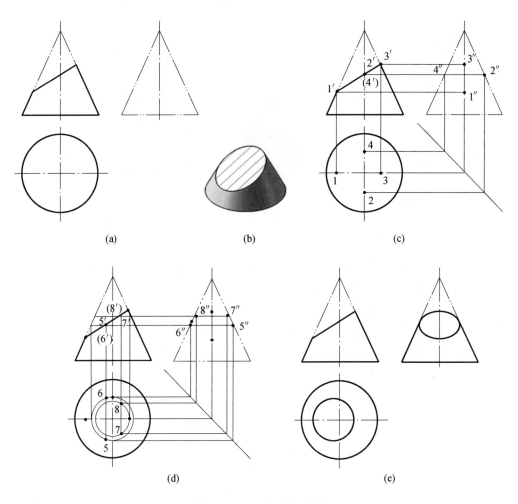

(a)　　　　　　　　　　(b)　　　　　　　　　　(c)

(d)　　　　　　　　　　　　　　　　　(e)

图 2-11　正垂面截切圆锥

【例 2-9】　如图 2-12(a)所示,完成圆锥体被截切后的投影。

解:

分析:截平面为正平面,截交线为双曲线,如图 2-12(b)所示。截交线的水平投影和侧面投影积聚为直线段已知,正面投影为双曲线并反映实形。

作图:

① 求出截交线上的特殊点Ⅰ、Ⅱ、Ⅲ的投影,如图 2-12(c)所示。

② 求出一般点Ⅳ、Ⅴ的投影,如图 2-12(d)所示。

③ 判别可见性,光滑且顺序地连接各点,如图 2-12(e)所示。

(3) 圆球体截交线

不论截平面怎样截切球体,其截交线形状均为圆。由于截交线圆与投影面的相对位置不同,其投影可能为圆、椭圆或直线。当截交线的投影为直线或圆时,其作图比较方便,若为椭圆则需要通过在球体表面上找点的方法作图。如图 2-13 所示,球体截交线在所平行的投影面上的投影为反映实形的圆,且圆心与球心的投影重合,该实形圆直径尺寸对应另两个投影图上积聚线长度尺寸。

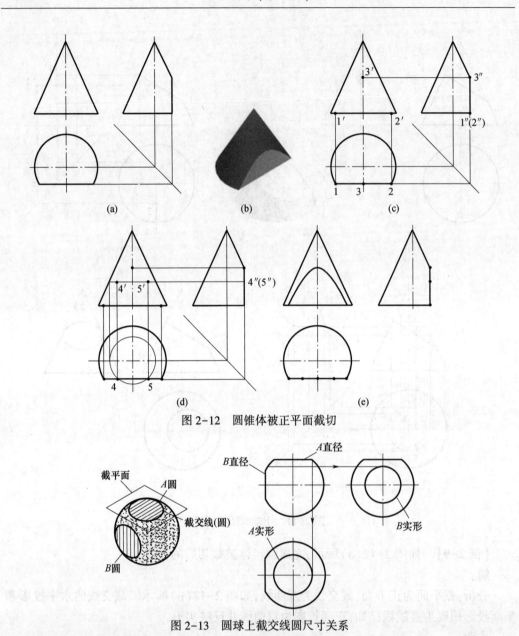

图 2-12 圆锥体被正平面截切

图 2-13 圆球上截交线圆尺寸关系

【例 2-10】 如图 2-14(a)所示,已知半球体被截切后的主视图,补全俯、左视图。

解:

分析:切槽由一个水平面和两个侧平面组成。水平面截圆球的截交线的投影,在俯视图上为部分圆弧,在左视图上积聚为直线。两个侧平面截圆球的截交线的投影,在左视图上为部分圆弧,在俯视图上积聚为直线。如图 2-14(b)所示。

作图:

① 先求出水平面截圆球截交线的投影,如图 2-14(c)所示。

② 求侧平面截圆球截交线的投影,如图 2-14(d)所示。

③ 判别可见性、修改及加粗描深,如图 2-14(e)所示。

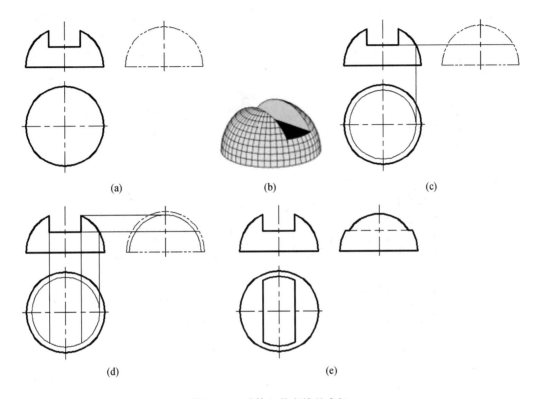

(a)　　　　　　　　(b)　　　　　　　　(c)

(d)　　　　　　　　　　　(e)

图 2-14　球体上截交线的求解

(4) 组合回转体的截交线

组合回转体就是由具有公共轴线的若干回转体所组成的立体。作组合回转体截交线时,首先要确定该立体的各组成部分,以及每一部分被截切后所产生的截交线的形状。

【例 2-11】　如图 2-15(a)所示,补出连杆头主视图中的截交线。

解:

分析:该连杆头由圆球体、圆台和圆柱三部分组成,从俯视图可看出截平面只切到了球体和圆台。截平面切球体部分截交线为一圆弧,在圆台表面上切出一双曲线。由于截平面与正面平行,故两截交线在正面上的投影均反映实形。如图 2-15(b) 所示。

作图:

① 首先作出截平面切球体部分截交线圆弧,且找出双曲线上的特殊点 Ⅰ、Ⅱ 的正面投影 1′、2′,如图 2-15(c) 所示。

② 找出双曲线上的特殊点Ⅲ 的投影,作出双曲线上一般点Ⅳ、Ⅴ 的投影,如图 2-15(d) 所示。

③ 判断可见性,光滑连线,完成作图,如图 2-15(e)所示。

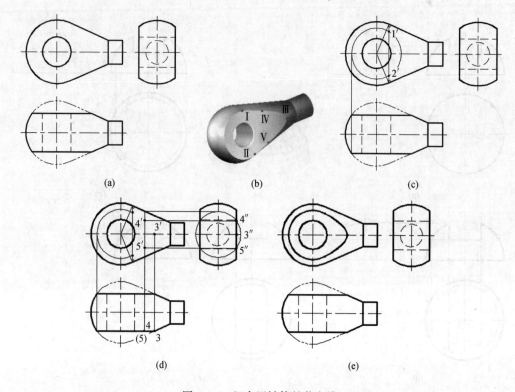

图 2-15　组合回转体的截交线

2.2　两立体的相贯

　　两个基本体相交称为相贯体,其表面交线称为相贯线。本节主要介绍两回转体相交相贯线的作图方法。

　　因各基本体为回转体,相贯线具有以下两个基本性质:

　　① 相贯线形状一般是封闭的空间曲线,特殊情况下是平面曲线或直线。

　　② 相贯线是两基本体表面的共有线,也是两基本体表面的分界线,是一系列共有点的集合。

　　求相贯线的方法及步骤,和前面讲述的求回转体截交线的方法及步骤相似:根据立体或给出的投影,分析了解相交两回转面的形状、大小及其轴线的相对位置,判定相贯线的形状特点与投影特点,确定适当的作图方法。当交线的投影为非圆曲线时,则求出一系列共有点,然后判别可见性并光滑连线。

　　可见性的判别原则:只有在两个回转面都可见的范围内相交的那一段相贯线才是可见的,即位于立体可见表面上的相贯线其投影可见。

　　下面介绍两种求相贯线的方法:利用积聚性表面取点法和辅助平面法。

1. 利用积聚性表面取点法求相贯线

　　当相交的两回转面中,有一个是轴线垂直于投影面的圆柱面时,由于圆柱面在这个投

影面上的投影(圆)具有积聚性,因此相贯线的这个投影就是已知的。这时,可以把相贯
线看成另一个回转面上的曲线,利用面上取点法作出相贯线的其余投影。

1）两圆柱面相交

（1）作图举例

【例 2-12】　如图 2-16(a)所示,试求两圆柱轴线垂直相交相贯线的正面投影。

解：

分析:两圆柱轴线垂直相交,相贯线为前后、左右对称的一条闭合空间曲线,如
图 2-16(b)所示。由于两圆柱轴线分别垂直于水平投影面和侧立投影面,因此小圆柱的
水平投影积聚为圆,与相贯线的水平投影重合。同样,大圆柱的侧面投影积聚为圆,相贯
线的侧面投影是大圆柱与小圆柱共有部分的侧面投影,即一段圆弧。

作图:

① 先求特殊位置点。最高点 I、Ⅲ（也是最左、最右点,又是大圆柱与小圆柱轮廓线
上的点）的正面投影 1′、3′可直接定出。最低点 Ⅱ、Ⅳ（也是最前、最后点,又是侧面投影中
小圆柱轮廓线上点）的正面投影 2′(4′)可根据侧面投影 2″、4″求出,如图 2-16(c)所示。

② 求一般位置点。利用积聚性和投影关系,根据水平投影 5、6 和侧面投影 5″(6″),
求出正面投影 5′、6′,如图 2-16(d)所示。

③ 判断可见性,光滑连线。因为相贯体前后对称,相贯线的正面投影的前半部分与
后半部分重合为一段曲线,前半部分可见,后半部分不可见,故按可见画。所以用粗实线
按顺序光滑连接前面可见部分各点的投影即可,如图 2-16(d)所示。

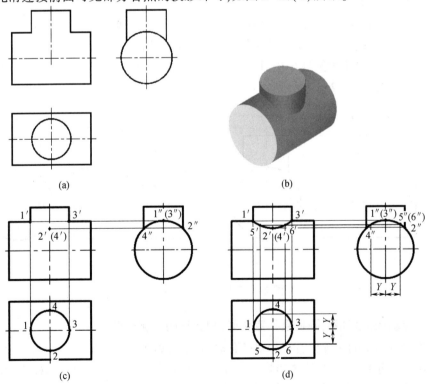

图 2-16　利用积聚性表面取点法求相贯线

(2) 三种基本形式

两圆柱面相交,可能是两外表面相交,也可能是一内表面和外表面相交,或者两内表面相交三种基本形式,见表 2-3,求相贯线的方法和思路是一样的。

表 2-3　两圆柱面相交的三种情况

两外表面相交	外表面与内表面相交	两内表面相交

(3) 近似画法

如图 2-17(a)所示,当正交两圆柱直径不相等、作图准确性要求不高时,为了作图方便,允许采用近似画法,即图形中的相贯线的正面投影用圆弧来代替,圆弧的圆心位于小圆柱轴线上,半径等于大圆柱半径,且通过两圆柱投影轮廓线的交点 1′、2′,弯曲方向凸向于大圆柱的轴线,如图 2-17(b)所示。

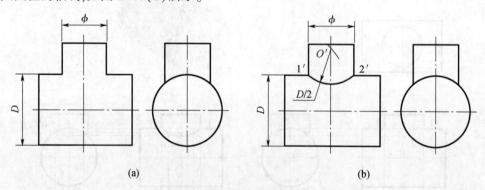

图 2-17　相贯线的近似画法

(4) 两轴线垂直相交圆柱直径变化时,相贯线的变化趋势

轴线垂直相交的两圆柱直径相对变化时对相贯线的影响如表 2-4 所示,当相交的两圆柱直径不相等时,交线的弯曲方向趋向于大圆柱的轴线;当相交的两圆柱直径相等,即公切于一圆球时,相贯线是相互垂直的两椭圆,且椭圆所在的平面垂直于两条轴线所确定的平面。

表 2-4　轴线垂直相交的两圆柱直径相对变化时对相贯线的影响

直径关系	水平圆柱较大	两圆柱直径相等	水平圆柱较小
交线特点	上、下两条空间曲线	两个互相垂直的椭圆	左、右两条空间曲线
立体图			
投影图			

2）圆柱面与圆锥面相交

（1）作图举例

【例 2-13】　如图 2-18（a）所示，求轴线正交的圆柱与圆台的相贯线。

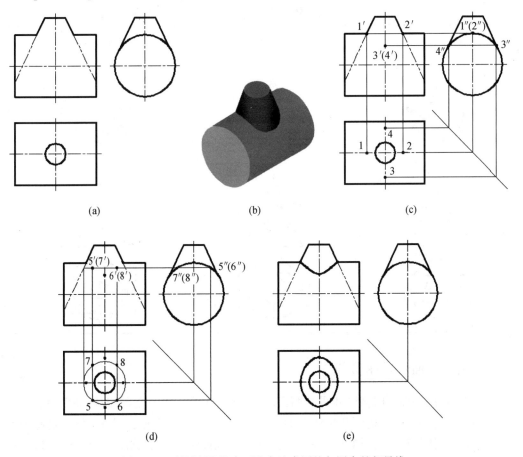

（a）　　　　　　　　　　　（b）　　　　　　　　　　　（c）

（d）　　　　　　　　　　　　　　　　（e）

图 2-18　利用积聚性表面取点法求圆柱与圆台的相贯线

解:

分析:由已知条件可知,圆柱与圆台轴线垂直相交,相贯线为前后、左右对称的封闭的空间曲线,如图 2-18(b) 所示。又由于圆柱轴线垂直于侧立投影面,因此相贯线的侧面投影已知,是一段圆弧,需要求出相贯线的其余两面投影。

作图:

① 先求特殊位置点。最高点Ⅰ、Ⅱ(也是最左、最右点,又是圆柱与圆台轮廓线上的点)的正面投影 1′、2′可直接定出。最低点Ⅲ、Ⅳ(也是最前、最后点,又是侧面投影中圆台最前、最后轮廓线与圆柱面侧面投影圆的交点),正面投影 3′(4′)可根据侧面投影 3″、4″求出,如图 2-18(c) 所示。

② 求一般位置点。利用积聚性和投影关系,根据侧面投影 5″(6″)、7″(8″),可求出水平投影 5、6、7、8 和正面投影 5′(7′)、6′(8′),如图 2-18(d) 所示。

③ 判断可见性,通过各点光滑连线。相贯线的正面投影前后重合为一段曲线,相贯线的水平投影均为可见,连成的相贯线如图 2-18(e) 所示。

(2) 圆柱直径改变时,相贯线的变化趋势

圆锥的大小不变,圆柱、圆锥相对位置不变,改变圆柱直径时,相贯线的变化情况,见表 2-5。

表 2-5　圆柱与圆锥面轴线垂直相交时的三种相贯线

圆柱贯穿圆锥	公切于球	圆锥贯穿圆柱

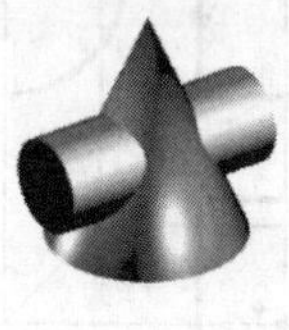

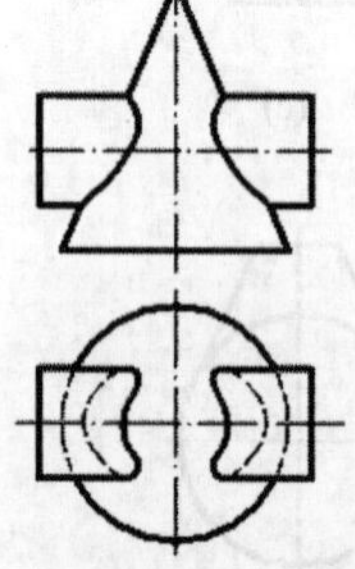

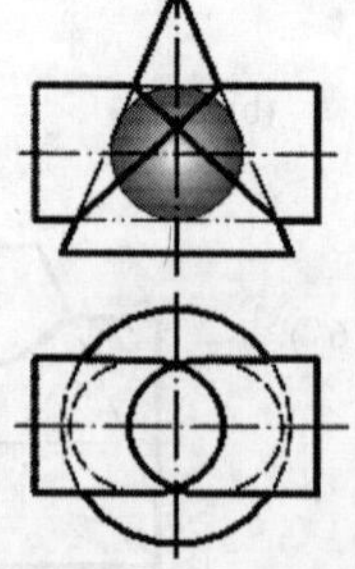

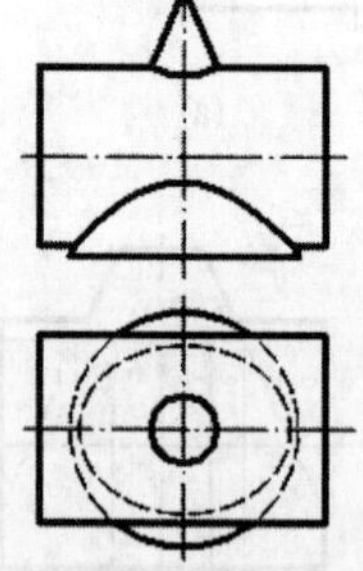

2. 辅助平面法求相贯线

就是用辅助平面同时截断相贯的两回转体,找出两截交线的交点,即辅助平面和两回转体表面的三面共有点,也即相贯线上的点。需要注意的是,选取辅助平面时,要使辅助平面与两回转体的交线的投影是最简单的图线(直线或圆),一般选用投影面的平行面作为辅助平面。

　　如图 2-19 所示，为了作出共有点，假想用
一个辅助水平面 P 同时截切半圆球和圆锥台，
辅助水平面与圆球面的交线为圆 A，与圆锥面的
交线为圆 B，圆 A 与圆 B 相交于 V、VI 两点，这两
点是辅助平面、圆球面、圆锥面三个面的共有
点，因此也是相贯线上的点。

　　【例 2-14】　如图 2-20(a)所示，求铅垂圆
锥台与半球相贯线的投影。

　　解：

　　分析：由已知条件可知，相贯线为前后对称
的封闭的空间曲线，如图 2-20(a)所示。该圆锥

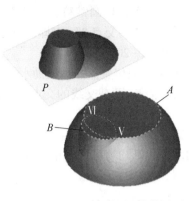

图 2-19　辅助平面法求相贯线作图原理

面和球面相贯，因锥面和球面没有积聚性，所以，相贯线的三个投影均不知道，为求出相贯
线的三个投影，必须采用辅助平面法。

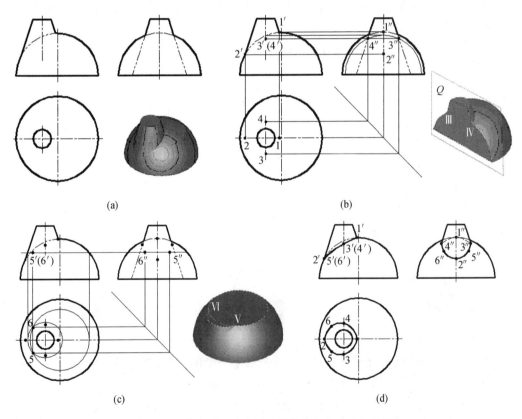

(a)　　　　　　　　　　　　　　　　(b)

(c)　　　　　　　　　　　　　　　　(d)

图 2-20　辅助平面法求铅垂圆锥台与半球的相贯线

作图：

　　① 求特殊位置点。相贯线上最左点 II、最右点 I（也是最低、最高点）的正面投影
2′、1′可直接求出，根据正面投影 1′、2′求出水平投影 1、2 和侧面投影 1″、2″。侧面投
影上虚、实分界点是在圆锥的最前、最后素线上，此两点不能直接求出。需要过二素线

作辅助侧平面,切圆锥得交线为两直线(即最前、最后素线),切半圆球得交线为半圆,两截交线的交点 3″、4″ 即所求。再根据 3″、4″ 求出正面投影 3′(4′) 和水平投影 3、4 点,如图 2-20(b) 所示。

② 求一般位置点。用辅助水平面切圆锥得截交线水平投影为圆,切半圆球得截交线水平投影为圆,两截交线的交点 5、6 即所求。再根据 5、6 求出 5′(6′) 和 5″、6″,如图 2-20(c) 所示。

③ 判断可见性,通过各点光滑连线。相贯线的正面投影前后重合为一段曲线。相贯线的水平投影均为可见。相贯线的侧面投影 3″、4″ 为可见与不可见的分界点,连成的相贯线如图 2-20(d) 所示。

3. 相贯线的特殊情况

两回转体相交,在特殊情况下,相贯线可能是平面曲线或直线段。可根据相交两回转体的性质、大小和相对位置直接判断,简化作图。

① 共轴线的回转体相交,当两回转体具有公共轴线时,相贯线为垂直公共轴线的圆。共轴线回转体的相贯线见表 2-6。

表 2-6　共轴线回转体的相贯线

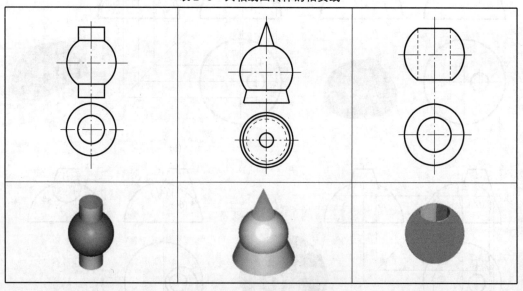

② 当圆柱与圆柱、圆柱与圆锥相交,并公切于一个圆球时,相贯线为椭圆,见表 2-7。该椭圆的正面投影为直线段,水平投影为类似形(椭圆)。

表 2-7　圆柱与圆柱、圆柱与圆锥相交,并公切于一个圆球时的相贯线

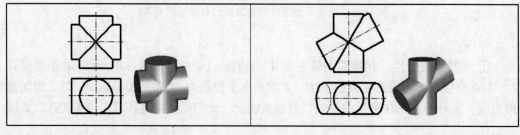

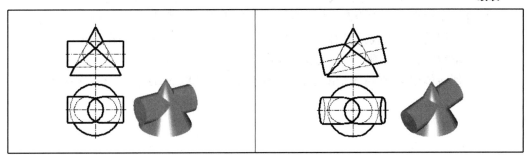

4. 综合相贯

若干立体相交构成一形体的情况即为综合相贯。其相贯线由多条空间曲线(或平面曲线)构成。虽然有多个回转体参与相贯,但在局部上看,其相贯线总是由立体两两相交产生的。

处理综合相贯线,关键在于分清参与相贯的多体都是由哪些基本回转体组合而成的,以及他们的分界在什么位置。在分界的不同侧,按照两立体相交来求相贯线。

【例 2-15】　如图 2-21(a)所示,求三个圆柱体相交的相贯线。

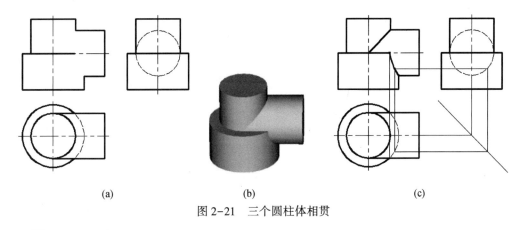

(a)　　　　　　　(b)　　　　　　　(c)

图 2-21　三个圆柱体相贯

解:

分析:该相贯体前后对称。直立小圆柱与水平圆柱的直径相等,它们的相贯线为一段垂直正面的椭圆弧,正面投影积聚成直线。直立大圆柱与水平圆柱相贯线是一段空间曲线。如图 2-21(b)所示。

作图:

① 求直立小圆柱与水平圆柱相贯线,如图 2-21(c)所示,正面投影积聚成直线。

② 求直立大圆柱与水平圆柱的相贯线,可利用积聚性根据水平、侧面投影求出其正面投影,如图 2-21(c)所示。

复习思考题

1. 平面截切平面立体时,如何求作截交线的投影?

2. 圆柱、圆锥、球体被平面截切后,产生几种不同形状的截交线?它们分别是什么?

3. 什么是截交线上的特殊点与一般点?试述求作截交线投影的一般步骤与方法。

4. 求作回转体相贯线投影时,表面取点法与辅助平面法分别应用在什么场合?

5. 两轴线垂直相交圆柱直径变化时,相贯线的变化趋势是什么?

6. 两回转体相交,在特殊情况下,相贯线会是平面曲线或直线段吗?请举例说明。

第 3 章　制图的基本知识

图样是设计和制造过程中的重要技术文件,是表达设计思想、技术交流、指导生产的工程语言。为适应生产技术的发展和国际间的经济贸易往来和技术交流,我国《技术制图》与《机械制图》国家标准经过修改和补充,已基本上与国际标准接轨。在绘制与阅读工程图样时,工程技术人员必须严格遵守、认真执行国家标准。

本章主要介绍与工程制图有关的国家标准,绘图工具和仪器的使用方法,绘图基本技能及平面图形绘制等。

3.1　制图国家标准简介

国家标准简称"国标",其代号为"GB"。例如 GB/T 14689—2008,其中"T"为推荐性标准,"14689"是标准顺序号,"2008"是标准颁布的年代号。本节仅介绍其中的部分标准,其余的将在后续章节中分别介绍。

1. 图纸幅面和格式(GB/T 14689—2008)

(1) 图纸幅面

绘制图样时应优先采用表 3-1 中规定的基本幅面和图框尺寸,共有五种,其代号为A0、A1、A2、A3、A4。必要时可按规定加长幅面,即加长量是沿基本幅面的短边整数倍加长,如 3 倍 A3 的幅面,其代号为 A3×3。

表 3-1　图纸基本幅面及图框尺寸　　　　　(单位:mm)

幅面代号	A0	A1	A2	A3	A4
$L \times B$	1189 ×841	841 ×594	594 ×420	420 ×297	297 ×210
e	20			10	
c	10			5	
a	25				

(2) 图框格式

图样无论是否装订,都必须用粗实线画出图框,其格式分为不留装订边和留有装订边两种,如图 3-1 和图 3-2 所示。图框距图幅边线的尺寸按表 3-1 中的 a、c 或 e 取值。注意:同一产品的图样一般要采用同一种格式。

图幅长边置水平方向者为 X 型图纸,置垂直方向者为 Y 型图纸。

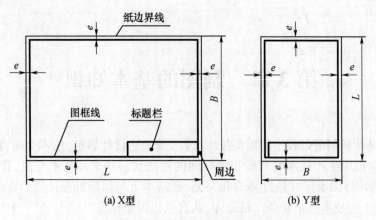

图 3-1 不留装订边的图框格式

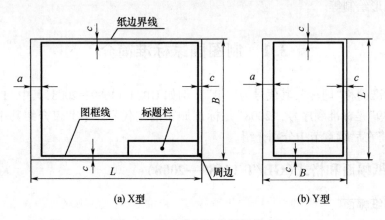

图 3-2 留有装订边的图框格式

(3) 标题栏

每张图样中均应有标题栏,用来填写图样上的综合信息。国家标准 GB/T10609.1—2008 规定了标题栏格式、内容及尺寸,其常用格式见图 3-3。学生在制图作业中也可采用图 3-4 中的简易标题栏格式。

标题栏的位置应在图框的右下角,标题栏的长边置于水平方向,其右边和底边均与图框线重合,标题栏中的文字方向为看图方向。

2. 字体(GB/T 14691—1993)

在国家标准《技术制图》"字体"中,规定了汉字、字母和数字的结构形式。

图样中的字体书写必须做到:字体工整,笔画清楚,间隔均匀,排列整齐。

(1) 号数

字体的号数分为 1.8 、2.5 、3.5 、5、7、10、14、20mm 等 8 种。字号等于字体的高度。

(2) 汉字

写成长仿宋体,采用我国正式公布并推行的简化字。汉字的高度(h)不应小于 3.5mm,若要写更大的字,其字体高度应按尺寸的比率递增,字体的宽度等于字体高度的

$\sqrt{2}/2$ 。长仿宋体字的书写要领是:横平竖直,锋角分明,结构均匀,填满方格。长仿宋体汉字示例如图 3-5 所示。

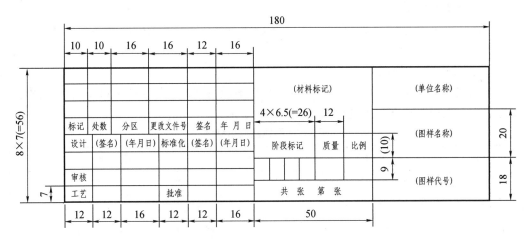

图 3-3　GB 标题栏常用格式

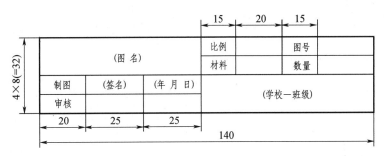

图 3-4　制图作业简易标题栏格式

横平竖直,锋角分明,结构均匀,填满方格。

图 3-5　长仿宋体汉字示例

(3) 字母和数字

　　分 A 型和 B 型,A 型字的笔画宽度(d)为字高(h)的 1/14,B 型字体的笔画宽度为字高的 1/10,数字和字母可写成直体或斜体(与水平线成 75° 倾角)。在同一图样上,只允许选用一种类型的字体。用作指数、脚注、极限偏差、分数等的数字及字母,一般采用小一号字体。字母和数字示例如图 3-6 所示。

拉丁字母示例

直体: A B C D E L a b c d e l

斜体: *G J φ R Y Q g j φ r y q*

（a）

阿拉伯数字示例

直体: 0 1 2 3 4 5 6 7 8 9

斜体: *0 1 2 3 4 5 6 7 8 9*

（b）

图 3-6　字母和数字示例

3. 图线(GB/T 4457. 4—2002)

(1) 图线的线型及应用

标准规定了 15 种基本线型,所有线型的图线宽度(d)应按图样的类型和尺寸大小在下列数系中选择: 0.13 、0.18 、0.25 、0.35 、0.5 、0.7 、1 、1.4 、2 (mm)。在同一图样中,同类图线的宽度应一致。

在机械图样中通常采用表 3-2 列出的八种图线,按线宽分为粗线和细线两种,宽度比为 2:1,一般粗线宽度优先选用 0.7mm 或 0.5mm。

表 3-2　图线及应用举例

图线名称	图线的线型	宽度	应 用 举 例
粗实线	——————————	d	可见轮廓线
细虚线	— — — — — —	$d/2$	不可见轮廓线
细点画线	— · — · — · —	$d/2$	轴线 、对称中心线、节圆及节线、轨迹线
细实线	——————————	$d/2$	尺寸线、尺寸界线、剖面线、重合断面的轮廓线、投射线、辅助线
细波浪线	〜〜〜〜	$d/2$	断裂处的边界线 、视图与剖视的分界线
细双折线	——\/\——\/\——	$d/2$	断裂处的边界线
细双点画线	— ·· — ·· —	$d/2$	相邻零件的轮廓线、中断线、移动件的限位线
粗点画线	— · — · — · —	d	有特殊要求的线或表面的表示线

(2) 图线画法

图线画法示例如图 3-7 所示。

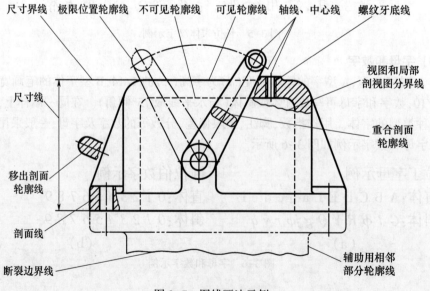

图 3-7　图线画法示例

① 同一图样中,同一线型的图线宽度应一致。虚线、点画线及双点画线各自的画长和间隔应尽量一致。

② 点画线、双点画线的首尾应为长画,不应画成短画,且应超出轮廓线 2mm～4mm。

③ 点画线、双点画线中的点是很短的一横,不能画成圆点,且应点、线一起绘制。

④ 在较小的图形上绘制点画线或双点画线有困难时,可用细实线代替。

⑤ 虚线、点画线、双点画线相交时,应是线段相交。

⑥ 当各种线型重合时,应按粗实线、虚线、点画线的顺序只画出最前的一种线型。

⑦ 当虚线为粗实线的延长线时,虚线以间隙开头画线;当虚线不是粗实线的延长线时应以短画开头画线。

4. 比例 (GB/T 14690—1993)

比例是指图中图形与其实物相应要素的线性尺寸之比。

绘图时应尽量采用1:1 的原值比例,以便从图样上直接估计出物体的大小。绘制图样时,应优先选取表 3-3 中所规定的比例数值,必要时才允许选用带括号的比例。

表 3-3　规定的比例

与实物相同	1:1
缩小的比例	(1:1.5)　1:2　(1:2.5)　　(1:3)　　(1:4)　　1:5　　(1:6)　　$1:10^n$　　$(1:1.5^n)$ $1:2×10^n$　　$(1:2.5×10^n)$　　$(1:3×10^n)$　　$(1:4×10^n)$　　$1:5×10^n$　　$(1:6×10^n)$
放大的比例	2:1　(2.5:1)　(4:1)　5:1　$10^n:1$　$2×10^n:1$　$(2.5×10^n:1)$　$(4×10^n:1)$ $5×10^n:1$
注: n 为正整数	

图样无论放大或缩小,在标注尺寸时,都应按物体的实际尺寸标注数值。同一张图样上的各视图应采用相同的比例,该比例值填写在标题栏中的"比例"栏内。当某视图需要采用不同的比例时,可在该视图名称的下方或右侧注写出比例值。

5. 尺寸标注 (GB/T 16675.2—2012、GB/T 4458.4—2003)

在图样中,除需表达形体的结构形状外,还需标注尺寸,以确定形体的大小。因此,尺寸也是图样的重要组成部分;尺寸标注是否正确、合理,会直接影响图样的质量。

(1) 基本规则

① 机件的真实大小应以图样上所注的尺寸数值为依据,与图形的大小及绘图的准确程度无关。

② 图样中的尺寸以毫米为单位时,不需标注计量单位代号"mm"或名称"毫米",如采用其他计量单位,则必须注明相应的计量单位代号或名称,如45°(或45度)、5m 等。

③ 机件的每个尺寸,一般只在反映该结构最清晰的图形上标注一次。

④ 图样中所标注的尺寸,为该图样所示机件的最后完工尺寸,否则应另加说明。

(2) 尺寸组成

如图 3-8 所示,一个完整的尺寸包括尺寸界线、尺寸线(含尺寸线的终端)和尺寸数字(含字母和符号)几个要素。有关尺寸界线、尺寸线和尺寸数字及尺寸标注示例见表 3-4。

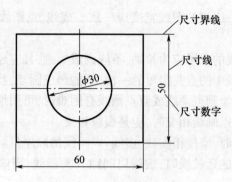

图 3-8　尺寸的组成

表 3-4　尺寸标注示例

内容	说　明	图　例
尺寸界线	尺寸界线用细实线绘制,并应从图形的轮廓线、轴线或对称中心线处引出。也可利用轮廓线、轴线或对称中心线作尺寸界线	
	尺寸界线一般应与尺寸线垂直,并超出尺寸线的终端约 2~3mm。如果尺寸界线与轮廓线几乎重合但又没重合,则会影响轮廓线的清晰,此时尺寸界线允许倾斜作出	
尺寸线	尺寸线用细实线绘制,尺寸线终端有箭头和斜线两种形式: ① 箭头形式适用于各种类型的图样,在机械图样中主要采用这种形式,在同一张图样上箭头的大小应一致。 ② 斜线形式主要用于建筑图样,斜线用细实线绘制,采用斜线形式时,尺寸线与尺寸界线一般应互相垂直,且斜线方向为尺寸线位置逆转 45°的方向。 ③ 同一张图样中只能采用一种尺寸线终端形式	d为图中粗实线宽度　　h为字体高度

（续表）

内容	说　　明	图　　例
尺寸线	尺寸线一般不得与其他图线重合或画在其延长线上	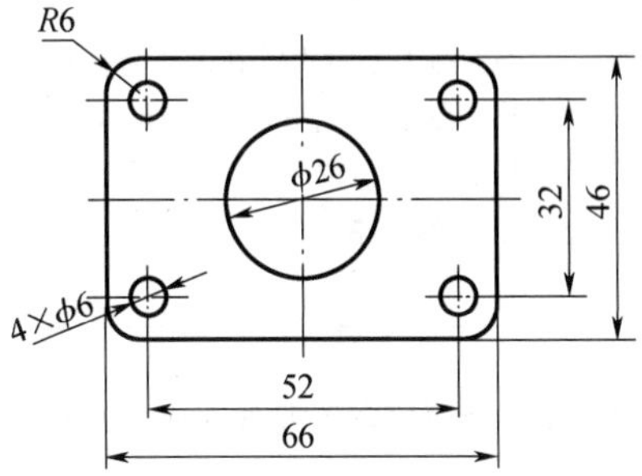
	线性尺寸的尺寸线必须与所标注的线段平行。当有几条互相平行的尺寸线时,尺寸线的间距应相等;尺寸的排列应做到小尺寸在里大尺寸在外	
尺寸数字	同一张图样中尺寸数字的高度应相等。线性尺寸的数字一般注写在尺寸线的上方,在不致引起误解时,也允许水平注写在尺寸线的中断处,但在同一图样中,应尽可能按同一种形式注写	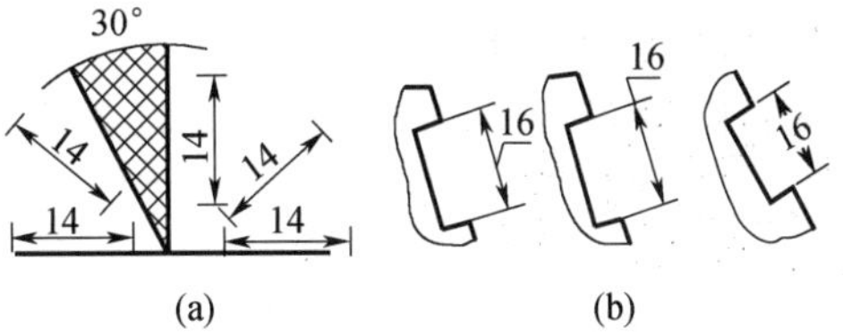
	线性尺寸的数字一般应垂直尺寸线(斜体字则再右偏15°),且水平方向字头朝上;垂直方向字头朝左;倾斜方向字头有向上的趋势,如图(a)所示,并尽可能避免在图示30°范围内标注尺寸,当无法避免时,可按图(b)所示形式标注	
	尺寸数字不能被任何图线所通过,无法避免时应将图线断开	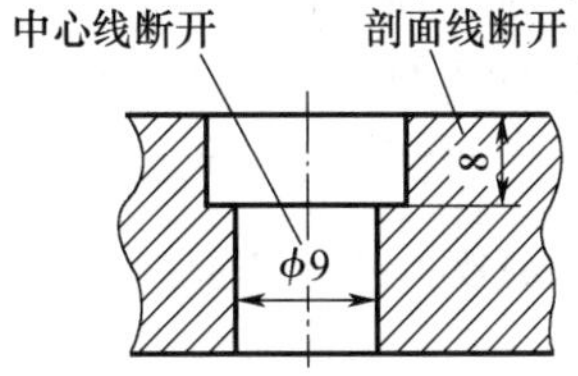
直径与半径	整圆或大于半圆的圆弧一般标注直径尺寸,并在数值前加"ϕ",尺寸线通过圆心,尺寸线终端画成箭头	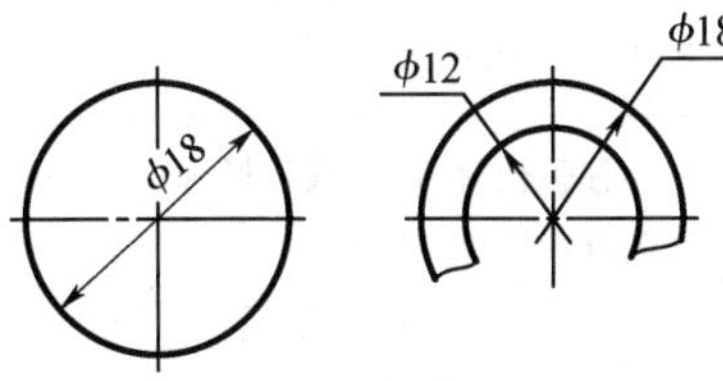
	小于或等于半圆的圆弧标注半径,并在半径尺寸数字前加注"R",半径尺寸必须注在投影为圆弧的图形上,且尺寸线应过圆心,尺寸线终端画成箭头	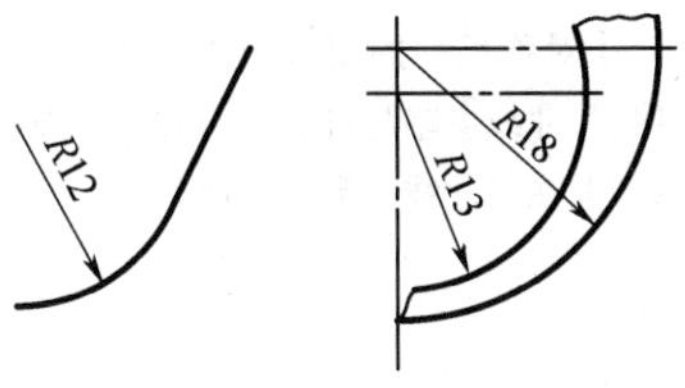

内容	说　　明	图　　例
直径与半径	当圆弧的半径过大或在图纸范围内无法标注出其圆心位置时,可按图(a)形式标注;若不需要标出其圆心位置时,可按图(b)形式标注,但尺寸线应指向圆心	ZR400 R100　(a)　(b)
	若为球面轮廓还需在 ϕ 或 R 前加注"S"符号	$S\phi 10$　SR4
窄小尺寸	几个小尺寸连续标注时,可以短斜线或黑点取代箭头	4 2 3 3　4 2 3 3
		$\phi 8$　$\phi 9$　$\phi 7$
	在没有足够的位置画箭头或标注尺寸数字时,可将其中之一或都布置在外面	R6　R6　R6
角度	角度尺寸的标注,尺寸界线应沿径向引出,尺寸线应画成圆弧,其圆心是该角的顶点	90° 60° 25° 5°
	角度数字一律水平注写	
弦长和弧长	弦长和弧长的标注,尺寸界线应平行于该弦的垂直平分线	30　⌒32
	标注弧长时,尺寸线用圆弧,并应在尺寸数字左面加注符号"⌒"	
对称图形	当对称机件的图形只画 1/2 或略大于 1/2 时,尺寸线应略超过对称中心或断裂处的边界线,并在尺寸线一端画出箭头	60 30 $\phi 15$ 20 $4\times\phi 5$ 40 R3

（续表）

内容	说　明	图　例
正方形结构	表示断面为正方形结构尺寸时,可在正方形尺寸数字前加注"□"符号,或用 $a×a$ 表示	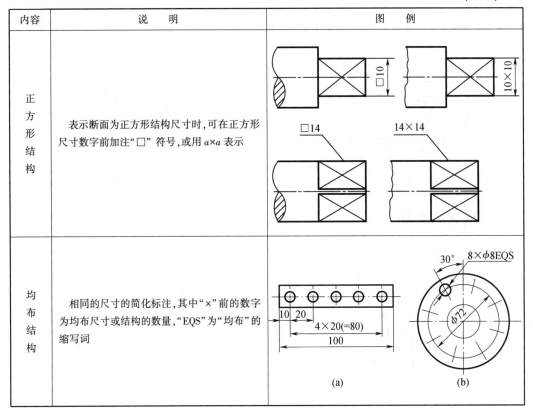
均布结构	相同的尺寸的简化标注,其中"×"前的数字为均布尺寸或结构的数量,"EQS"为"均布"的缩写词	

3.2　绘图工具和仪器的使用

绘制工程图样有三种方法:尺规绘图、徒手绘图和计算机绘图。

尺规绘图是绘制各种图样的基础,它是借助丁字尺、三角板、圆规等绘图工具和仪器进行手工操作的一种绘图方法。正确使用绘图工具和仪器是保证图面质量、提高绘图速度的前提。

工程设计的构思阶段、测绘阶段常常采用尺规工具绘制。因此要求在学习阶段就必须对所绘图线表达无误,并严格遵守国家标准图线画法的规定。

1. 图板和丁字尺

图板为木制胶合板,用于固定图纸。平常维护应注意防止打击板面并不能用水洗刷。丁字尺多为透明有机玻璃制作,分尺头和尺身两部分,绘图时与图板配合画水平线。绘图时丁字尺的尺头靠紧图板的左导边,上下移动。图板、丁字尺的配合使用及画线方向如图 3-9 所示。

2. 三角板

绘图时三角板的使用率非常高,一副三角板或配合丁字尺可绘制各种特殊角度的线段。丁字尺、三角板的配合使用及画线方向如图 3-10 所示。

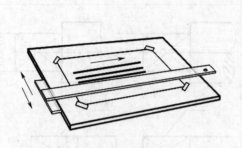
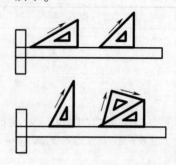

图 3-9　图板、丁字尺的配合使用及画线方向　　　图 3-10　丁字尺、三角板的配合使用及画线方向

3. 圆规和分规

圆规用来绘制圆或圆弧,画图时,圆规的针脚和铅芯应尽量与纸面垂直,且顺时针方向画线。分规主要用来量取长度与等分线段。圆规与分规的使用如图 3-11 所示。

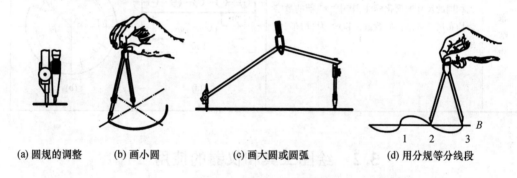

(a) 圆规的调整　　　(b) 画小圆　　　(c) 画大圆或圆弧　　　(d) 用分规等分线段

图 3-11　圆规与分规的使用

4. 铅笔

铅笔采用专用于绘图的铅笔,一般将 H、HB 型号铅笔的铅芯削成锥形,用来画细线和写字,将 B、2B 型号铅笔的铅芯削成楔形,用来画粗线,如图 3-12 所示。

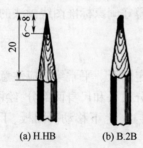

(a) H.HB　　　(b) B.2B

图 3-12　铅笔的笔芯形状和尺寸

3.3　常见几何作图方法

1. 等分线段

等分线段及作已知直线的平行线和垂直线,见表 3-5。

表 3-5　等分线段及作平行线和垂直线

内　容	方法和步骤	图　　示
等分线段 AB (以 五 等 分 为 例)	(1) 过点 A 任作一直线 AC,用分规以任意长度为单位长度,在 AC 上截得 1、2、3、4、5 个等分点。 (2) 连 5B,过点 1、2、3、4 分别作 5B 的平行线,与 AB 交于 1′、2′、3′、4′,即得各等分点	
过定点 K 作直线 AB 的平行线	先使三角板的一边过 AB,以另一个三角板的一边作导边,移动三角板,使一边过点 K,即可过点 K 作 AB 的平行线	
过定点 K 作直线 AB 的垂直线	先使三角板的斜边过 AB,以另一个三角板的一边作导边,将三角板翻转 90°,使斜边过点 K,即可过点 K 作 AB 的垂线	

2. 等分圆周及作正多边形

等分圆周,可利用三角板、丁字尺、圆规等绘图工具,见表 3-6。

表 3-6 等分圆周及作正多边形

内容	方法和步骤	图 示
三等分圆周和作正三边形	先使 30° 三角板的一直角边过直径 AB,以 45° 三角板的一边作导边。然后移动 30° 三角板,使其斜边过点 A,画直线交圆于 1 点,将 30° 三角板反转 180°。过点 A 用斜边画直线,交圆于 2 点,连接 1、2,则三角形 A12 即为圆内接正三边形	
六等分圆周和作正六边形	圆规等分法: 　　以已知圆的直径的两端点 A、B 为圆心,以已知圆的半径 R 为半径画弧与圆周相交,即得等分点,依次连接,即得圆内接正六边形	
	30° 或 60° 三角板与丁字尺(或 45° 三角板的一边)相配合作内接或外接圆的正六边形	
五等分圆周和作正五边形	平分半径 OB 得点 O_1,以 O_1 为圆心,O_1D 为半径画弧,交 OA 于 E,以 DE 为弦在圆周上依次截取即得圆内接正五边形	

3. 椭圆的性质和画法

椭圆为常见的非圆曲线,在已知长、短轴的条件下,通常采用同心圆法和四心法作椭圆,见表 3-7。

表 3-7　椭圆的性质和画法

性 质	画 法	图 示
一个动点到两个定点(焦点)的距离之和为一个常数(等于长轴),该动点的轨迹为椭圆	**同心圆法(精确法):** 　分别以长轴 AB 和短轴 CD 为直径画同心圆,过圆心作一系列放射线交两圆得一系列点,过放射线与大圆的交点作平行于短轴 CD 的直线,过放射线与小圆的交点作平行于长轴 AB 的直线,两组相应直线的交点即为椭圆上的点,依次光滑连接,即得椭圆	
	四心圆弧法(近似法): 　作出椭圆的长轴 AB 和短轴 CD。连接 AC,取 $CM=OA-OC$,作 AM 的中垂线,使之与长、短轴分别交于 O_3、O_1 两点。作与 O_1、O_3 的对称点 O_2、O_4,连 O_1O_3、O_1O_4、O_2O_3、O_2O_4 并延长。分别以 O_1、O_2 为圆心,$R_1=O_1C$(或 O_2D)为半径,画弧交 O_1O_3、O_1O_4、O_2O_3、O_2O_4 的延长线于 E、F、G、H,分别以 O_3、O_4 为圆心,$R_2=O_3A$(或 O_4B)为半径,画弧与前所画圆弧连接即得椭圆	

4. 斜度和锥度

　　斜度是指一直线(或平面)对另一直线(或平面)的倾斜程度。工程上用直角三角形的两直角边的比值来表示,并规定写成 $1:n$ 的形式,其画法与注法如图 3-13 所示。

　　锥度是正圆锥的底圆直径与锥高之比,并规定写成 $1:n$ 的形式,其画法与注法如图 3-14所示。

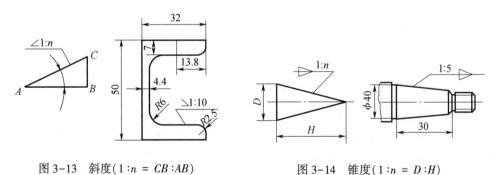

图 3-13　斜度($1:n = CB:AB$)　　　　　图 3-14　锥度($1:n = D:H$)

　　斜度和锥度的标注应注意符号的尖角方向与斜度或锥度方向一致。

5. 圆弧连接

(1) 圆弧连接的基本原理

　　圆弧连接就是用圆弧光滑连接已知圆弧或直线,连接处是相切的。这个起连接作用的圆弧称为连接弧。为保证圆弧的光滑连接,作图时必须准确找出连接圆弧的圆心和切点。

注意:连接圆弧圆心的轨迹线总是平行所要连接的已知圆弧,且距离为连接圆弧的半径值,表 3-8 为求连接圆弧圆心轨迹的原理和尺寸关系,以及找连接点(切点)的方法。

表 3-8　求连接圆弧圆心轨迹的原理及找连接点的方法

连接形式	图　　例	连接弧圆心轨迹	连接点(切点)
连接弧与已知直线相切	连接弧　连接弧圆心轨迹 R O R 切点 K　已知直线L	为一直线,与已知直线 L 平行,距离为 R	为从圆心 O 向已知直线 L 所作垂线的垂足 K
连接弧与已知圆弧外切	连接弧　切点 O R 连接弧圆心轨迹 K R_1+R R_1　O_1 已知弧	为已知圆弧 O_1 的同心圆,半径为 R_1+R(与已知圆弧平行,距离为 R)	为两圆弧的圆心连线 O_1O 与已知圆弧的交点 K
连接弧与已知圆弧内切	连接弧　连接弧圆心轨迹 K 切点 O R R_1-R O_1　R_1 已知弧	为已知圆弧 O_1 的同心圆,半径为 $|R_1-R|$(与已知圆弧平行,距离为 R)	为两圆弧的圆心连线 O_1O 的延长线与已知圆弧 O_1 的交点 K

表 3-8 求连接圆弧圆心轨迹的目的是为了找出连接圆弧的圆心。图 3-15 和图 3-16 为作图举例。在画连接圆弧时,一定要先找出连接圆弧圆心点和连接点(要求保留作图过程轨迹线),然后只在两连接点间画出粗实线的连接圆弧(不要画出头,也不得少画而没连接上已知线段)。

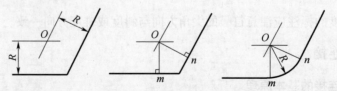

图 3-15　圆弧连接两直线

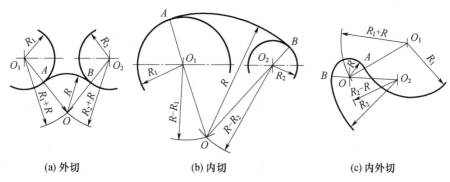

(a) 外切　　　　　　　　　(b) 内切　　　　　　　　(c) 内外切

图 3-16　圆弧连接已知圆弧的三种情况

（2）圆弧及其曲线对平面图形神态的影响

平面图形由图线构成,而图线的特性决定了图形的神态。

直线:给人以挺拔、刚劲、正直的感觉,在设计上称为硬线。

曲线:给人以光滑、流畅、温和的感觉,在设计上称为软线。

如图 3-17(a)所示的矩形,给人的感觉是正直、稳定、坚硬的感觉。如图 3-17(b)所示仅在前面矩形角上做的小的圆角,给人的感觉是刚中有柔,温和、亲近的感觉。

如图 3-18(a)所示的座钟以直线边构成为主,其产品特点是棱角分明、稳定、坚挺。如图 3-18(b)所示的手机产品曲直结合,体现了刚柔相济的感觉。

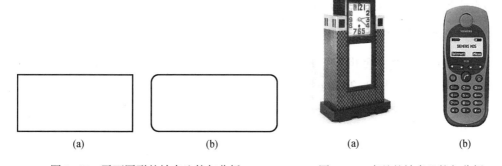

　　　(a)　　　　　　　　　(b)　　　　　　　　　　(a)　　　　　　(b)

　图 3-17　平面图形的神态比较与分析　　　　图 3-18　产品的神态比较与分析

在机电产品的轮廓设计中。多采用直线与曲线综合应用,以直线为主,小曲率曲线为辅,刚柔相济的形态特色。

3.4　平面图形画法与尺寸标注

机件的轮廓形状是多种多样的,但在技术图样中,表达它们结构形状的图形都是由直线、圆和其他一些曲线组成的平面图形。

1. 平面图形的尺寸和基准线

（1）尺寸的分类

按尺寸的具体作用,平面图形中的尺寸分为定形尺寸和定位尺寸。

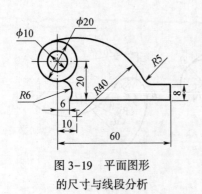

图 3-19　平面图形
的尺寸与线段分析

定形尺寸:确定平面图形形状和大小的尺寸。如图 3-19 中的 $\phi 10$、$\phi 20$、$R6$、$R40$、$R5$、8。

定位尺寸:确定平面图形各部分相对位置的尺寸。如图 3-19 中的 20、6、10、60。

(2) 基准线

基准线是确定平面图形在水平和铅垂方向的位置线(如图 3-19 中 $\phi 10$、$\phi 20$ 两圆水平和铅垂方向的中心线),要首先画出。再从基准线开始,根据定位尺寸和定形尺寸按一定步骤画图。基准线是标注(或测量)定位尺寸的起点,也称为定位尺寸的基准。

2. 平面图形的线段分析

(1) 已知线段

具有齐全的定形尺寸和定位尺寸的线段称为已知线段。如图 3-19 中的 $\phi 10$ 和 $\phi 20$ 等。

(2) 中间线段

只给出定形尺寸和一个定位尺寸的线段称为中间线段,其另一个定位尺寸要依靠与相邻已知线段的几何关系求出。如图 3-19 中的 $R40$ 圆弧。

(3) 连接线段

只给出线段的定形尺寸,定位尺寸要依靠其与两端相邻的线段的几何关系求出,这类线段称为连接线段。如图 3-19 中的 $R5$、$R6$ 圆弧。

3. 平面图形的画图步骤

作图时先选好基准线并画出,再画已知线段、之后画中间线段、最后画连接线段。平面图形的画图步骤如图 3-20 所示。

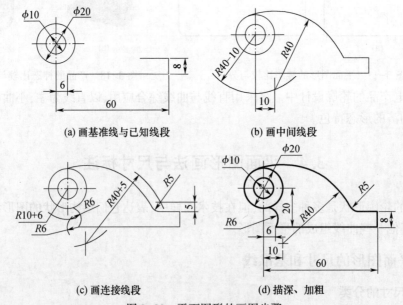

(a) 画基准线与已知线段　　　　(b) 画中间线段

(c) 画连接线段　　　　(d) 描深、加粗

图 3-20　平面图形的画图步骤

4. 平面图形的尺寸标注

标注平面图形的尺寸,首先要选定图形基准线位置,其次要分析清楚各尺寸所属类型。在标注尺寸时,要分析清楚所标注的线段的性质,按已知线段、中间线段、连接线段的顺序逐个标注尺寸。尺寸标注要遵守国标规定,图 3-21 所示为一些常见平面图形的尺寸标注。

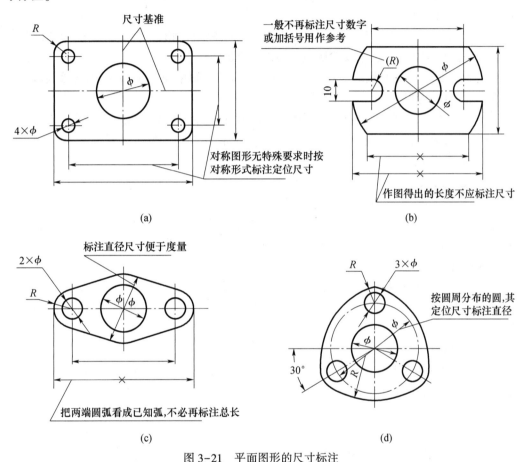

图 3-21　平面图形的尺寸标注

3.5　手工绘图方法与步骤

1. 仪器绘图

仪器绘图是工程技术人员应该掌握的主要技能之一。要绘制出一幅好的图样,除了需要掌握国家制图标准、掌握正确的几何作图方法和正确使用绘图工具,合理的绘图步骤将能提高绘图工作的效率,保证图样的高质量。通常,在使用仪器绘制工程图样时,一般应按以下步骤进行。

① 作好绘图前的准备工作。首先准备好图板、丁字尺、三角板、绘图仪器、橡皮、胶带

纸等,并将图板、丁字尺和三角板擦拭干净;清理桌面后,各种用具放在适当的位置上,暂时不用的工具、书籍不要放在图板上。

② 分析所画对象。画图前,要了解所画的物体。如果抄画图样,应看懂图形,分析图形的连接情况。

③ 选择画图的比例和图幅,固定图纸。根据前面的分析,要在国家标准中选用符合规范的比例和图纸幅面。用胶带纸将图纸固定在图板的左下方,下部空出的距离要能放置丁字尺,以便操作。

④ 布置图形,画作图基准线。首先画出图框和标题栏轮廓,然后画出各个图形的作图基准线,如对称中心线、主要轮廓线,注意要布图均匀。

⑤ 画底稿。绘制底稿时应注意:先画已知线段,再画中间线段,最后画连接线段。底稿线要细,但应清晰。

⑥ 描深图线。底稿画好后,先检查有无错误,更正后,再描深图线。图线要求粗细均匀,符合国家标准。应按先曲线后直线,由上到下,由左向右的原则进行。

⑦ 标注尺寸,书写文字,填写标题栏。

2. 徒手绘图

为了提高学习效率和达到从事测绘等作图工作的要求,工程技术人员必须具备徒手绘制图形的能力。徒手绘图一般不借助绘图工具和仪器,用目测物体的形状和大小,手持铅笔绘制图形。

徒手所画图形称为草图, 绘制徒手草图的要求是图线粗细分明, 各部分比例匀称, 绘图速度快, 标注尺寸准确、齐全, 字体工整, 图面整洁。这里只谈绘制图形的方法和技巧。

(1) 握笔和运笔方法

手握笔要松,运笔力求自然;眼睛要注意笔尖前进方向,留意线段终点;短线手腕运笔,长线手臂带笔。徒手绘图方法:握笔和运笔方法如图 3-22 所示。

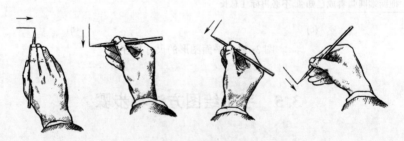

图 3-22　徒手绘图方法:握笔和运笔方法

(2) 特殊角度斜线的画法

对于 45°、30°、60° 等常见角度,可根据两直角边的比例关系,定出两端点,然后连接两点即为所画的角度线。如画 10°、15° 等角度线,可先画 30° 角后,再等分求得,如图 3-23 所示。

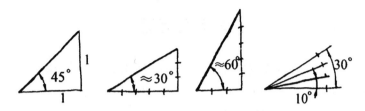

图 3-23　徒手绘图方法:角度线的画法

(3) 圆的画法

先徒手作两条互相垂直的中心线,定出圆心,再根据直径大小,用目测估计半径大小。画小圆时,在中心线上定出四点,然后徒手将各点连接成圆。当所画的圆较大时,可过圆心多作几条不同方向的直径线,在中心线和这些线上用目测定出若干点后,再徒手将各点连接成圆,如图 3-24 所示。

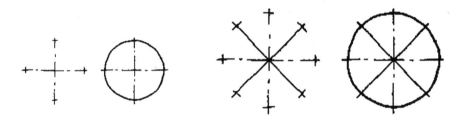

图 3-24　徒手绘图方法:圆的画法

(4) 平面图形的画法

作图时先选好基准线并徒手画出,再画已知线段,然后画中间线段,最后画连接线段,如图 3-25 所示。

画草图的步骤基本上与用仪器绘图相同,但草图的标题栏中不填写比例,绘图时,也不要求固定图纸。

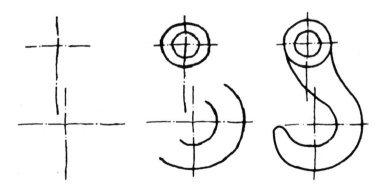

图 3-25　徒手绘图方法:平面图形的画法

复习思考题

1. 技术制图国家标准规定汉字应该书写成什么字体？图样中字体的字号代表什么？

2. 工程图样通常采用哪几种图线？线宽分为几种？线宽比为多少？

3. 图样中的细点画线应用在什么场合？

4. 在工程图样中，当图中不同线型的图线发生重合时，其优先表达的顺序是什么？

5. 比例是指图样中的线性尺寸与对应实物的线性尺寸之比吗？

6. 尺寸标注的基本规则是什么？一个完整尺寸标注包括哪三个要素？

7. 什么是斜度？∠1:6 表示什么含义？锥度与斜度有什么区别？

8. 圆弧连接中，如何确定连接圆弧的圆心以及连接圆弧与已知线段的切点？

第4章 轴 测 图

工程图样属于多面投影图,具有作图简便、度量性好、表达清晰等优点,如图4-1(a)所示。但这种图样缺乏立体感,必须具有一定的图学知识才能看懂。为此,工程上还常用一种富有立体感的投影图来表达物体,以弥补多面投影图的不足。这种单面投影图称为轴测图。

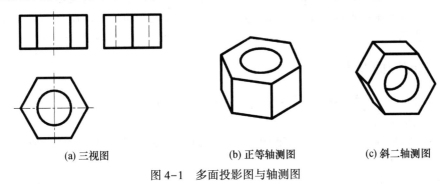

(a) 三视图   (b) 正等轴测图   (c) 斜二轴测图

图 4-1 多面投影图与轴测图

轴测图能同时反映物体长、宽、高三个方向的尺度,富有立体感,如图4-1(b)、(c)所示。但这种图样难以真实表达形体的尺寸与形状。因此,在工程上常用来作为辅助图样,也可为表达设计创意的手段之一。

4.1 轴测投影基础

1. 轴测图的形成和投影特性

轴测图的形成如图4-2所示。轴测图(GB/T 16948—1997)是将物体连同其直角坐标系,沿不平行于任一坐标平面的方向,用平行投影法将其投射在单一投影面 P 上所得的图形。

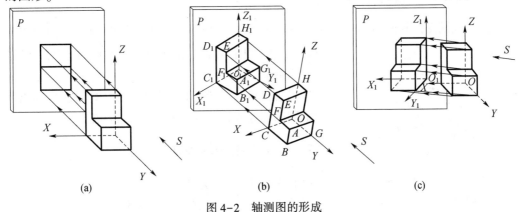

(a)   (b)   (c)

图 4-2 轴测图的形成

在轴测投影中，投影面 P 称为轴测投影面，投射方向 S 称为轴测投射方向。

由于轴测图是用平行投影法得到的，因此具有下列投影特性。

① 平行性：物体上互相平行的线段，在轴测图上仍然互相平行。

② 定比性：物体上两平行线段或同一直线上的两线段长之比，在轴测图上保持不变。

2. 轴测轴、轴间角及轴向伸缩系数

轴测轴：空间直角坐标轴 OX、OY、OZ 在轴测投影面上的投影轴 O_1X_1、O_1Y_1、O_1Z_1。

轴间角：相邻两轴测轴之间的夹角，即角 $\angle X_1O_1Y_1$、$\angle X_1O_1Z_1$、$\angle Y_1O_1Z_1$。

轴向伸缩系数：轴测轴上单位长度与相应空间直角坐标上单位长度之比。

X、Y、Z 轴的轴向伸缩系数分别用 p、q、r 表示，$p=O_1C_1/OC$，$q=O_1G_1/OG$，$r=O_1H_1/OH$ 如图 4-2 所示。

3. 轴测图的分类

根据投射方向与轴测投影面是否垂直，可将轴测图分为两类。

（1）正轴测图

投射方向与轴测投影面垂直，即用正投影法得到的轴测图，如图 4-2(b)所示。

（2）斜轴测图

投射方向与轴测投影面倾斜，即用斜投影法得到的轴测图，如图 4-2(c)所示。

在上述两类轴测图中，根据轴向伸缩系数的不同，每类又可分三种。

① 正（或斜）等轴测图：三个轴向伸缩系数都相等的轴测图，即 $p=q=r$。

② 正（或斜）二轴测图：有两个轴向伸缩系数相等的轴测图，即 $p=q\neq r$，或 $p=r\neq q$，或 $p\neq r=q$。

③ 正（或斜）三轴测图：三个轴向伸缩系数均不相等的轴测图，即 $p\neq r\neq q$。

在工程上用得较多的是正等轴测图和斜二轴测图，本章主要介绍正等轴测图和斜二轴测图的画法。

4.2　正等轴测图及画法

1. 轴间角和轴向伸缩系数

正等轴测图的轴间角和轴向伸缩系数如图 4-3 所示。正等轴测图的三个轴间角相等，均为 120°，规定 Z 轴是铅垂方向，根据理论计算，其轴向伸缩系数 $p=q=r\approx0.82$，为了作图简便，采用 $p=q=r=1$，这样沿轴向的尺寸就可以直接量取物体实长，但画出的正等轴测图比原投影放大 $1/0.82\approx1.22$ 倍。

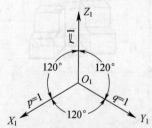

图 4-3　正等轴测图的轴间角和轴向伸缩系数

2. 正等轴测图的画法

（1）坐标法（基本方法）

所谓坐标法就是根据立体表面上每个点（或顶点）的

坐标,画出它们的轴测投影,然后连成立体表面的轮廓线,从而获得立体轴测投影的方法。注意:轴测图中不可见的线一律不画。

下面举例说明坐标法画正等轴测图的方法。

如图 4-4(a)所示,已知压块的主、俯视图,求作其正等轴测图。画图步骤如下:

① 在两视图上确定直角坐标系,并确定曲面上各点(Ⅰ~Ⅳ)的坐标,如图 4-4(a)所示。

② 画轴测轴,分别在 X_1、Y_1 方向截取长度 A、B,作出底面的轴测投影,如图 4-4(b)所示。

③ 根据高度在 Z_1 方向截取各点,作出曲面上各点(Ⅰ~Ⅳ)的轴测投影,如图 4-4(c)所示。

④ 由平行性作出后面各点,最后用光滑曲线连接,整理得其正等轴测图,如图 4-4(d)所示。

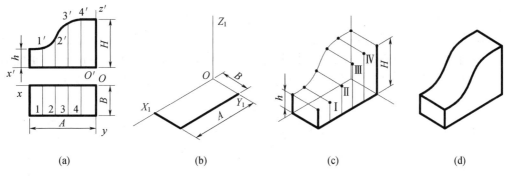

(a)　　　　　(b)　　　　　(c)　　　　　(d)

图 4-4　坐标法画压块正等轴测图

(2) 切割法

切割法是对于某些以切割为主的立体,可先画出其切割前的完整形体,再按形体形成的过程逐一切割而得到立体轴测图的方法。

如图 4-5(a)所示为立体的投影图,以切割法作出立体的正等轴测图。

其作图步骤是先画长方体,然后逐步切割形体作图,过程如图 4-5(b)~(d)所示。

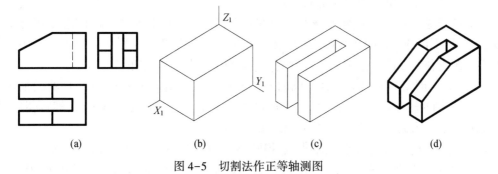

(a)　　　　　(b)　　　　　(c)　　　　　(d)

图 4-5　切割法作正等轴测图

(3) 叠加法

叠加法是对于某些以叠加为主的立体,可按形体形成的过程逐一叠加,从而得到立体轴测图的方法。如图 4-6(a)为立体的投影图,以叠加法作出其形体的正等轴测。

作图步骤是先画长方体底板,再加切角立板,然后加上三角形斜块,如图4-6(b)~(d)所示。

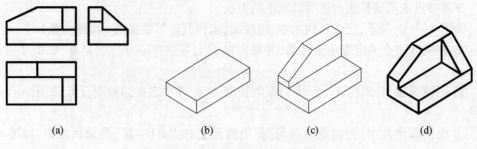

图4-6　叠加法作正等轴测图

实际上,大多数立体即有切割又有叠加,在具体作图时切割法和叠加法总是交叉并用。

在两视图上确定的坐标原点与直角坐标系不同,其轴测图的表现形式也不同,因为改变了形体方位。不同视觉方位下的轴测图形态如图4-7所示。从图中可见,不同视觉方位下的轴测图其表现形态是不同的,其中图4-7(b)明显地优于图4-7(c)~(e),更能清晰地表现形体结构,所以,在轴测图的画法中,视觉方位的选择也是非常重要的。

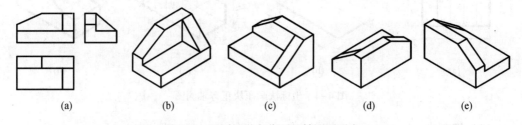

图4-7　不同视觉方位下的轴测图形态

3. 回转体的正等轴测图

作回转体的正等轴测图,关键在于画出立体表面上圆的轴测投影。

(1) 平行于坐标面圆的正等轴测投影

圆的正等轴测投影为椭圆,该椭圆常采用菱形四心法近似画法,即用四段圆弧近似代替椭圆弧,不论圆平行哪个投影面,其轴测投影的画法均相同。图4-8表示了采用菱形四心法画直径为d的水平圆的正等轴测图的画法。作图步骤如下。

① 先确定原点与坐标轴,并作圆的外切正方形,切点为a、b、c、d,如图4-8(a)所示。

② 作轴测轴和切点A_1、B_1、C_1、D_1,通过切点作外切正方形的轴测投影,即得菱形,菱形的对角线即为椭圆的长、短轴位置,如图4-8(b)所示。

③ 过A_1、B_1、C_1、D_1作各边垂直线,得圆心O_1、O_2、O_3、O_4,如图4-8(c)所示。

④ 以O_1、O_3为圆心,O_1A_1为半径,作大圆弧A_1D_1、C_1B_1;再以O_2、O_4为圆心,O_2A_1为半径,作小圆弧A_1B_1、C_1D_1,连成近似椭圆,如图4-8(d)所示。

图4-9(a)画出了平行于三个坐标面上圆的正等轴测图,它们都可用菱形四心法画出。只是椭圆的长、短轴的方向不同,并且三个椭圆的长轴构成等边三角形。

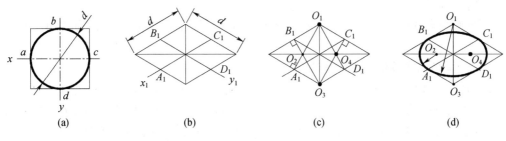

图 4-8 菱形四心法画水平圆的正等轴测图

(2) 回转体的正等轴测图的画法

画回转体的正等轴测图,只要先画出底面和顶面圆的正等轴测图——椭圆,然后作出轮廓线即两椭圆的公切线即可。图 4-9(b)为平行于三个坐标面的圆柱的正等轴测图。

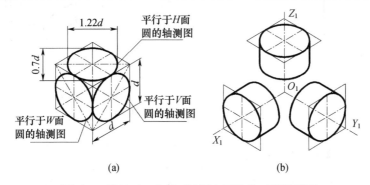

图 4-9 平行于三坐标面的圆与圆柱的正等轴测图

如图 4-10(a)所示,已知切割圆柱的主、俯视图,作出其正等轴测图。其作图步骤如下。

① 选坐标系,原点选定为顶圆的圆心,XOY 坐标面与上顶圆重合,如图 4-10(a)所示。

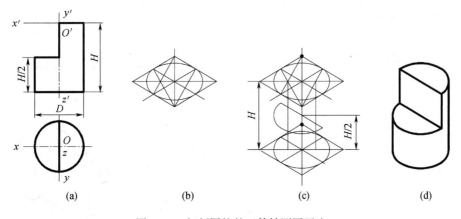

图 4-10 切割圆柱的正等轴测图画法

② 用菱形四心法画出顶圆的轴测投影——椭圆,将该椭圆沿 Z 轴向下平移 H,即得底圆的轴测投影;将半个椭圆沿 Z 轴向下平移 $H/2$,即得切口的轴测投影,如图 4-10(b)、 (c)所示。

③ 作椭圆的公切线、截交线,擦去不可见部分,加深后即完成作图,如图 4-10(d)所示。

(3) 圆角的正等轴测图的画法

立体上 1/4 圆角在正等轴测图是 1/4 椭圆弧,可用近似画法作出,如图 4-11 所示。作图时根据已知圆角半径 R,找出切点 A_1、B_1、C_1、D_1,过切点分别作圆角邻边的垂线,两垂线的交点即为圆心,以此圆心到切点的距离为半径画圆弧即得圆角的正等轴测图,如图 4-11(b)所示。底面圆角可将顶面圆弧下移高度 H 即得,如图 4-11(c)所示,完成作图。

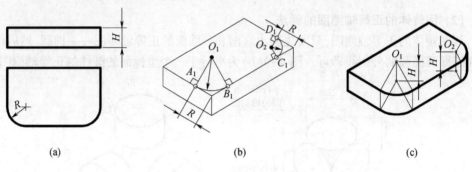

(a) 　　　　　　　　　(b) 　　　　　　　　　(c)

图 4-11　1/4 圆角的正等轴测图

4. 正等轴测图画法综合实例

【例 4-1】　如图 4-12 所示为"相机外形"的投影图,画出其正等轴测图。

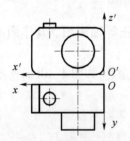

图 4-12　"相机外形"的投影图

解:首先在投影图上定出坐标系,如图 4-12 所示。

① 画轴测轴与"相机主体"部分的正等轴测图,如图 4-13(a)所示。

② 画"镜头"大圆柱正等轴测图:先确定圆柱圆心与外接菱形,再画椭圆,如图 4-13(b)所示。

③ 画"按键"小圆柱的正等轴测图。补全主体上的圆角,如图 4-13(c)所示。

④ 作椭圆弧之间的公切线,整理并加深即完成全图,如图 4-13(d)所示。

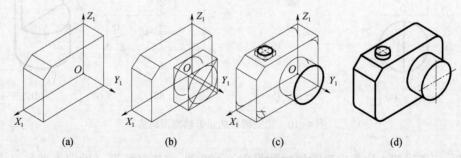

(a) 　　　　　　　(b) 　　　　　　　(c) 　　　　　　　(d)

图 4-13　"相机外形"的正等轴测图画法

【例 4-2】 画出如图 4-14 所示的直角支板的正等轴测图。

解：

① 在投影图上定出直角坐标系。

② 画底板和侧板圆弧部分的正等轴测图，如图 4-15(a)所示。

③ 画底板圆角、侧板及其圆孔的正等轴测图，如图 4-15(b)所示。

④ 画底板圆孔和中间肋板的正等轴测图，如图 4-15(c)所示。

⑤ 整理并加深即完成全图，如图 4-15(d)所示。

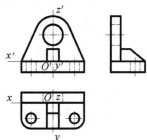

图 4-14 直角支板的视图

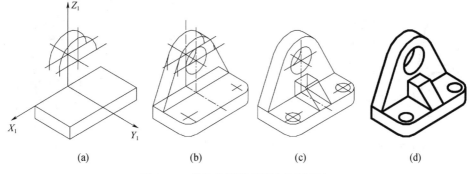

(a) (b) (c) (d)

图 4-15 直角支板的正等轴测图画法

4.3 斜二轴测图及画法

1. 轴间角和轴向伸缩系数

斜二轴测图是轴测投影面平行于一个坐标平面，且平行于坐标平面的那两根轴的轴向伸缩系数相等的斜轴测投影。如图 4-16(a)所示，一般选择正面 XOZ 坐标面平行于轴测投影面。因此，$p=r=1$，$\angle X_1O_1Z_1=90°$，只有 Y 轴伸缩系数和轴间角随着投射方向的不同而变化。为了使图形更接近视觉效果和作图简便，国家标准"投影法"中规定，斜二轴测图中，取 $q=0.5$，轴间角 $\angle X_1O_1Y_1=\angle Y_1O_1Z_1=135°$，如图 4-16(b)所示。

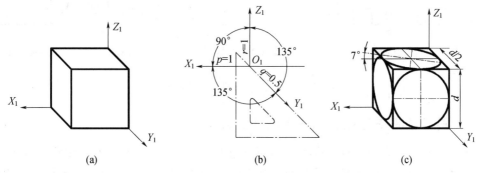

(a) (b) (c)

图 4-16 斜二轴测图画图参数与坐标面上圆的投影特点

2. 斜二轴测图的画法

斜二轴测图能反映物体 XOZ 面及其平行面的实形,而另外两个坐标面上的圆投影成了外切于平行四边形的椭圆,其长轴与 O_1X_1、O_1Z_1 之间的夹角约为 7°,该椭圆画图复杂,如图 4-16(c)所示,故斜二轴测图特别适合于用来绘制只有一个方向有圆或曲线的物体。

如图 4-17(a)所示为套筒连杆的投影图,下面举例说明绘制该形体斜二轴测图的方法。

由投影可知,套筒连杆的形状特点是在一个方向有相互平行的圆。宜选择圆的平面平行于坐标面 XOZ,作图过程如图 4-17 所示。注意 Y 方向长度减半量取($q=0.5$)。

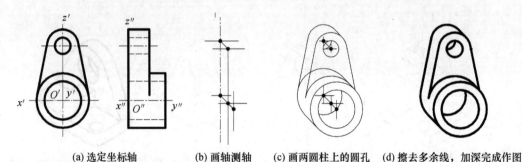

　(a) 选定坐标轴　　　　(b) 画轴测轴　　(c) 画两圆柱上的圆孔　(d) 擦去多余线,加深完成作图

图 4-17　套筒连杆的斜二轴测图画法

【例 4-3】　画出如图 4-18(a)所示"椅子"的斜二轴测图。

解：由题图可知,"椅子"的特点是侧面形状比较复杂。根据斜二轴测图的特点,宜选择该面作为正面,在投影图上定出坐标系,如图 4-18(a)所示。再画出轴测轴与形状不变的侧面投影,如图 4-18(b)所示,然后按 Y 方向长度取半($q=0.5$)完成作图,如图 4-18(c)所示。

若选取的坐标轴不同,则所画出的斜二轴测图繁简程度也不同。如图 4-18(d)所示,明显地较前一画法烦琐。

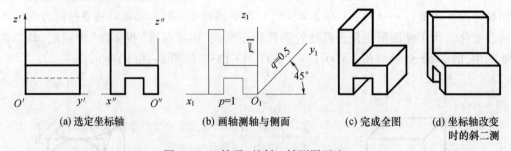

　(a) 选定坐标轴　　　(b) 画轴测轴与侧面　　　(c) 完成全图　　(d) 坐标轴改变
　　　　　　　　　　　　　　　　　　　　　　　　　　　　　　　　时的斜二测

图 4-18　"椅子"的斜二轴测图画法

3. 斜二轴测图与正等轴测图画法比较

只有一个方向有圆或曲线的物体,既可以用正等轴测图来表达,也可以用斜二轴测图来画。但用斜二测画图可能更简便,特别是在自由曲面的情况下。如图 4-19 所示为压块轴测

图的正等测与斜二测画法比较。斜二测就是由反映实形平行于 *XOZ* 的坐标面拉伸而成,故作图便捷,而正等测必须先用坐标法找点绘制出自由曲线构成的轴测面拉伸而成。

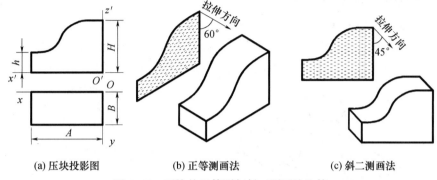

(a) 压块投影图　　　　(b) 正等测画法　　　　(c) 斜二测画法

图 4-19　压块的正等测与斜二测画法比较

根据投影图画轴测图要注意选取合适的坐标系,如图 4-20 所示为切口圆柱的正等测与斜二测画法坐标系选择的差异。

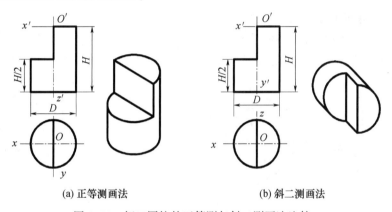

(a) 正等测画法　　　　　　(b) 斜二测画法

图 4-20　切口圆柱的正等测与斜二测画法比较

不同视觉方位下的斜二测图表现形态各不相同,如图 4-21(a) 所示表达较好,而图 4-21(b) 明显地表现形体结构较差。因此,画图时必须选择好合适的视觉方位。

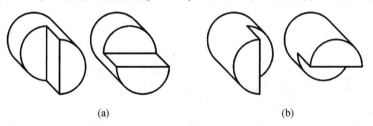

(a)　　　　　　　　　　(b)

图 4-21　不同视觉方位下斜二测图的形态

4.4　剖视轴测图

在轴测图中,为了表达物体内部结构形状,可假想用剖切平面沿坐标面方向将物体剖开,画成剖视轴测图。

1. 画剖视轴测图的规定

(1) 剖切平面的选择

为了清楚表达物体的内外形状,通常采用两个平行于坐标面的垂直相交平面剖切物体的1/4,如图4-22(a)所示。一般不采用单一剖切平面全剖物体,如图4-22(b)所示。

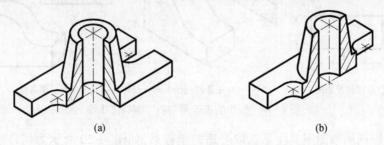

(a)　　　　　　　　　　　　　　(b)

图 4-22　剖视轴测图的剖切方法

(2) 剖面线的画法

当剖切平面剖切物体时,断面上应画上剖面线,剖面线画成等距、平行的细实线。如图4-23所示为正等轴测图的剖面线画法,图4-24所示为斜二等轴测图中剖面线画法。

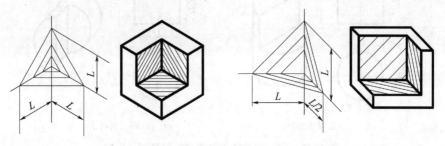

图 4-23　正等轴测图中剖面线画法　　　　图 4-24　斜二轴测图中剖面线画法

如图4-25所示为剖视画法的正等轴测图。如图4-26所示为剖视画法的斜二轴测图。

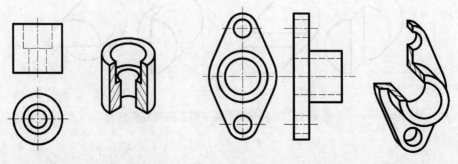

图 4-25　剖视画法的正等轴测图　　　　图 4-26　剖视画法的斜二轴测图

剖切平面通过物体的肋或薄壁等结构的纵向对称平面时,规定这些结构不画剖面线,而用粗实线将它与相邻部分分开。剖视轴测图中肋板和薄壁的画法如图 4-27 所示。

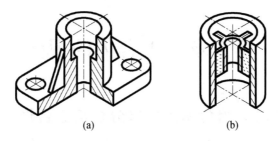

(a)　　　　　(b)

图 4-27　剖视轴测图中肋板和薄壁的画法

2. 剖视画法的装配轴测图

装配轴测图中,剖面部分应将相邻物体的剖面线方向画成相反(垂直关系)或者间距不同,以便区分物体边界与装配连接关系,如图 4-28(a)所示。图 4-28(b)所示为轴测画法装配体的分解图。

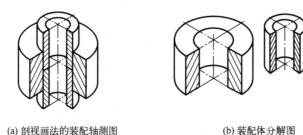

(a) 剖视画法的装配轴测图　　　　　(b) 装配体分解图

图 4-28　剖视画法的装配轴测图

复习思考题

1. 三视图与轴测图有何区别?各有什么特点?
2. 正等轴测图和斜二轴测图的形成有什么区别?
3. 正等轴测图和斜二轴测图的轴间角及轴向伸缩系数有什么区别?
4. 什么样的形体使用斜二轴测图画图更为便捷?
5. 什么是"菱形四心法"近似椭圆画法?处于各个坐标面上的轴测投影椭圆有何规律?
6. 半个圆或圆角的正等轴测图如何绘制?

第5章　组合体的视图

5.1　组合体的形体分析与组合形式

1. 组合体的形体分析

从几何角度分析,机器零件都可以看作是由若干个基本几何体按一定的组合方式组成的,基本形体可以是基本几何体(如棱柱、棱锥、圆柱、圆锥),也可是它们的简单组合。从三维造型的角度看,机器零件犹如由若干个基本几何体经过布尔运算(并、差、交)后的一个集合体。

如图5-1所示的轴承盖是由具有圆柱通孔的形体Ⅰ、Ⅱ、Ⅲ和经过切割凹槽后穿一小圆柱孔的形体Ⅳ,经过叠加组合而成的一种立体。这种由基本几何体经过叠加、挖切等方式组合而成的立体称为组合体。

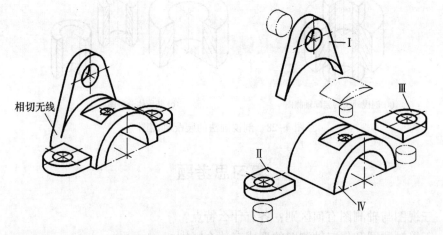

图5-1　轴承盖组合体的形体分析

组合体的形体分析方法,就是假想将组合体合理地分解为若干个基本几何体,并确定它们的组合形式以及相邻表面间相对位置,从而将复杂的问题化为简单问题来处理的一种思维方法。拆分方法应以分解为构成的简单体数量最少、又符合加工规律为最佳。

2. 组合体的构形方式

组合体的构形方式主要有叠加、挖切和综合三种基本形式,而常见的是综合型组合体。

① 叠加型:若干个基本体按一定方式"加"在一起的组合体,是布尔运算中的并集,如图5-2(a)所示。

② 挖切型:从一个基本体中"减"去一些小基本几何体的组合体,是布尔运算中的差集。如图 5-2(b)所示。

③ 综合型:既有叠加又有挖切的组合体,如图 5-2(c)所示。

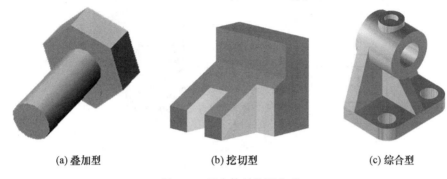

(a) 叠加型　　　　　　　(b) 挖切型　　　　　　　(c) 综合型

图 5-2　组合体的构形方式

3. 组合体的表面连接形式

当构成组合体的各基本体处于不同组合方式时,其相邻两个表面会出现平齐、相错、相切、相交四种情况。

(1) 平齐

组合体中,当相邻两个基本形体的某些表面平齐时,说明两立体的这些表面共面,共面的表面在视图中没有分隔线隔开,如图 5-3 所示。共面的面可能是平面也可能是曲面。

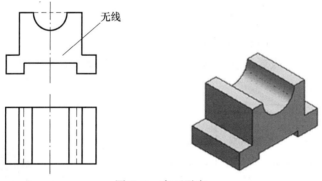

图 5-3　表面平齐

(2) 相错

组合体中,当相邻两个基本形体的某些表面不平齐而相错时,相错的两表面结合处应画出两个表面的分界线。表面相错如图 5-4 所示。

(3) 相切

组合体中,当相邻两个基本形体的某些表面以相切的关系光滑连接时,相切连接的两表面若投影积聚则两表面的积聚线是相切关系,切点是连接两表面的切线之积聚点。若该两表面投影不积聚,则不画出分界线(即二面合为一面),相切面的投影应画到切点处。表面相切如图 5-5 所示。

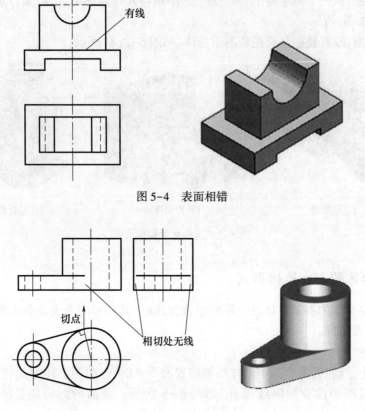

图 5-4　表面相错

图 5-5　表面相切

特殊情况是,如果两个曲面相切,且它们的公切面垂直于投影面,那么在该投影面上的投影应画出切线,在其他投影面上的投影按原规定画出。如图 5-6 所示,两个圆柱表面的公切面垂直于水平投影面,因此在水平投影面上的投影需要画出切线的投影,而在左视图中就不必画出。

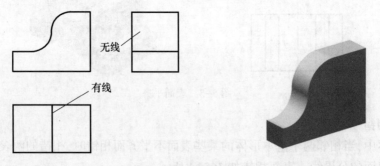

图 5-6　相切特殊情况

(4) 相交

组合体中,当相邻两个基本形体的表面相交时,相交处就会产生各种交线。表面交线分两种,如图 5-7 所示的截交线(平面与立体交线)和如图 5-8 所示的相贯线(曲面与曲面交线)。在作图时要正确绘出。

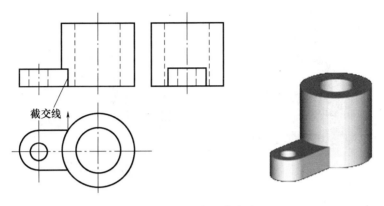

图 5-7　平面与立体交线

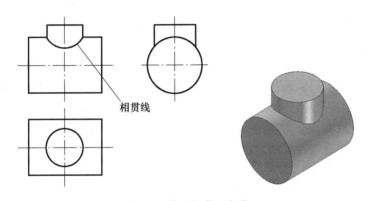

图 5-8　曲面与曲面交线

5.2　画组合体视图

绘制组合体三视图的方法有形体分析法和线面分析法。形体分析法是画图和看图的基本方法。线面分析法主要用于挖切型组合体。下面以轴承座和导向块为例,介绍画组合体视图的方法和步骤。

1. 叠加型或综合型组合体的画法

(1) 形体分析

① 组成部分。如图 5-9 所示,轴承座可拆分为底座Ⅰ、水平圆筒Ⅱ、支撑板Ⅲ、肋板(又称肋)Ⅳ和圆台Ⅴ。

② 表面连接关系。底座Ⅰ与支撑板Ⅲ的后表面平齐(共面),不画线;水平圆筒Ⅱ与肋板Ⅳ相交,画出截交线;水平圆筒Ⅱ与支撑板Ⅲ的两个斜面相切,相切处不画线;水平圆筒Ⅱ和圆台Ⅴ内外相交,画出内外相贯线。

(2) 选择主视图

安放位置:组合体一般应选取自然安放位置,并尽量将较多的表面放成与投影面平行或垂直。

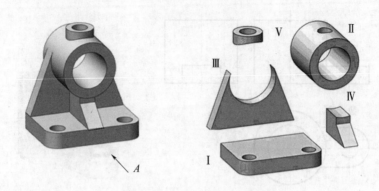

图 5-9　轴承座的形体分析

投影方向:主视图是三个视图中的主要图形,一般选择能全面地反映组合体形状特征及各几何体位置关系的方向作为主视图投影方向。

轴承座如图 5-9 所示放置(下大上小,底为平面,主要表面平行或垂直投影面),放置好后有四个投影方向可供选择,对各个方向所得的视图进行比较,A 向投影能清晰地反映主要基本体(轴承座底座 I、水平圆筒 II、立板 III)的形状特征和相对位置关系,而且该视图中出现的虚线较其他方向视图少,所以应选择 A 方向作为主视图的投影方向。确定主视图后,左、俯视图也就跟着确定了。

(3) 选比例、定图幅

表达方案确定后,根据形体长、宽、高尺寸算出三个视图所占范围,并加上视图之间留有的适当间距(如留作注写尺寸等),以及标题栏占用的范围,估算出所需画图面积,从国家制图标准选用合适的图幅,比例尽量采用 1:1。

(4) 画图

轴承座的画图步骤如图 5-10 所示。

① 布图。用中心线或主要轮廓线定位,布置好三个视图位置。视图间距要均匀适当,留出尺寸标注的位置。由于轴承座前后不对称,故以后端面为宽度方向的作图基准;左右对称平面为长度方向的作图基准;底面为高度方向的作图基准。如图 5-10(a)所示。

② 画底稿。用细线依次绘制各基本体三视图。先画主要组成部分,再画次要组成部分;先画特征视图,再画其他视图。要注意每个基本体视图位置以及表面连接处的图线。轴承座的画图顺序:从反映底板实形的俯视图画起,画底板的三视图如图 5-10(b)所示;从反映圆筒实形的主视图画起,画圆筒的三视图,如图 5-10(c)所示;从反映支撑板相切的主视图画起,画出支撑板的三视图,如图 5-10(d)所示;从反映肋板与圆筒交线有积聚性的正面投影画起,画出肋板的三视图,从圆台的特征视图俯视图开始画其三视图,如图 5-10(e)所示。

(5) 检查、描深

画底稿后,要对照组合体实物或轴测图进行仔细检查,修改细节,擦除多余图线。然后,按国家标准规定线型的宽度描深图线,描深过程为:先描圆弧线,后描直线;先描水平、铅垂线,后描斜线,如图 5-10(f)所示。

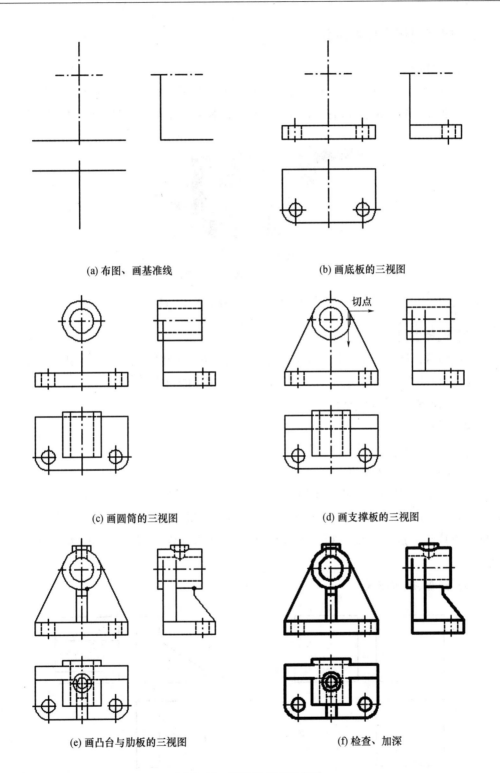

(a) 布图、画基准线　　　　　　　(b) 画底板的三视图

(c) 画圆筒的三视图　　　　　　　(d) 画支撑板的三视图

(e) 画凸台与肋板的三视图　　　　　(f) 检查、加深

图 5-10　轴承座的画图步骤

2. 切割型组合体的画法

(1) 形体分析

图 5-11 所示导向块为一个切割型组合体。它可以看成是一个长方体Ⅰ在它的左边,先切去一个四棱台Ⅱ,再在下方切去两个四棱台Ⅲ、Ⅳ,最后在左右方向穿通了一个圆柱孔Ⅴ。

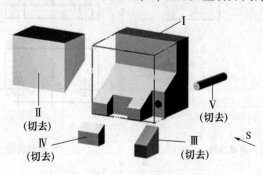

图 5-11　切割型组合体的形体分析

(2) 选择主视图

对该组合体同样也要从四个方向进行比较,找出一个最佳投影方向,比较过程同上例。通过比较,按图 5-11 箭头所示 S 方向作为主视图的投影方向。

(3) 选比例、定图幅(略)

(4) 画图

切割型组合体的画图步骤如图 5-12 所示。

① 布图,选择作图基准。

② 先画出切割前基本几何体的三面投影, 如图 5-12(a)所示。再按切割顺序依次画出切去每一部分后的三视图, 如图 5-12(b) ~ (e)所示。对于切割型组合体要在形体分析法的基础上进行线面分析, 先画出截平面有积聚性的投影, 再画截交线的其他投影。

(5) 检查、描深图线

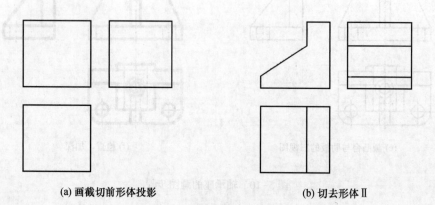

(a) 画截切前形体投影　　　　　　　　　(b) 切去形体Ⅱ

图 5-12　切割型组合体的画图步骤

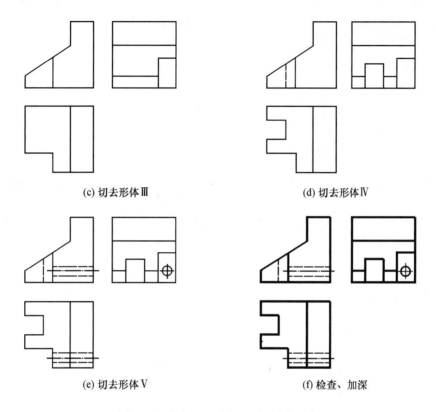

(c) 切去形体Ⅲ　　　　　　　　　　(d) 切去形体Ⅳ

(e) 切去形体Ⅴ　　　　　　　　　　(f) 检查、加深

图 5-12　切割型组合体的画图步骤(续)

5.3　组合体的尺寸标注

组合体的视图只能反映它的形状、结构,各形体的真实大小及其相对位置则要通过标注尺寸来决定,它与作图比例、作图误差没有关系。而组合体是由若干个基本几何体按一定组合方式组合在一起的,因此,要掌握组合体的尺寸标注,必须首先熟悉和掌握基本几何体的尺寸标注。

1. 基本几何体的尺寸标注

(1) 平面立体的尺寸标注
图 5-13 为常见平面立体的尺寸标注。

(2) 曲面立体的尺寸标注
图 5-14 为常见曲面立体的尺寸标注。

2. 带有截交线、相贯线立体的尺寸标注

基本几何体被截切,截交线的形状取决于立体的形状、大小以及截平面与立体的相对

位置。因此标注被截切的立体尺寸时,只需标注立体的大小和形状尺寸以及截平面的相对位置尺寸,不能标注截交线的尺寸。同理,标注相贯体尺寸时,只需标注参与相贯的各立体的大小和形状尺寸及其相互间的相对位置,不能标注相贯线的尺寸。带有截交线、相贯线的尺寸标注如图 5-15 所示。

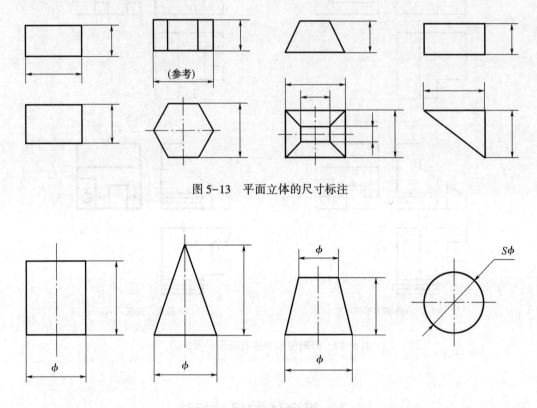

图 5-13　平面立体的尺寸标注

图 5-14　曲面立体的尺寸标注

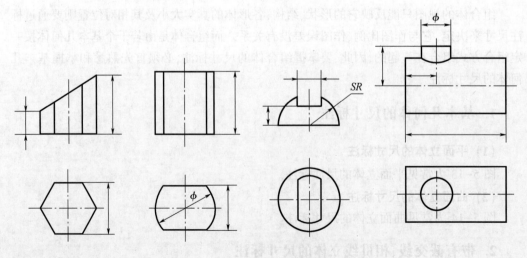

图 5-15　带有截交线、相贯线的尺寸标注

3. 组合体的尺寸标注

（1）基本要求

组合体尺寸标注的基本要求是正确、完整、清晰。

正确：尺寸标注应当符合国家标准。

完整：所注尺寸可以唯一地确定物体的形状大小以及各组成部分的相对位置，尺寸既无遗漏，也不重复或多余，且每一个结构尺寸在图中只标注一次。

清晰：尺寸的布置应当清晰明了，便于读图。

（2）尺寸基准

标注尺寸的起始点称为尺寸基准。组合体具有长、宽、高三个方向，组合体的长、宽、高三个方向上都存在基准，同一方向上根据需要可以有若干个基准。这若干个基准中，一般只有一个测量各基本体位置尺寸的重要基准（即起点），我们把这个确定基本体位置的重要基准称为主要基准，其余的为辅助基准。长、宽、高三个方向都有一个主要尺寸基准。

选定主要尺寸基准的优先顺序为：组合体的共有轴线、对称面、面积较大的侧面（或底面）。依照这一尺寸基准选择原则，图 5-16 所示组合体的长度方向（X 向）和宽度方向（Y 向）的主要尺寸基准选定为组合体的对称平面，高度方向（Z 向）的主要尺寸基准选定为底面。

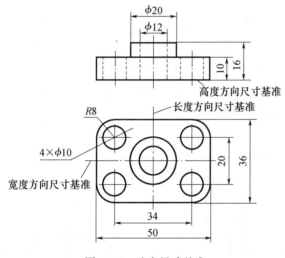

图 5-16　选定尺寸基准

（3）组合体的尺寸分类

组合体一般标注三类尺寸：定形尺寸、定位尺寸、总体尺寸。

定形尺寸：确定各基本几何体形状大小的尺寸（长、宽、高）。常见底板的尺寸标注如图 5-17 所示，直径、半径等尺寸都是定形尺寸。

定位尺寸：确定各基本几何体相对位置的尺寸，如图 5-17 中注 * 号的尺寸。

总体尺寸：表示组合体总长、总宽、总高的尺寸。

注意：当组合体在某个方向上的端部为回转面时，总体尺寸已由"中心距加半径"确定，则该方向上不再标注总体尺寸。

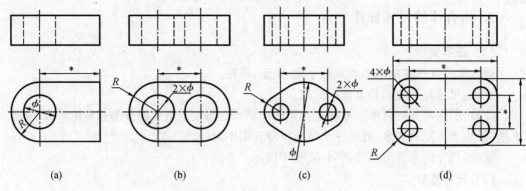

图 5-17　常见底板的尺寸标注

4. 组合体尺寸标注综合举例

标注组合体尺寸的基本方法是形体分析法,在形体分析的基础上标注三类尺寸。即先将组合体分解为若干基本形体,逐个标注出这些基本体的定位尺寸和定形尺寸。最后考虑总体尺寸,并对已标注的尺寸进行必要的调整。下面以轴承座为例,介绍组合体尺寸标注的方法和步骤,如图 5-18 所示。

① 形体分析。该组合体由带圆角的长方体底板(上面挖孔)、圆筒、四棱柱支撑板、五棱柱肋板、圆台组成。

② 选择尺寸基准。选择左右对称平面作为长度方向的尺寸基准, 底板的后端面作为宽度方向的尺寸基准, 底板的下底面为高度方向的尺寸基准。如图 5-18(a)所示。

③ 按形体分析逐个注出各基本几何体的定形尺寸和定位尺寸,如图 5-18(b)~(e)所示。

④ 标注总体尺寸,检查、修改。如图 5-18(f)所示。

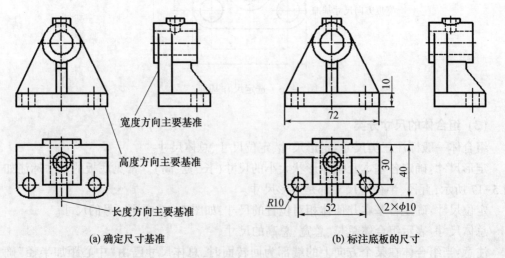

(a) 确定尺寸基准　　　　　　　　　　　　　(b) 标注底板的尺寸

图 5-18　轴承座尺寸标注

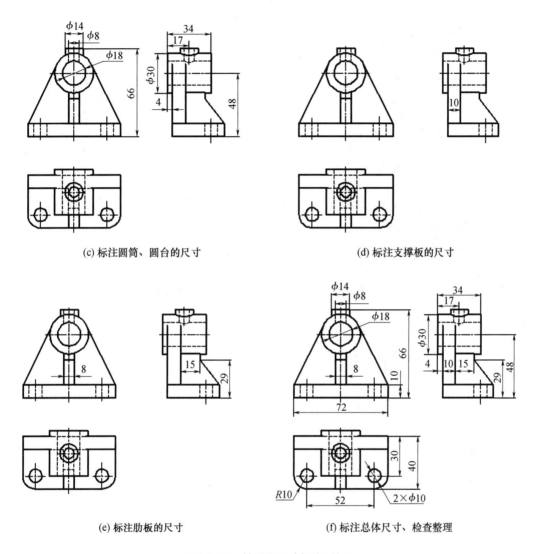

(c) 标注圆筒、圆台的尺寸　　　　　　　　　　(d) 标注支撑板的尺寸

(e) 标注肋板的尺寸　　　　　　　　　　(f) 标注总体尺寸、检查整理

图 5-18　轴承座尺寸标注(续)

5. 尺寸标注的注意事项

① 尺寸应尽量标注在视图的外面,同一形体的尺寸应尽量集中标注,以便于读图和查找尺寸。如图 5-18(b)所示,底板的尺寸集中标注在主、俯视图上。

② 尺寸尽可能标注在反映形状特征最明显的视图上,如图 5-19 所示。

③ 回转体的直径尺寸最好标注在非圆视图上。在标注阶梯孔深度尺寸时,为便于测量,一般应标注大孔的深度,如图 5-20 所示。

④ 半径尺寸必须标注在反映圆弧的视图上,且不能注出半径的个数,如图 5-16 所示。

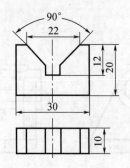

图 5-19　在特征视图上标注尺寸

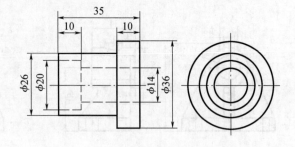

图 5-20　直径和阶梯孔尺寸标注

⑤ 尽量不在虚线上标注尺寸。如图 5-18(c)所示,圆筒的内孔尺寸 φ18 标注在主视图上,而不标注在左视图上。

⑥ 尺寸排列要整齐。同方向的串联尺寸应尽量排列在一条直线上,同方向的平行尺寸应尽量使小尺寸在内,大尺寸在外,避免尺寸线与尺寸界线、轮廓线相交。内形尺寸与外形尺寸最好分别注在视图的两侧。平行和串联尺寸的标注如图 5-21 所示。

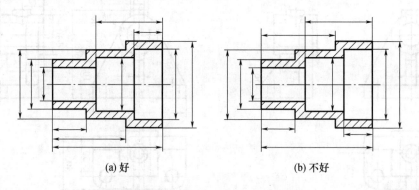

(a) 好　　　　　　　　　　　　　(b) 不好

图 5-21　平行和串联尺寸的标注

5.4　看组合体的视图

画组合体的视图是运用正投影原理,将空间三维实体变成二维的平面图形的过程。而看图则是根据已给出的二维投影图,运用形体分析法和线面分析法,确定各组成部分的形状和相互位置,想象出物体的空间形状的过程。因此,看图是画图的逆过程。

1. 看图的基本知识

(1) 掌握基本几何体的投影特征

组合体是由基本几何体叠加、切割而成,运用形体分析法看图,首先必须十分熟悉基本几何体的投影特征。

(2) 几个视图联系起来识别形体

机件的形状是通过几个视图来表达的,每个视图只能反映机件一个方向的形状。因此,在一般情况下,一个视图不能确定物体的形状,如图 5-22 所示的五个立体图形,虽然它们的主视图 5-22(a)都相同,但空间形状差别很大。有时两个视图也不能唯一地表达物体的形体。如图 5-23 所示,主视图和左视图均相同,由于俯视图不同,它们的形状也是不同的。因此,在读图时应把几个视图联系起来对照分析,找出最能反映组合体形状特征或位置特征的那个视图,才能正确想象物体的形状。

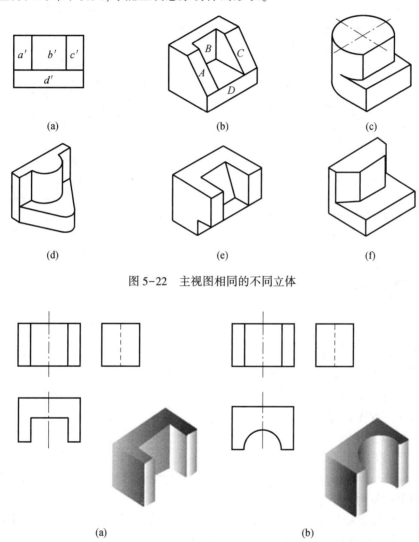

(a)　　　　　　　　　(b)　　　　　　　　　(c)

(d)　　　　　　　　　(e)　　　　　　　　　(f)

图 5-22　主视图相同的不同立体

(a)　　　　　　　　　　　　　　　(b)

图 5-23　主视图和左视图相同的不同立体

(3) 弄清视图中图线和线框的含义

视图中线(粗实线或虚线)的含义如图 5-24 所示。

视图中封闭线框的含义如图 5-25 所示。

视图上任何相邻的两封闭线框,必定是物体上相交的两个面或同向相错的两个面的投影。图 5-22(a)上的两个相邻的封闭线框 a'、d' 是图 5-22(b)图中 A、D 两个相交面的投影;图 5-22(a)上的两个相邻的封闭线框 b'、c' 是图 5-22(b)图中 B、C 两个相错面的投影。

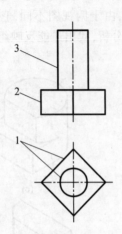

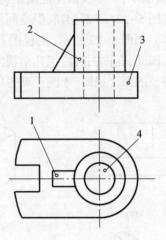

1—形体上具有积聚性的平面或曲面的投影；

2—形体上两个表面的交线的投影；

3—曲面的转向轮廓线的投影

图 5-24　视图中线的含义

1—形体上一个平面的投影；

2—形体上一个曲面的投影；

3—形体上平面与曲面相切的组合面的投影；

4——一个空腔

图 5-25　视图中线框的含义

2. 看图的方法

(1) 形体分析法

形体分析法是读图的最基本方法。首先从正面投影入手划分出代表基本体的封闭线框,再按照三视图的投影规律,找出每个线框的其他投影,想象出其形状,最后根据各部分的组合形式和相对位置综合想象出组合体完整的形状。下面以图 5-26 所示轴承座为例,说明用形体分析法读图的基本方法与步骤。

① 抓住主视图看大致

看视图:以主视图为主,配合其他视图,进行初步的投影分析和空间分析。

抓特征:找出反映物体特征较多的视图,在较短的时间里,对物体有个大概的了解。

如图 5-26(a)所示,从主视图可以看出该形体为综合型组合体。

② 划分线框对投影

将主视图划分为Ⅰ、Ⅱ、Ⅲ、Ⅳ四部分,其中Ⅱ、Ⅳ为两对称形体。按正投影规律找这四个部分的其他两面投影,如图 5-26(b)~(d)所示。

③ 注意特征想形体

形体Ⅰ:由反映特征轮廓的主视图对照俯、左视图,可想象出形体Ⅰ是上部挖去了一个半圆槽的长方体。

形体Ⅱ、Ⅳ:主视图为三角形,俯、左视图为矩形线框,想象其是三棱柱。

形体Ⅲ:由左视图对照主视图、俯视图,可想象出形体Ⅲ为一个长方体,后部挖去了一个方槽,左右对称钻一小圆孔,如图 5-26(e)所示。

④ 综合起来想整体

在看懂每部分形体的基础上,进一步分析它们之间的组合方式和相对位置关系,从而想象整体的形状。从轴承座的三视图可知:形体 Ⅰ 在底板 Ⅲ 的上面居中;形体 Ⅱ、Ⅳ 在形体 Ⅰ 的左右两侧,形体 Ⅰ、Ⅱ、Ⅲ、Ⅳ 后表面均平齐,如图 5-26(f)所示。

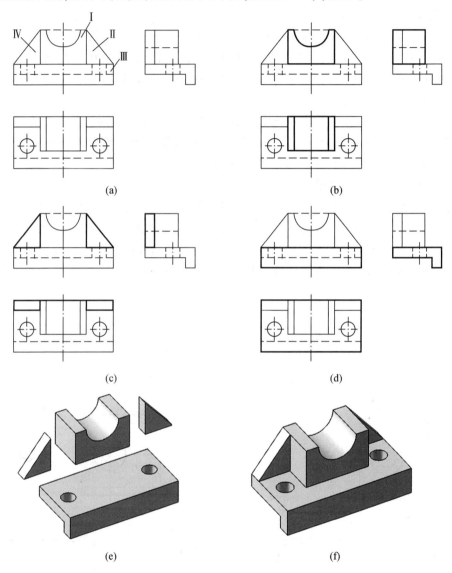

图 5-26 　轴承座的形体分析

(2) 线面分析法

对于明显用叠加方式构成的组合体,采用形体分析法读图较为合适。然而对形状比较复杂的切割型组合体,在形体分析的基础上,还需要对投影上的线、面进一步分析,即运用线面分析法来看懂图形。

线面分析法,就是运用投影规律和线、面投影特点,分析视图中图线和线框的含义,判断该形体上各交线和表面的形状与空间位置,从而确定其空间形状的方法。下面以图 5-27 压块为例来说明用线面分析法看图的基本方法和步骤。

首先形体分析,从图 5-27 所示的三视图可以看出,压块是由一个完整的长方体经过几次切割而成。然后,为进一步了解它的具体结构形状,必须对其进行线面分析,根据三视图的缺口情况,可以找到切割平面所对应的四个线框Ⅰ、Ⅱ、Ⅲ、Ⅳ。

① 分析线框Ⅰ

如图5-27(a)所示,从俯视图中的四边形1入手,在主视图上找出其对应的斜线1′,在左视图上找出其对应的投影为一梯形,根据投影面垂直面"一直线两类似形"的投影特征,可判断平面Ⅰ是正垂面。压块的左上方就是由正垂面切割而成的。

② 分析线框Ⅱ

如图5-27(b)所示,主视图中的七边形2′,在俯视图上与它对应的投影为斜线2,在左视图上与它对应的投影为七边形2″,根据平面的投影特性可判断平面Ⅱ是一铅垂面,即压块的左端前后对称地被两个铅垂面切去两角。

③ 分析线框Ⅲ和线框Ⅳ

如图5-27(c)所示,由主视图上的长方形入手,找出平面Ⅲ的其他两面投影均积聚成直线,根据投影面平行面"两线一实形"的投影特征,可判断平面Ⅲ是一个正平面。如图5-27(d)所示,从俯视图中的四边形4出发,找出平面Ⅳ的其他两面投影均积聚成直线,可判断平面Ⅳ是一水平面。压块的前后两个缺口是被两个正平面和两个水平面截切而成的。

压块的其余表面读者可自行分析。

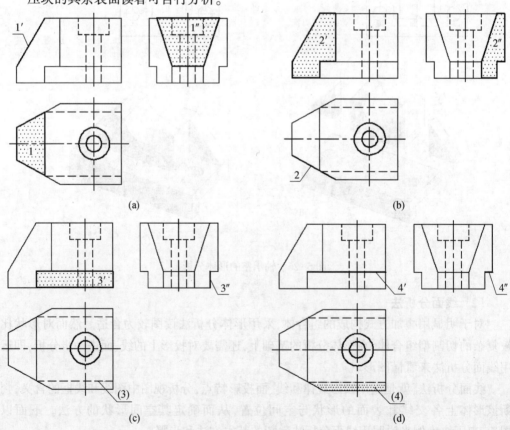

图5-27　压块的线面分析

④ 综合想象形状

通过对压块整体及线面的投影关系所作的分析,想象出压块的完整形状。这是长方体先后被正垂面切去左上角,被铅垂面在左端前、后对称地切去了两个角,被正平面、水平面前、后对称切去了两个小四棱柱,在压块的中部由上至下钻了一个沉孔。压块的轴测图如图 5-28 所示。

（3）看视图步骤小结

① 初步了解。根据物体的视图和尺寸,初步了解它的大概形状和大小,并按形体分析法分析它由哪几个主要部分组成。一般可从较多反映零件形状特征的主视图着手。

② 逐个分析。采用看图的各种分析方法,对物体各组成部分的形体和线面逐个进行分析。

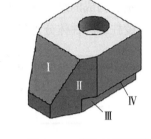

图 5-28　压块的轴测图

③ 综合想象。通过形体分析和线面分析了解各部分形状后,确定其各组成部分的相对位置以及相互间的关系,从而想象出整个物体的形状。

在整个看图过程中,一般以形体分析法为主,结合线面分析,边分析、边想象、边作图,这样有利于较快地看懂视图。

5.5　组合体的构形设计

立体构形是产品设计的基础,在设计图学中研究立体构形,主要是研究由基本体构成组合体的方法,以及相关视图的画法。由主视图构思不同形状的物体如图 5-29 所示。

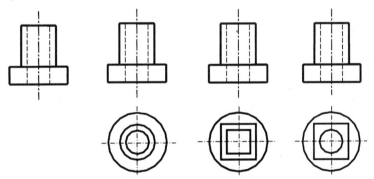

图 5-29　由主视图构思不同形状的物体

1. 构形设计的基本要求

组合体构形设计不同于"照物""照图"画图,而是在一定基础上"想物""造物"画图,是发挥学生创造力和想象力的过程。因此,构形设计要求所设计的形体在满足给定的功能条件下,造型新颖美观,表达完整;要具备科学与艺术的双重性,人文关怀的舒适性,启发灵感的创意性,适应时代的时尚性等。

2. 组合体构形设计的基本方法

(1) 切割型构形设计

一个基本几何体,经不同的切割或穿孔而构成不同形体的方法称为切割式设计。基本体切割后构成的组合体如图5-30所示。主、俯视图可以表达多种组合体,可以认为由一个四棱柱或圆柱体分别经1次~5次切割获得,不同左视图代表不同的切割方式。

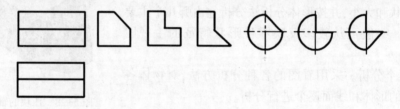

图5-30　基本体切割后构成的组合体

切割方式包括平面切割、曲面切割、曲直综合切割等。变换切割方式和切割面间的互相关系,即可生成多种组合体。如图5-31(a)所示的圆柱体,若将其顶面用不同的方式切割,可得到如图5-31(b)所示的多种形体,但其俯视图均为圆形。

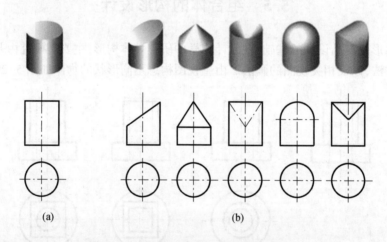

图5-31　圆柱一次切割后构成的组合体

(2) 叠加型构形设计

给定几个基本几何体,按照不同位置和组合方式,通过叠加而构成的不同组合体,称为叠加型构形设计。如图5-32(a)所示,有四个基本形体,它们可以叠加组合形成多种形体,如图5-32(b)、(c)所示为其中两种叠加组合方案。

(3) 线面分析型构形设计

如图5-33(a)所示,按所给定的俯视图构思组合体,由于俯视图含六个封闭线框,上表面可有六个表面,它们可以是平面或曲面,其位置可高、可低、可倾斜,整个外框可表示底面,可以是平面、曲面或斜面,这样就可以构思出许多方案,如图5-33(b)~(d)所示。

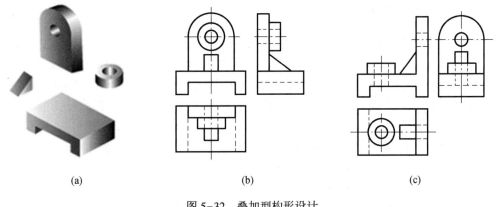

(a)　　　　　　　　(b)　　　　　　　　(c)

图 5-32　叠加型构形设计

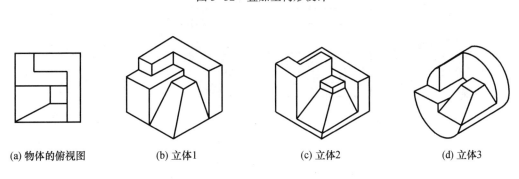

(a) 物体的俯视图　　　　(b) 立体1　　　　(c) 立体2　　　　(d) 立体3

图 5-33　由俯视图构思三种不同形状的物体

3. 构形设计应注意的问题

错误的形体组合如图 5-34 所示。

① 组合体各组成部分应牢固连接,不能是点接触、线接触,如图 5-34(a)、(b)
所示。

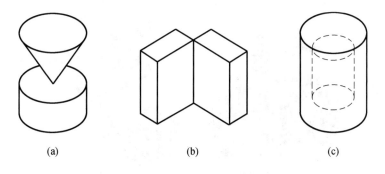

(a)　　　　　　　　(b)　　　　　　　　(c)

图 5-34　错误的形体组合

② 一般用平面或回转面造型,没有特殊需要不用其他曲面。

③ 封闭的内腔不便成形,一般不要采用,如图 5-34(c)所示。

4. 构形设计实例

【例 5-1】　根据图 5-35 给定的组合体的俯视图,想象多种不同形体,补画主视图。

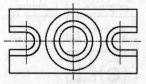

图 5-35　组合体的俯视图

构思新形体可以在规定基本形体的种类、数目、组合、连接方式的基础上进行,也可以不限定任何条件,自由构形,这样思路更加开阔。这种根据一个视图补图的练习是较简单的构形设计,可以想象很多形体,图 5-36 所示为其中的两例。

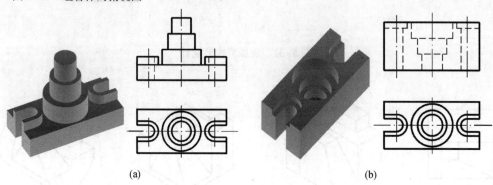

(a)　　　　　　　　　　　　　　　　　　(b)

图 5-36　由相同的俯视图,构思出不同形体

5.6　组合体三维造型基础

1. 三维造型概述

任何机器或部件都是由若干零件按一定的连接关系和技术要求组装起来的,零件是构成机器或部件的最小单元。图 5-37(a)所示为旋塞阀轴测图,图 5-37(b)所示为旋塞阀各零件之间装配关系的分解图,它由阀体、旋塞、密封圈、压盖、扳手、垫圈、螺钉等组成。

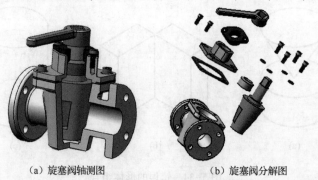

(a) 旋塞阀轴测图　　　　　　　　　(b) 旋塞阀分解图

图 5-37　旋塞阀

零件根据其构成的复杂程度,可将其分为简单几何体和复杂几何体。简单几何体是指一次完整的计算机构形操作能得到的几何体。图 5-38 所示为基本几何体,图 5-39 所

示为均可以通过拉伸、旋转、扫掠、放样一次构形操作完成的简单几何体。

图 5-38　基本几何体

图 5-39　一次构形操作所得到的简单几何体

　　复杂几何体简称组合体,它由简单几何体构成。图 5-40 所示的组合体可以分解为三部分:带圆角与孔的长方体、带方槽的长方体、三棱柱肋板。该组合体不能由一次完整的构形操作生成。

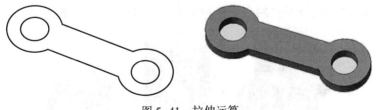

图 5-40　复杂几何体(组合体)

2. 简单几何体的造型方法

　　根据运动轨迹线的不同,简单几何体的构成方式主要有以下几种。

　　① 拉伸运算是将某一轮廓面沿该平面的法线方向拉伸,形成简单几何体的方式。如图 5-41 所示,拉伸运算主要适合构造柱体类形体(广义上的柱体)。

图 5-41　拉伸运算

　　② 旋转运算是任意形状的轮廓面绕某一轴线旋转而形成的简单几何体的方式,如图 5-42所示。旋转运算主要适合于构造回转体类形体。

图 5-42　旋转运算

③ 扫掠运算是以任意形状的轮廓面沿任意路径扫描成简单几何体的方式,如图 5-43 所示。扫描路径可以是开放的曲线或闭合的回路,还可以创建螺旋扫掠特征。

图 5-43　扫掠运算

④ 放样运算是在不同平面上由多个已定义的任意形状的轮廓面拟合生成简单几何体的方式,如图 5-44 所示。放样运算主要适合构造棱锥类几何体。

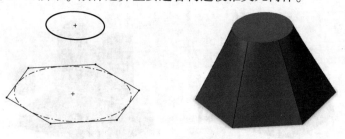

图 5-44　放样运算

3. 复杂几何体的造型分析

复杂几何体可看成由一些简体几何体所构成,其基本造型方法有三种运算形式。

形体并集运算(叠加),用符号(∪)表示。如图 5-45(a)所示,两圆柱相交是将两个圆柱实体合为一体。形体差集运算(切割),用符号(\)表示。如图 5-45(b)所示,是从一个圆柱实体中去除与其他实体相交的公共部分,如圆柱开孔。形体交集运算(交割),用符号(∩)表示。交集运算是将两个实体相交的公共部分保留,如图 5-45(c)所示。

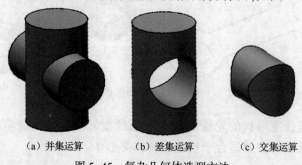

（a）并集运算　　　（b）差集运算　　　（c）交集运算

图 5-45　复杂几何体造型方法

(1)组合体的造型分析

将组合体分解成简单几何体的方法,可以通过 CSG(Constructive Solid Geometry)即三维复杂体构形表示法来直观地加以描述。CSG 表示法实质上是运用并(∪)、差(\)、交(∩)运算方式,将组合体定义为简单几何体的合成。它是计算机实体造型中的一种构形表示方法。

组合体的 CSG 表示法都是规范化的布尔运算(并、差、交)。若干个相同的简单体,通过不同的布尔运算方式可以得到不同的结构,如图 5-46 所示。

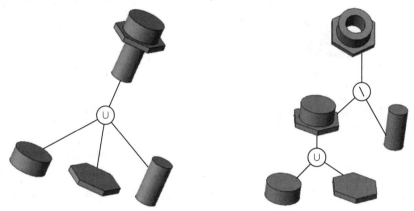

图 5-46 CSG 表示法

(2)组合体的造型实例

如图 5-47 所示,首先对组合体进行形体分析,可以将该组合体分解为四个部分,这四个部分分别由图 5-48 所示的 3 个轮廓面通过拉伸运算方式构建的广义柱体。然后,依据相对位置,相互叠加得到该组合体。

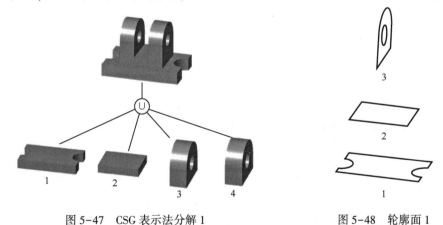

图 5-47 CSG 表示法分解 1   图 5-48 轮廓面 1

该组合体 CSG 表示法也可用如图 5-49 所示的简单体 1 与 2 求并集,再依次与简单体 3、4 求差集。而这些简单体又由图 5-50 所示的轮廓面通过拉伸运算方式所构建的广义柱体。

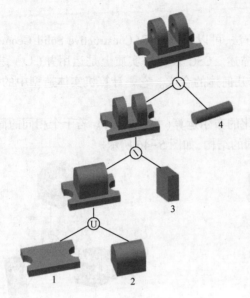

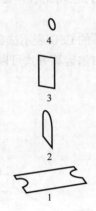

图 5-49　CSG 表示法分解 2　　　　　　　图 5-50　轮廓面 2

同一个组合体以不同的组合方式分析,其构造过程不同,且有不同的轮廓面。因此,必须合理地分解组合体,确立其最优的构造过程。以分解为符合简单体构成特点的数量最少、布尔运算过程最简单的立体为最佳。

复习思考题

1. 组合体的有哪几种类型? 组合体表面之间连接形式有几种情况?
2. 组合体的画图步骤如何? 如何正确地选择主视图?
3. 什么是形体分析法? 什么是线面分析法?
4. 什么是尺寸基准? 组合体尺寸按其属性主要分为哪两类?
5. 组合体尺寸标注的基本要求是什么? 步骤如何?
6. 简单几何体的造型方法主要有哪些?
7. 什么是 CSG? 如何对组合体进行快捷建模?

第 6 章　机件常用表达方法

　　机件是机械产品中零件、部件的统称。在工程实际中,由于机件的形状复杂多样,为了清晰地表达它们的内、外结构,国家标准《技术制图》和《机械制图》中的"图样画法"规定了各种表示法,包括视图、剖视图、断面图及简化画法等。掌握这些表达方法是正确绘制和阅读工程图样的基本前提。灵活运用这些表达方法清楚、简洁地表达机件的内、外结构,是每个工程技术人员必需具备的基本技能。

6.1　视　　图

　　视图一般只画机件可见部分,主要用于表达机件外形,必要时才用细虚线表达不可见部分。视图分基本视图、向视图、局部视图和斜视图四种。

1. 基本视图

　　为了表达机件上下、左右、前后的形状,在原三视图的基础上增加了三个投影面,形成以图 6-1 所示的正六面体的六个面作为基本投影面,将机件置于正六面体内,分别向各个基本投影面投射所得的图形称为基本视图。将六个投影面按图 6-2 所示的方式展开,即正面保持不动,其余投影面按箭头旋转到与正面共面的位置,即得六个基本视图。

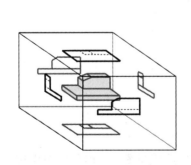

图 6-1　六个基本视图的形成

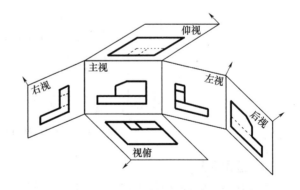

图 6-2　六个基本投影面的展开

(1) 六个基本视图名称及其投影方向
主视图:自前向后投射所得的视图。
左视图:自左向右投射所得的视图。
右视图:自右向左投射所得的视图。

俯视图:自上向下投射所得的视图。

仰视图:自下向上投射所得的视图。

后视图:自后向前投射所得的视图。

(2) 六个基本视图的配置

国家标准规定,在同一张图纸上绘制的六个基本视图,其配置关系如图6-3所示,且一律不标注视图的名称。

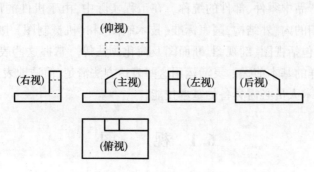

图 6-3　基本视图的配置

(3) 六个基本视图之间的投影关系

六个基本视图之间仍然符合"长对正、高平齐、宽相等"的投影规律,即主视图、俯视图、后视图、仰视图之间符合"长对正";主视图、左视图、后视图、右视图之间符合"高平齐";俯视图、左视图、仰视图、右视图之间符合"宽相等",如图6-4所示。

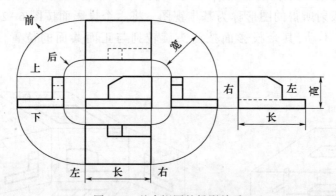

图 6-4　基本视图的投影关系

(4) 选用原则

在绘制图样时,应根据机件的结构特点,按照实际需要选用视图。一般优先考虑选用主视图、俯视图、左视图三个基本视图,然后再考虑其他的基本视图。总的要求是对机件形体的表达要完整、清晰、不重复,视图的数量尽量少。

2. 向视图

向视图是基本视图可自由配置的视图,是基本视图的另一种配置形式,在采用这种表达方式时,应在向视图的上方标注"×"字样("×"为大写拉丁字母),并在相应视图的附近用箭头指明投射方向,箭头旁需标注相同的字母,如图 6-5 所示。

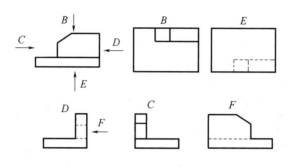

图 6-5　向视图

采用向视图的目的是便于利用图纸空间,向视图是平移配置的基本视图。

3. 局部视图

局部视图是将机件的某一部分向基本投影面投射所得的视图。当机件的主要形状已在基本视图上表达清楚,只有某些局部形状尚未表达清楚,而又没有必要再画出完整的基本视图时,可采用局部视图表达机件的局部外形。如图 6-6 所示的 A 向和 B 向局部视图,分别表达了左、右两个凸台的形状。

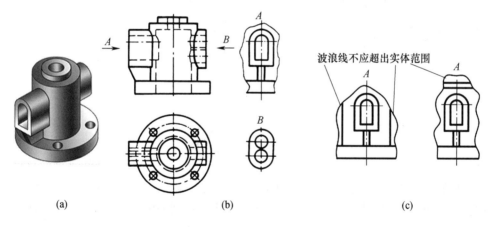

图 6-6　局部视图

(1) 局部视图的画法

画局部视图时,一般以波浪线或双折线表示机件假想断裂处的边界,如图 6-6 中的 A 向局部视图。当被表达部分的结构是完整的,其图形的外轮廓线成封闭时,波浪线可省略不画,如图 6-6 中的 B 向局部视图。用波浪线作为断裂线时,波浪线不应超出机件上断裂部分的轮廓线,应画在机件的实体上,如图 6-6(c) 所示。

(2) 局部视图的标注

局部视图可按基本视图配置,也可按向视图的形式配置。如图 6-6 所示。一般在局部视图上方标出视图的名称,在相应视图的附近用箭头指明投影方向并注上相同名称,如

图 6-6 所示的 *A*、*B*。当局部视图按投影关系配置,中间又无其他图形隔开时,可以省略标注,如图 6-6 所示的 *A*。

4. 斜视图

将机件向不平行于基本投影面的平面投射所得的视图称为斜视图。斜视图用来表达机件上倾斜结构的真实形状。如图 6-7(a)中,为了表达支板倾斜部分的实形,可设置一个与倾斜部分平行的新投影面 *P*,用正投影法在新投影面上得到斜视图。

斜视图的画法与标注:

① 斜视图只表达倾斜表面的真实形状,其断裂边界用波浪线表示。斜视图一般按向视图的配置形式配置,在斜视图的上方必须用字母标出视图的名称,在相应的视图附近用箭头指明投射方向,并注上同样的字母,如图 6-7(b)所示。

② 在不致引起误解的情况下,从作图方便考虑,允许将图形旋转,这时斜视图应加注旋转符号,如图 6-7(c)所示。

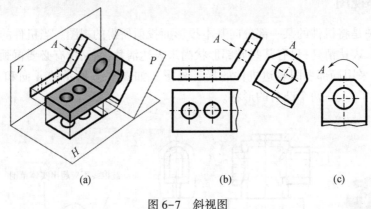

(a)　　　　　　(b)　　　　　　(c)

图 6-7　斜视图

6.2　剖　视　图

当机件的内部结构复杂时,在视图中就会出现很多虚线,既影响图形的清晰又不便于标注尺寸,因此,国家标准(GB/T17452—1998)规定了用剖视图表示机件的内部结构。

1. 剖视图的概念

剖视是假想用剖切面切开机件,将处在观察者和剖切面之间的部分移去,而将余下部分向投影面投射所得的图形称为剖视图,简称为剖视,图 6-8 中的主视图即为剖视图。

2. 画剖视图的步骤

(1) 确定剖切面的位置

剖切平面一般应通过机件的对称中心线或

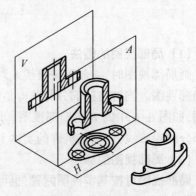

图 6-8　剖视概念

通过机件内部的孔、槽的轴线,如图 6-9 所示。

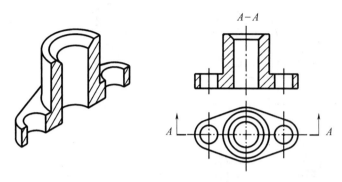

图 6-9　剖视图

(2) 画机件剖切轮廓

机件经过剖切后,内部不可见轮廓成为可见,将原来表示内部结构的细虚线改成粗实线,同时剖切面后的机件的可见轮廓也要用粗实线画出。

(3) 画剖面符号

为了区分实体和空腔,在机件与剖切平面接触的部分画出剖面符号。剖面符号与机件的材料有关,表 6-1 是国标规定常用材料的剖面符号。对金属材料制成机件的剖面符号,一般应画成与主要轮廓线或剖面区域的对称线成 45°的一组平行细实线,如图 6-9 所示的主视图。

表 6-1　国标中常用剖面符号

材 料 名 称	剖 面 符 号	材 料 名 称	剖 面 符 号
金属材料 (已有规定剖面符号者除外)		混泥土	
非金属材料 (已有规定剖面符号者除外)		液体	
型沙、填沙、粉末冶金、 砂轮、陶瓷刀片等			

同一机件的所有剖面区域所画剖面线的方向及间隔要一致,如果图形中的轮廓线与通用剖面线走向一致。可将该图形的剖面线画成与主要轮廓线或剖面区域的对称线成 30°或 60°角,但其倾斜方向仍应与其他图形的剖面线一致,如图 6-10 所示。

(4) 剖视图的配置与标注

剖视图一般按投影关系配置,如图 6-9 所示 A-A 剖视图;也可根据图面布局将剖视图配置在其他适当位置,如图 6-11 所示的 B-B 剖视图。

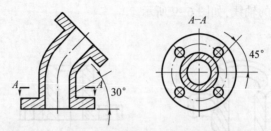

图 6-10 主要轮廓线为 45°时的剖面线画法

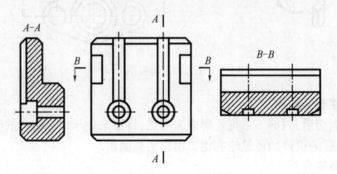

图 6-11 剖视图配置

剖视图的标注包括剖切面的位置、投射方向和剖视图名称。剖切面的起、迄和转折位置通常用长约 5~10mm,线宽 1~1.5 倍的粗实线表示,且不能与图形轮廓线相交。在剖切符号的起、迄和转折处注上字母"×"。投射方向用箭头表示。剖视图名称是在所画图形上方用相同的字母"×-×"表示,如图 6-11 所示的 A-A、B-B 。

在下列两种情况下,可部分省略标注或全部省略:

① 当剖视图按投影关系配置,且中间又没有其他图形隔开时,由于投射方向明确,可省略箭头,如图 6-11 所示的 A-A 剖视图。

② 当单一剖切平面通过机件的对称面或基本对称面,同时又满足情况(1)的条件,此时剖切位置、投射方向以及剖视图都非常明确,故可省去标注,如图 6-12 所示。

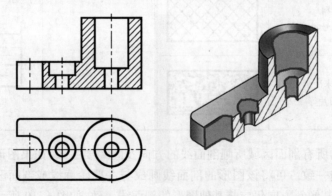

图 6-12 标注省略的剖视图

3. 画剖视图的注意事项

① 剖开机件是假想的,是针对剖视图这一表达方法提出的。机件始终是完整形体,如图 6-12 所示的俯视图,是完整机件的视图。

② 画剖视图时,是画剖切面后留下的剖开机件之投影图,而不仅仅是剖面区域的轮廓投影图,要做到不漏画也不多画图线。图 6-13 是两种常见孔槽剖视图的正、误对比图。

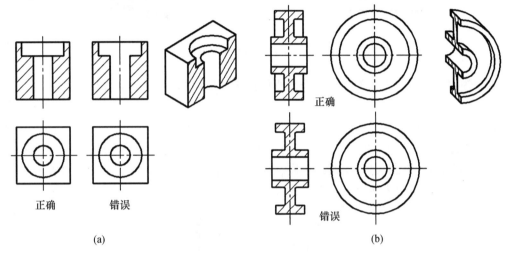

(a)　　　　　　　　　　　　　　　　　　(b)

图 6-13　剖视图的正、误对比图

③ 剖视图中,凡是已表达清楚的不可见结构,其细虚线一般省略不画,但如画出少量虚线可减少视图数量时,允许画出必要的虚线,如图 6-14 所示。

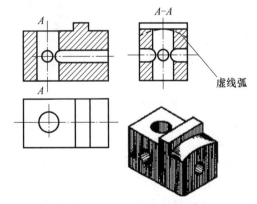

图 6-14　剖视图中的虚线

4. 剖视图的种类

根据剖切范围,剖视图可分为全剖视图、半剖视图和局部剖视图三种。

(1) 全剖视图

用剖切面完全剖开机件所得的剖视图称为全剖视图,如图 6-15 中的主视图所示。

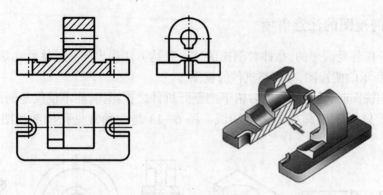

图 6-15　全剖视图

前述的各剖视图例均为全剖视图。全剖视图用于外形简单而内部结构较复杂且不对称的机件。

(2) 半剖视图

当机件具有对称平面时,在垂直于对称平面的投影面上投射所得的图形,以对称中心为界,一半画成剖视图,另一半画成视图,这样获得的剖视图称为半剖视图。半剖视图适用于内外结构都需要表达且具有对称平面的机件,如图 6-16 中的主、俯视图所示。

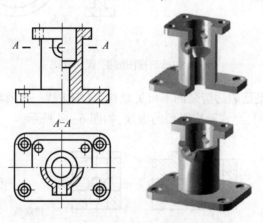

图 6-16　半剖视图

画半剖视图应注意的问题:

① 视图和剖视图的分界线应是点画线,不能以粗实线分界。当对称机件的轮廓线与中心线重合时,不宜采用半剖视图表示。

② 半剖视图的标注方法与全剖视图的标注方法相同。

③ 半剖视图中由于图形对称,机件的内部结构形状已在半个剖视图中表示清楚,所以在表达外部形状的半个视图中不画细虚线,如图 6-16 所示。

(3) 局部剖视图

用剖切面局部地剖开机件所获得的剖视图,称为局部剖视图。局部剖视图中视图与剖视图的分界线用波浪线或双折线表示。

局部剖视图应用比较灵活,适用范围较广,有以下几种情况:

① 需要同时表达不对称机件的内外形状时,可以采用局部剖视,如图 6-17 所示。

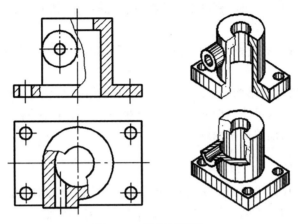

图 6-17 局部剖视图 1

② 虽有对称面,但轮廓线与对称线重合,不宜采用半剖视图时,可采用局部剖视图,如图 6-18 所示。

③ 实心轴中的孔槽结构,宜采用局部剖视图,以避免在不需要剖切的实心部分画上过多的剖面线,如图 6-19 所示。

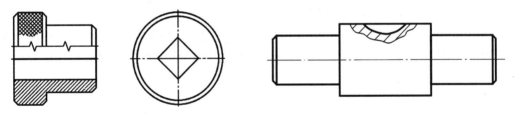

图 6-18 局部剖视图 2

图 6-19 局部剖视图 3

画波浪线或双折线时应注意以下几点:

① 波浪线不应画在轮廓线的延长线上,也不能用轮廓线代替波浪线,如图 6-20(a)所示。

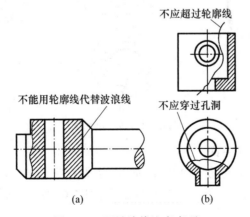

(a)   (b)

图 6-20 画波浪线注意事项

② 波浪线不应超出视图上被剖切实体部分的轮廓线,如图 6-20(b)所示主视图。

③ 遇到零件上的孔、槽时,波浪线必须断开,不能穿孔(槽)而过,如图 6-20(b)所示俯视图。

局部剖视图一般可省略标注,但当剖切位置不明显或局部剖视图未按投影关系配置时,则必须加以标注。

局部剖视图不受机件结构是否对称的限制,剖切范围的大小,可根据表达机件的内外形状需要选取,运用得当可使图形简明清晰;但在一个视图中不宜过多采用局部剖,否则会使图形显得零碎,给读图带来困难。

5. 剖切面种类

国家标准规定,根据机件的结构特点,可选择以下剖切面剖切物体:单一剖切面、几个平行的剖切面、几个相交的剖切平面(交线垂直于某一基本投影面)。

(1) 单一剖切面

仅用一个剖切平面剖开机件。有两种情况:

① 一种是用一个平行于某一基本投影面的平面作为剖切平面剖开机件。如图 6-21(a)所示的 *B–B* 剖视。

② 若机件上有倾斜的内部结构需要表达时,可选择一个与该倾斜部分平行的辅助投影面,用一个平行于该投影面的剖切面剖开机件,在辅助投影面上获得剖视图,如图 6-21(a)所示的 *A–A* 剖视。这种剖切方法也称斜剖。

用斜剖获得的剖视图一般按投影关系配置在与剖切符号相对应的位置,也可将剖视图移至图纸的其他适当位置。在不致引起误解时允许将图形旋转,此时必须加注旋转符号,如图 6-21(b)所示。

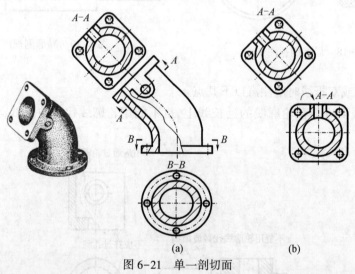

图 6-21　单一剖切面

(2) 几个平行的剖切平面

当机件上具有几种不同的结构要素(如孔、槽等),它们的中心线排列在几个互相平行的平面上时,宜采用几个平行的剖切平面剖切,如图 6-22(a)所示。这种剖切方法也叫阶梯剖。

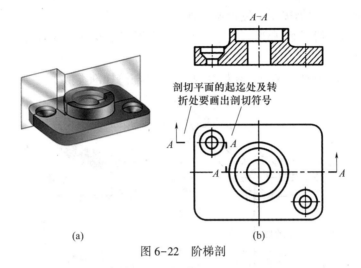

剖切平面的起迄处及转
折处要画出剖切符号

(a)　　　　　　　　　　　　(b)

图 6-22　阶梯剖

用几个平行的剖切平面剖切获得的剖视图,必须进行标注,如图 6-22(b)所示 。如剖视图按投影关系配置,中间又没有其他图形隔开,可省略表示投影方向的箭头,如图 6-23(a)所示。

用这种方法画剖视图,应注意的几个问题:

① 不应画出剖切面转折处的分界线,如图 6-23(c)所示。

② 剖切面的转折处不应与轮廓线重合,转折线应与剖切位置成直角,剖切位置线与投射方向的箭头也应是 90°角;转折处如因位置有限,允许省略标注转折处的字母。

③ 剖视图中不应出现不完整的结构要素,如图 6-23(d)所示。

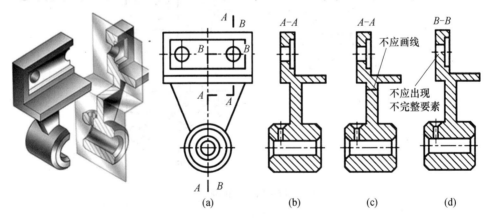

(a)　　　　　　(b)　　　　(c)　　　　(d)

图 6-23　平行面剖切应注意的问题

(3) 两相交剖切平面

用两个相交的剖切面(交线垂直于某一基本投影面)切开机件,以表达具有回转轴机件的内部形状。此时,两剖切面的交线应与回转轴重合,这种剖切方法也叫旋转剖。用这种方法画剖视图时,应先将被剖切面剖开的断面旋转到与选定的基本投影面平行,然后再进行投射,如图 6-24 所示。

采用相交平面剖切时应注意以下几点:

① 凡在剖切面后,没有被剖到的结构,仍按原来的位置投射,图 6-24 所示机件下部

的小圆孔,其在 *A-A* 中仍按原来位置投射画出。

　　② 当相交两剖切平面剖到机件上的结构产生不完整要素时,则这部分按不剖绘制,如图 6-25 所示。

　　③ 采用旋转剖画出的视图必须标注,标注方法与阶梯剖类似。

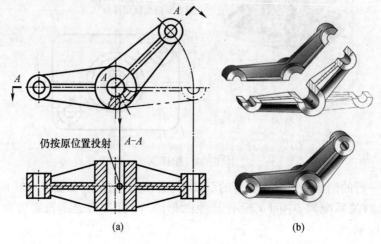

图 6-24　旋转剖 1

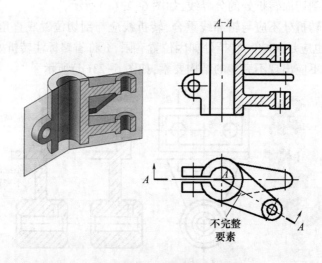

图 6-25　旋转剖 2

6.3　断　面　图

　　断面图主要用来表达机件上某处的断面真实形状,GB/T17452—1998 规定了它的画法。

1. 断面图的概念

　　假想用剖切面将机件某处切断,仅画出剖面区域的实形图,称为断面图。

如图 6-26(a)所示,为了得到键槽的断面形状,假想用一个垂直于轴线的剖切平面在键槽处将轴切断,只画出它的断面形状,并画上剖面符号。如图 6-26(b)所示。

断面图与剖视图的区别是:断面图只画出机件的断面形状,而剖视图除了断面形状外,还要画出机件剖切后的投影,如图 6-26(c)所示。

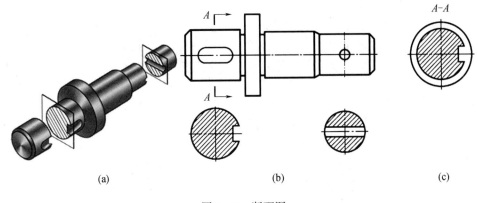

(a)　　　　　　　　　(b)　　　　　　　　　(c)

图 6-26　断面图

2. 断面图的种类

根据断面图配置的位置,断面图分移出断面图和重合断面图两种。如图 6-27 所示。

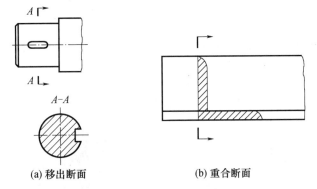

(a) 移出断面　　　　　　　　(b) 重合断面

图 6-27　断面图的种类

1) 移出断面

画在视图以外的断面图,称为移出断面。

(1) 移出断面的画法

① 移出断面的轮廓线用粗实线绘制。在断面区域内一般要画剖面符号。移出断面图应尽量配置在剖切符号或剖切平面迹线的延长线上。如图 6-28(b)、(c)所示。必要时,也可将移出断面配置在其他适当位置,如图 6-28(a)、(d)所示 。

② 当剖切平面通过回转面形成的孔或凹坑的轴线,这些结构按剖视绘制。如图 6-28(a)、(d)所示。

③ 剖切平面通过非圆孔而导致出现完全分离的两个断面时,则这些结构应按剖视绘制,如图 6-29 所示的 A-A 断面图。

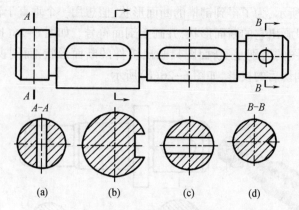

图 6-28　移出断面的画法 1

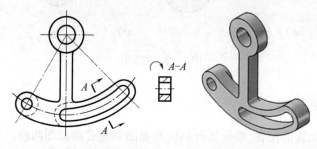

图 6-29　移出断面的画法 2

④ 用两个或多个相交剖切平面剖切所得的移出断面,中间一般应断开,如图 6-30 所示。

图 6-30　移出断面的画法 3

⑤ 断面图形对称时,也可画在视图的中断处,如图 6-31 所示。

(2) 移出断面图的标注

① 移出断面一般应用粗短画表示剖切位置,用箭头表示投射方向并注上字母,在断面图的上方应用同样的字母标出相应的名称。如图 6-28(d)所示。

② 配置在剖切符号或剖切平面迹线的延长线上的移出断面图,如果断面图不对称可省略字母,但应标注投射方向,如图 6-28(b)所示 。如果图形对称可省略标注,如图 6-28(c)所示。

③ 配置在视图中断处的移出断面,可省略标注,如图 6-30 所示。

④ 移出断面按投影关系配置,可省略投射方向的标注,如图 6-32 所示。

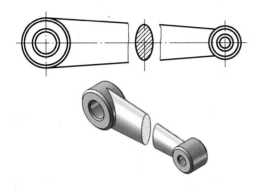

图 6-31　移出断面的画法 4

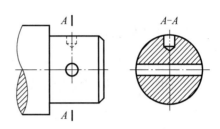

图 6-32　移出断面的图标注

2）重合断面

在不影响图形清晰的条件下,断面也可按投影关系画在视图内。将断面图绕剖切位置线旋转 90°后,与原视图重叠画出的断面图,称为重合断面。

（1）重合断面的画法

重合断面的轮廓线用细实线绘制,当视图中的轮廓线与重合断面轮廓线重叠时,视图中的轮廓线仍应连续画出不可间断,如图 6-33 所示。

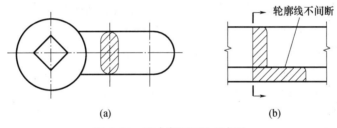

图 6-33　重合断面画法及标注

（2）重合断面的标注

对称的重合断面,可省略标准,如图 6-33（a）所示。不对称重合断面,需画出剖切位置符号和箭头,可省略字母,如图 6-33（b）所示。

为了得到断面的真实形状,剖切平面一般应垂直于物体上被剖切部分的轮廓线。重合断面画的标注如图 6-34 所示。

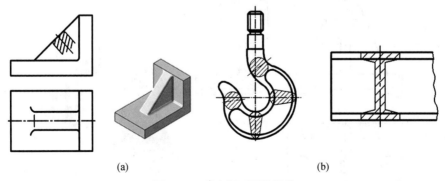

图 6-34　重合断面画的标注

6.4　其他表达方法

1. 局部放大图

机件上的小结构,在视图中需要清晰表达时,可用大于原图形的比例画出。用这种方法画出的图形称为局部放大图,如图 6-35 所示。

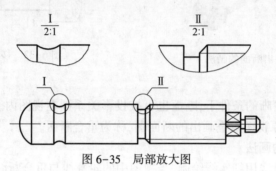

图 6-35　局部放大图

画局部放大图时应注意以下几点:

① 根据表达需要,局部放大图可以画成视图、剖视或断面的形式,与被放大部分的表达形式无关。局部放大图,应尽量配置在被放大部位的附近。

② 绘制局部放大图时,应按图 6-35 中的方式用细实线圆圈出被放大的部位。同一机件上有几个被放大的部位时,必须用罗马数字依次标明被放大的部位,并在局部放大图的上方以分数形式标注出相应的罗马数字及采用的比例,各个局部放大图的比例根据表达需要给定,不要求统一。若机件上仅有一个被放大的部位,则在局部放大图的上方只需注明采用的比例。

2. 规定画法和简化画法(GB/T 16675.1—1996)

(1) 肋板的规定画法

对于机件上的肋板,如按纵向剖切,不画剖面符号,而用粗实线将它与邻接部分分开,横向剖切,则要画剖面线。肋板的规定画法如图 6-36 所示。

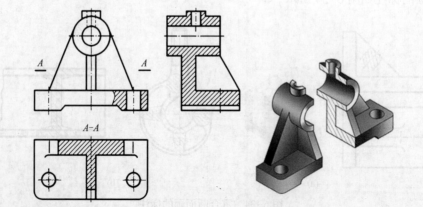

图 6-36　肋板的规定画法

（2）均匀分布的肋板及孔的画法

当机件回转体上均匀分布的肋、孔等结构不处于剖切平面上时，可将这些结构旋转到剖切平面上画出，如图 6-37 所示。

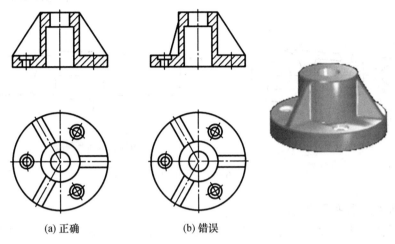

(a) 正确　　　　　　(b) 错误

图 6-37　均匀分布的肋板及孔的画法

（3）相同结构要素的画法

当机件上有相同结构要素（如孔、槽、齿等）并按一定规律分布时，只需要画出几个完整的结构，其余的可用细实线连接或画出它们的中心位置，并在图中注明总数。法兰盘上均布孔的简化画法如图 6-38和图 6-39 所示。

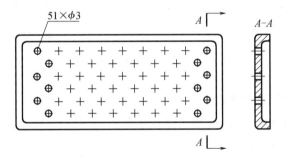

图 6-38　相同结构的画法

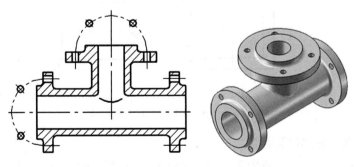

图 6-39　法兰盘上均布孔的简化画法

(4) 断开画法

　　较长的机件(轴、杆等)沿长度方向的形状相同或按一定规律变化时,可断开后缩短绘制,断开后的结构应按实际长度标注尺寸。断开边界可用波浪线、双折线绘制,如图 6-40 所示。

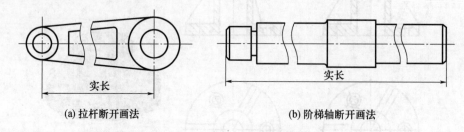

(a) 拉杆断开画法　　　　　　　　　　(b) 阶梯轴断开画法

图 6-40　断开画法

(5) 机件上小平面的画法

　　当回转体机件上的小平面在图形中不能充分表达时,可用相交的两条细实线表示。回转体上小平面的画法如图 6-41 所示。

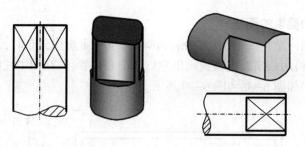

图 6-41　回转体上小平面的画法

(6) 小圆角小倒角的省略画法

　　零件图中的小圆角或 45°小倒角允许省略不画,但必须注明尺寸或在技术要求中加以说明。小圆角小倒角的省略画法如图 6-42 所示。

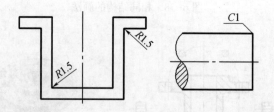

图 6-42　小圆角小倒角的省略画法

(7) 小倾角投影的简化画法

　　与投影面倾斜角度小于或等于 30°的圆或圆弧,其投影可用圆或圆弧代替,如图 6-43 所示。

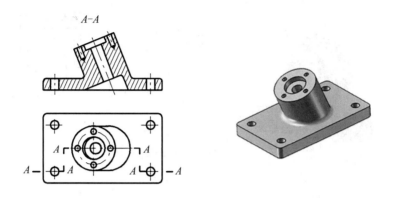

图 6-43　小倾角投影的简化画法

（8）滚花或网纹的示意画法

机件上的滚花或网纹可在视图的轮廓线附近用细实线示意画出一小部分，并在图样上的技术要求中指明这些结构的具体要求。滚花或网纹的示意画法如图 6-44 所示。

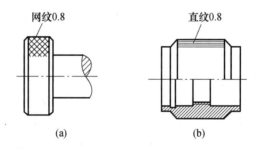

图 6-44　滚花或网纹的示意画法

6.5　综合应用举例

一个机件往往可以选用几种不同的表达方案，选用哪种表达方案以达到最佳，用一组图形既能完整、清晰、简明地表示出机件各部分内外结构形状，又能看图方便、绘图简单，这种方案即为最佳。因此，在绘制图样时应针对机件的形状、结构特点，合理、灵活地选择表达方法，并进行综合分析、比较，确定出最佳的表达方案。

【例 6-1】　如图 6-45（a）所示，选用适当的一组图形表达该支架。

解：① 分析支架的形体结构。按形体分析法得知该支架由三部分组成，上部为水平圆柱筒，下面为椭圆形底板；中间用十字肋板连接上下两部分。

② 选择主视图。如图 6-45（b）所示，选择最能反映支架形体特征的方向作为主视的投射方向，结合剖切，采用两处局部剖以表达孔深。

③ 左视图采用局部剖，同时表达水平圆筒的内部结构和外部形状。

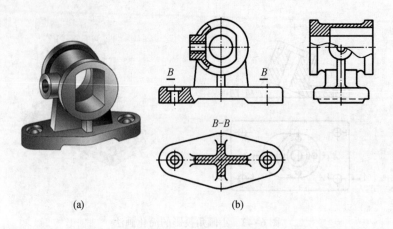

图 6-45　支架的表达方案

④ 俯视图采用 $B\text{-}B$ 全剖视以表达十字肋与底板的相对位置及实形。

【例 6-2】　图 6-46(a)所示为减速器的箱体,试确定该机件的表达方案。

解:

① 分析箱体形体结构。该箱体主要由拱形空腔、圆柱筒、凸台、底板组成,并有对称面。

② 选择主视图。如图 6-46(b)所示,为了表达拱形空腔、圆柱筒以及加油孔的内部结构,通过该机件的对称平面进行剖切,采用全剖视图。

③ 选择其他视图。一般优先采用主、俯、左视图。为表达凸台内部结构,同时反映拱形空腔上六螺孔的分布, 选用 $D\text{-}D$ 局部剖的左视图;底板实形和油孔的位置,选用 $E\text{-}E$ 半剖的俯视图;底板下部分方形槽的外形,用仰视图 A 并采用局部画法。采用 F、B、C 局部视图表达肋与圆柱筒的连接关系、凸台上三个小孔的分布和底部出油孔的位置。

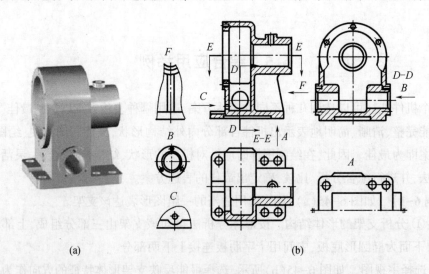

图 6-46　箱体的表达方案

6.6　第三角投影简介

1. 第三角投影基本知识

如图 6-47 所示三个互相垂直的投影面将空间分为八个部分,每一部分为一分角,依次为 Ⅰ、Ⅱ、Ⅲ、Ⅳ、Ⅴ、Ⅵ、Ⅶ、Ⅷ。国家标准规定,物体的图形按正投影法绘制,并采用第一角画法,必要时(如按合同规定或国际间技术交流)允许使用第三角画法。前面介绍的视图都是第一角画法,即是将物体置于第一分角内,保持着"人→物→图"的关系进行投影,如图 6-48(a)所示。第三角画法是将物体置于第三分角内,保持着"人→图→物"的关系进行取影,如图 6-48(b)所示。

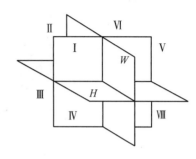

图 6-47　八个分角

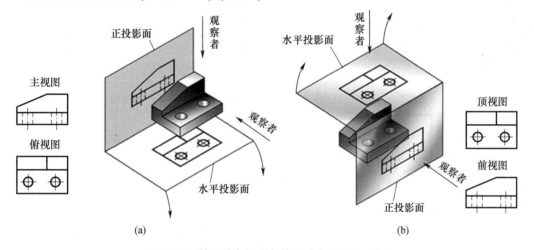

图 6-48　第一分角投影与第三分角投影的比较

2. 第三角画法的标记

采用第三角画法时,在图样中必须画出图 6-49 所示的第三角画法识别符号。第一角画法识别符通常是省略的,只在必要时才使用。

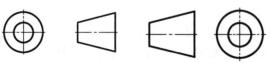

(a) 第三角投影识别符　　　　(b)第一角投影识别符

图 6-49　第三角画法和第一角画法识别符号

3. 视图的配置

采用第三角画法,投影面展开时,正面保持不动,其他各投影面的展开如图 6-50 所示。展开后各视图的配置关系及视图名称如图 6-51 所示(视图名称如图中所示,绘制时不需注明视图名称)。

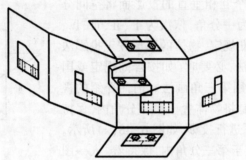

图 6-50　第三角投影中六个基本视图的形成

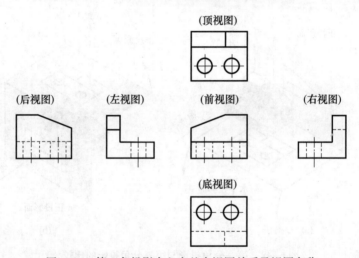

图 6-51　第三角投影中六个基本视图关系及视图名称

通过上述第三角投影画法的简介以及第三角的画法与第一角画法的比较可以看出,熟练掌握了第一角画法,就能触类旁通,不难掌握第三角画法。

复习思考题

1. 六个基本视图的名称和投影关系是什么?
2. 向视图、局部视图、斜视图应用在什么场合?如何标注?
3. 剖视图有几种类型?画法特点如何?分别适用于什么情形?如何标注或者省略?
4. 试述剖视图与断面图的区别?什么情况下断面图需按剖视图画出?
5. 移出断面图与重合断面图的画法区别是什么?
6. 均匀分布在回转体上的肋与孔等结构不处在同一剖切平面时,应该怎样表达?

第 7 章　标准件和常用件

标准件和常用件是机器或部件上广泛使用的零件。标准件有螺钉、螺栓、螺柱、螺母、键、滚动轴承等,它们的结构、尺寸实行了标准化;常用件有齿轮、弹簧等,它们的结构、尺寸实行了部分标准化。这些标准化结构在工程制图中不是按真实的轮廓投影绘制,而是按国家标准规定的画法绘制。

7.1　螺纹及螺纹紧固件

1. 螺纹

(1) 螺纹的形成

在圆柱或圆锥表面上,沿着螺旋线所形成的、具有相同断面的连续凸起或沟槽的结构称为螺纹。螺纹凸起的部分称为牙,凸起的顶端称为牙顶,沟槽的底称为牙底。在外表面上形成的螺纹称为外螺纹;在内表面上形成的螺纹称为内螺纹。

螺纹可以采用不同的加工方法制成。图 7-1 表示在车床上的车削螺纹的情况,圆柱形工件做等速回转运动,刀具沿工件轴向作等速直线移动,两运动的合成形成了螺纹。图 7-2 为常见螺纹紧固件上出现的螺纹结构。

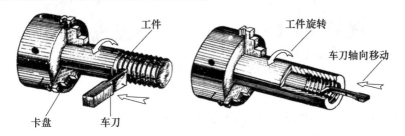

图 7-1　车床上的车削螺纹

(2) 螺纹要素

螺纹的结构和尺寸是由牙型、公称尺寸、螺距、线数、旋向五个要素确定的。当内外螺纹正常旋合时,两者的五个要素必须相同。

① 牙型

在通过螺纹轴线的断面上,螺纹的轮廓形状称为螺纹牙型。不同的螺纹牙型,有不同的用途,如三角形的牙形常用于紧固连接,锯齿形和梯形的牙形常用于传递动力。

② 公称直径

公称直径是螺纹要素尺寸的名义直径,一般指螺纹的大径尺寸,但管螺纹则指尺寸代号。螺纹的直径有大径、小径和中径。与外螺纹牙顶或内螺纹牙底相重合的假想圆柱面

(或圆锥面)直径称为大径。与外螺纹牙底或内螺纹牙顶相重合的假想圆柱面的直径称为小径。在大径与小径的中间,即螺纹牙型的中部,沿轴向可找到一个凸起宽尺寸与沟槽宽尺寸相等的假想圆柱面,该圆柱面对应的螺纹直径称为中径。外螺纹的大径、小径和中径用符号 d、d_1、d_2 表示,内螺纹的大径、小径和中径用符号 D、D_1、D_2 表示,如图 7-2 所示。

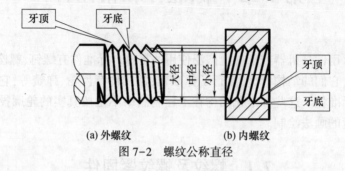

(a) 外螺纹　　　　　　　(b) 内螺纹

图 7-2　螺纹公称直径

③ 线数

沿一条螺纹线所形成的螺纹称为单线螺纹,沿两条或两条以上、在轴向等距离分布的螺旋线所形成的螺纹称为多线螺纹,如图 7-3 所示。

④ 螺距和导程

相邻两牙在中径线上对应两点间的轴向距离称为螺距,用字母 P 表示,而在同一条螺旋线上相邻两牙在中径线对应两点间的轴向距离称为导程,用 P_h 表示。导程、螺距、线数的关系为 $P_h=nP$,如图 7-3 所示。

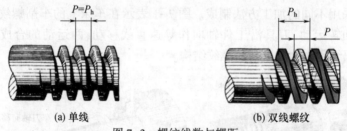

(a) 单线　　　　　　　(b) 双线螺纹

图 7-3　螺纹线数与螺距

⑤ 旋向

旋向分左旋和右旋两种,工程上常用的是右旋螺纹。顺时针旋转时沿轴向旋入的为右旋,逆时针旋转时旋入的为左旋。

(3) 螺纹的规定画法

① 外螺纹的规定画法

外螺纹的规定画法如图 7-4 所示,画图时小径尺寸可近似地取 $d_1≈0.85d$。在投影为非圆的视图中,螺杆的倒角或倒圆部分也应画出细实线,螺纹终止线用粗实线绘制;在投影为圆的视图中,表示牙底的细实线圆只画约 3/4 圈,螺杆上表示倒角的圆省略不画;剖视图中的剖面线应画到粗实线为止。

② 内螺纹的规定画法

内螺纹的规定画法如图 7-5 所示,画图时小径尺寸可近似地取 $D_1≈0.85D$。在投影为非圆的剖视图中,螺纹的小径 D_1 用粗实线表示,大径 D 用细实线表示,螺纹终止线用粗实线表示。在投影为圆的视图中,表示牙底的细实线圆只画约 3/4 圈,表示倒角的圆省略不画。剖面线应画到粗实线为止。当螺纹不可见时,所有图线用虚线绘制。图7-6为不通孔内螺纹的画法。

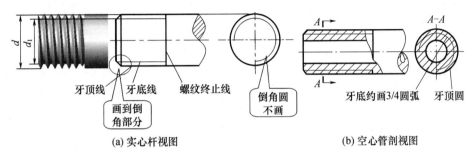

(a) 实心杆视图　　　　　　　　　　　　(b) 空心管剖视图

图 7-4　外螺纹的规定画法

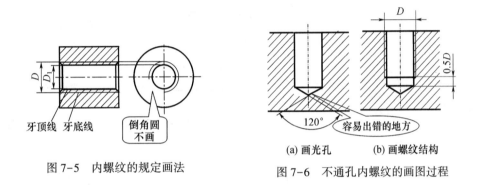

图 7-5　内螺纹的规定画法

(a) 画光孔　　(b) 画螺纹结构

图 7-6　不通孔内螺纹的画图过程

(4) 螺纹分类

　　为了便于设计和制造,国家标准对螺纹的五个要素中的牙型、大径和螺距作了一系列规定。按牙型、大径、螺距是否符合标准分为标准螺纹、特殊螺纹(牙型符合标准,直径和螺距不符合标准)、非标准螺纹(牙型不符合标准)。

　　若按螺纹的用途分类,有连接螺纹(如普通螺纹、管螺纹)和传动螺纹等,见表7-1。

表 7-1　螺纹分类

	螺纹种类	牙型放大图	螺纹特征代号	标 注 示 例	说　明
连接螺纹	粗牙普通螺纹	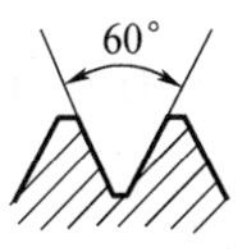 60° 三角形	M	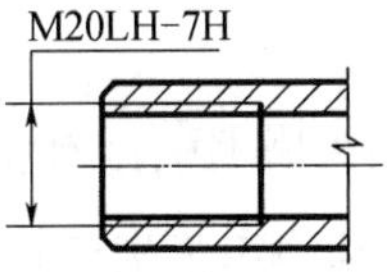 M20LH-7H	粗牙普通螺纹,大径 $\phi20$,螺距为2.5(不标螺距,需查表获得),LH表示左旋,中径、顶径公差带代号为7H,中等旋合长度
	细牙普通螺纹		M	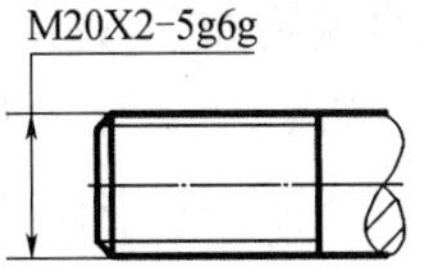 M20X2-5g6g	细牙普通螺纹,大径 $\phi20$,螺距为2,右旋,中径公差带代号为5g,顶径公差带代号为6g,中等旋合长度

螺纹种类		牙型放大图	螺纹特征代号	标注示例	说　明
连接螺纹	非密封管螺纹	三角形（55°）	G	G1A	非螺纹密封管螺纹,尺寸代号为1(表示管孔通径),外螺纹公差等级为A
	密封管螺纹		Rc Rp R1 R2	Rp1/2	螺纹密封管螺纹,尺寸代号为1/2(表示管孔通径)。其中,Rp为圆柱内螺纹,Rc为圆锥内螺纹,R1(与Rp配合)、R2(与Rc配合)为圆锥外螺纹
传动螺纹	梯形螺纹	梯形	Tr	Tr40X14(P7)-LH	梯形螺纹,大径ϕ40,导程14,螺距7,左旋
	锯齿形螺纹	锯齿形	B	B40X7-6e	锯齿形螺纹,大径ϕ40,导程7,螺距7,右旋,中径公差带代号为6e

(5) 螺纹的标注

由于各种螺纹的画法都是相同的,为区别不同种类的螺纹,必须按规定格式进行标注。

标准螺纹标注的一般格式与项目为:

| 螺纹特征代号 | 公称直径×导程(P 螺距) | 旋向－公差带代号－旋合长度代号 |

① 普通螺纹

其线数为1,故 (P 螺距) 项为 螺距 ;因有粗牙和细牙之分,查附表1中可看出,同一螺纹公称尺寸对应有几种螺距,其中粗牙螺距仅一种,而细牙螺距有几种,故粗牙普通螺纹不注螺距。普通螺纹尺寸注写形式类同一般尺寸注写,见表7-1。

表7-1中示例的公差带代号说明如下:是由数字表示螺纹的公差等级,拉丁字母(内螺纹用大写字母,外螺纹用小写字母)表示基本偏差代号;公差等级在前,基本偏差代号在后;先写中径公差带代号,后写顶径公差带代号,如 M12-5g6g,如果中径和顶径的公差带代号一样,则只注一个代号,如 M12×1.5LH-6g。

螺纹的旋合长度分为短(S)、中(N)、长(L)三组,在一般情况下,均采用中等旋合长度,即不标注旋合长度为 N 组。

② 梯形、锯齿形螺纹

它们的标注举例见表 7-1,当导程等于螺距时"导程(P 螺距)"项为"导程"。

③ 管螺纹

其尺寸注法独特,说明如下:

a. 非螺纹密封管螺纹的标注格式与项目:

| 螺纹特征代号 G | 尺寸代号 | 公差等级代号 | — 旋向 |

b. 螺纹密封的管螺纹标注格式与项目:

| 螺纹特征代号 R1 或 R2 或 Rc 或 Rp | 尺寸代号 | — 旋向 |

其中,Rc 表示圆锥内螺纹,Rp 表示圆柱内螺纹,R1 或 R2 表示圆锥外螺纹。

非螺纹密封管螺纹的尺寸代号对应的螺纹大、小径尺寸请查阅附表 2。

注意:管螺纹的标注用指引线由螺纹的大径引出,其尺寸代号的数值,不是螺纹大径,而是约等于所对应的外螺纹的管孔直径。标注举例与说明见表 7-1。

公差等级代号只对非螺纹密封的外管螺纹分为 A、B 两级标记,如 G1^{1}/2B,对内螺纹不标记,如 G1^{1}/2 。仅当螺纹旋向为左旋时,才在公差代号后加注 LH。

非标准螺纹、特种螺纹的标注,国家标准作了相应的规定。

2. 螺纹紧固件的标记与画法

(1) 螺纹紧固件规格与标记

螺纹紧固件连接是工程上应用最广泛的连接方式。按照所使用的螺纹紧固件的不同,可分为螺栓连接、螺柱连接、螺钉连接等。常用螺纹紧固件有螺栓、双头螺柱、螺钉、螺母和垫圈等,图 7-7 为部分常用螺纹紧固件。

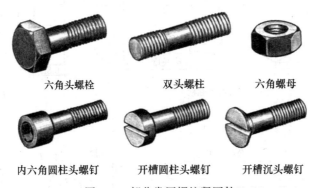

六角头螺栓　　　　双头螺柱　　　　六角螺母

内六角圆柱头螺钉　　开槽圆柱头螺钉　　开槽沉头螺钉

图 7-7　部分常用螺纹紧固件

国家标准 GB/T 1237—2000 规定了紧固件的标记格式和内容(11 项内容),在设计和生产中一般采用紧固件的简化标记形式:

| 产品名 | 标准号(可省略年号) | 螺纹规格尺寸 × 公称长度(必要时) |

如：螺栓 GB/T 5782 M12×80

　　螺母 GB/T 6170 M12

　　垫圈 GB/T 97.2 12

螺纹紧固件的结构尺寸，国家标准均做了统一规定，可从附表 3~附表 10 中查取。图 7-8 中注写"螺栓 GB/T 5782 M12×80"的主要尺寸，是从附表 3 中查得的。

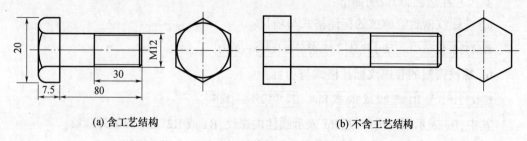

　　　　(a) 含工艺结构　　　　　　　　　　　　　(b) 不含工艺结构

图 7-8　螺栓紧固件视图

（2）螺纹紧固件的比例画法

设计机器时，在装配图中经常会遇到绘制螺纹紧固件，由于它们是由专门的标准件厂生产，且各部分尺寸可以从相应的国家标准中查出。但为了简化作图，六角头螺栓、六角螺母、双头螺柱、螺钉和垫圈等，通常由螺纹大径尺寸 d（或 D），按比例折算得出各部分尺寸后，采用比例画法绘制，并允许省略工艺结构的表达。不含工艺结构的常用紧固件的比例画法见表 7-2。

表 7-2　常用紧固件的比例画法

名称	比 例 画 法 图 例（简化画法）
螺栓螺母	六角头螺栓　　　　　　　　　　　　六角螺母
螺柱垫圈	双头螺柱　　　　普通垫圈　　　弹簧垫圈

续表

名称	比 例 画 法 图 例(简化画法)
螺钉	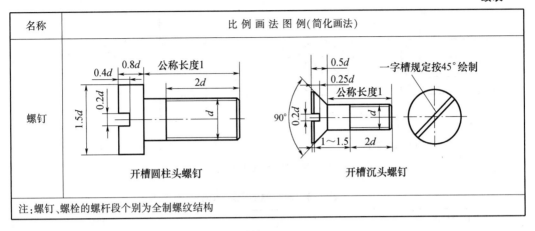

注:螺钉、螺栓的螺杆段个别为全制螺纹结构

7.2　键　与　销

1. 键

为使轴与轮连接在一起并一同转动,通常在轴和轮孔中分别加工出键槽,将键嵌入槽中,如图 7-9 所示,这种连接称为键连接。键连接是可拆连接。

(1) 常用键

常用的键有普通平键、半圆键和钩头楔键三种。其中最常用的是普通平键,如图 7-10 所示。键是标准件,其标准尺寸可查附表 11。键槽的型式和尺寸也随键的标准化而有相应的标准。

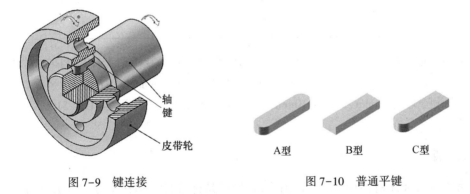

图 7-9　键连接　　　　　　　　　图 7-10　普通平键

图 7-11 为轴及轮毂上的平键槽的画法及尺寸注法,轴上键槽深度 t_1 和轮毂上键槽深度 t_2 及键槽宽度 b,应从附表 11 中查得。如已知图 7-9 中轴颈直径为 $\phi 40$mm,查附表 11 知:键宽 $b=12$mm,高 $h=8$mm,而键长 L 值由强度计算确定初值后,再查该表取 L 系列中的标准值;轴上键槽 $b=$键宽,键槽深 $t=5$mm,$t_1=3.3$ 键槽长 $=$键长;故图 7-11 中尺寸 $b=12$,$d-t=35$mm,$d+t_1=43.3$mm。

(2) 常用键的规定标记

常用键的规定标记见表 7-3。

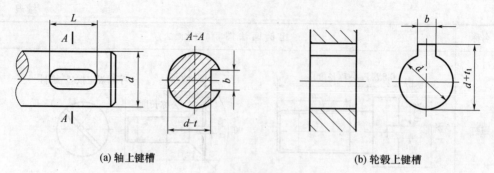

(a) 轴上键槽　　　　　　　　　　(b) 轮毂上键槽

图7-11　平键槽的画法及尺寸标注

表7-3　常用键的规定标记

名称及标准	型式及主要尺寸	简化标记
普通平键 A 型 GB/T 1096—2003		GB/T1096 键 $b×h×L$
半圆键 GB/T 1099—2003		GB/T1099.1 键 $b×h×d_1$
钩头楔键 GB/T 1565—2003		GB/T1565 键 $b×h×L$

A 型普通平键,宽 $b=12$mm,高 $h=8$mm,长 $L=50$mm。其标记为:GB/T1096 键 12×8×50。其中,A 型的不注写"A"字母,而 B 型、C 型需在"键"后加注"B"或"C"字母。

半圆键,宽 $b=6$mm,高 $h=10$mm,直径 $d_1=25$mm。其标记为:GB/T1099.1 键 6×10×25。

2. 销

常用销有圆柱销、圆锥销、开口销等,它们都是标准件。销在机器中可起定位和连接作用,而开口销常与开槽螺母配合使用,它穿过螺母上的槽和螺杆上的孔,以防止螺母松动。销的画法见表7-4,销的各部分尺寸和标记见附表12。

表7-4　销的尺寸和标记

名称及标准	型式及主要尺寸	简化标记
圆柱销 GB/T 119.1—2000		销 GB/T119.1 A$d×L$

续表

名称及标准	型式及主要尺寸	简化标记
圆锥销 GB/T 117—2000	1:50 d　L	销 GB/T 117 Ad×L
开口销 GB/T 91—2000	L　d	销 GB/T 91 d×L

销的公称直径 $d=10\text{mm}$，公差为 m6，长度 $L=60\text{mm}$，材料为 35 钢，不经表面处理的 A 型圆柱销标记：销 GB/T119.1　10m6×60。

7.3　齿　轮

齿轮是机器上常用的传动零件，它可以传递动力、改变转速和旋转方向。齿轮种类很多，按其传动情况可分为三类，如图 7-12 所示。

(a) 圆柱齿轮　　　　　　(b) 圆锥齿轮　　　　(c) 蜗轮蜗杆

图 7-12　常见的齿轮

① 圆柱齿轮：用于两平行轴的传动。

② 圆锥齿轮：用于两相交轴的传动。

③ 蜗轮蜗杆：用于两交叉轴的传动。

齿轮有标准齿轮和非标准齿轮之分，具有标准齿形的齿轮称为标准齿轮。圆柱齿轮主要用于两平行轴的传动，轮齿的方向有直齿、斜齿和人字齿等。齿轮是常用件，下面介绍标准齿轮中的直齿圆柱轮齿部分标准结构的规定画法。

1. 直齿圆柱齿轮各部分名称及代号

直齿圆柱齿轮各部分名称及代号，如图 7-13 所示。

齿顶圆：通过齿轮齿顶的圆，其直径用 d_a 表示。

齿根圆：通过齿轮齿根的圆，其直径用 d_f 表示。

分度圆：设计、计算和制造齿轮的基准圆，其直径用 d 表示。位于齿顶圆与齿根圆间。

齿距：分度圆上相邻两齿对应点之间的弧长，用 p 表示。齿距分为两段，一段称为齿厚,用 s 表示,一段称为槽宽,用 e 表示,分度圆上齿厚、槽宽与齿距的关系为 $s=e=p/2$。

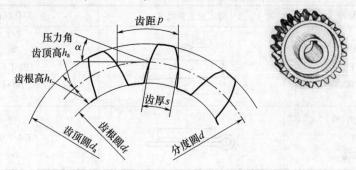

图 7-13　直齿圆柱齿轮各部分名称及代号

齿高:齿顶圆和齿根圆之间的径向距离,用 h 表示。齿高分为两段,一段叫齿顶高,用 h_a 表示;另一段叫齿根高,用 h_f 表示。h_a 是分度圆与齿顶圆的径向距离;h_f 是分度圆与齿根圆的径向距离。齿高、齿顶高和齿根高的关系为 $h=h_a+h_f$。

中心距:两齿轮正常啮合时,两齿轮中心距 a 与两分度圆的关系为 $a=(d_1+d_2)/2$。

2. 直齿圆柱齿轮的基本参数

齿数 z:一个齿轮上轮齿的总数。

模数 m:设计、制造齿轮的重要参数。制造齿轮时依据 m 值选择刀具;设计齿轮时 m 值大,则齿厚 s 大($s=\pi m/2$),齿轮承载能力强。由图 7-13 可知,齿轮的齿数 z、齿距 p 和分度圆直径 d 之间的关系为 $\pi d=zp$,即 $d=(p/\pi)z$,其中 p/π 称为模数 m。模数 m 的数值已系列化,见表 7-5。一对相互啮合的齿轮模数必须相等。

表 7-5　齿轮模数系列(GB/T1357—1987)　　　　　　　　　　(单位:mm)

第一系列	1.25,1.5,2,2.5,3,4,5,6,8,10,12,16,20,25,32,40,50
第二系列	1.75,2.25,2.75,(3.25),3.5,(3.75),4.5,5.5,(6.5),7,9,(11),14,18,22,28,36,45
注:在选用模数时,应优先采用第一系列,括号内的模数尽可能不用	

传动比 i:主动齿轮转速 n_1(r/min)与从动齿轮的转速 n_2 之比,同时也等于从动齿轮齿数 z_2 与主动齿数 z_1 之比,用 i 表示,$i=n_1/n_2=z_2/z_1$。

3. 直齿圆柱齿轮各部分尺寸的计算公式

直齿圆柱齿轮各部分尺寸的计算公式,见表 7-6。

表 7-6　标准直齿圆柱齿轮各部分尺寸的计算公式

基本参数:模数 m,齿数 z			已知:$m=2$mm,$z=29$
名　称	符号	计算公式	计算举例
齿距	p	$p=\pi m$	$p=6.28$mm
齿顶高	h_a	$h_a=m$	$h_a=2$mm
齿根高	h_f	$h_f=1.25m$	$h_f=2.5$mm
齿高	h	$h=2.25m$	$h=4.5$mm

续表

基本参数:模数 m,齿数 z			已知:$m=2\text{mm}$,$z=29$
名　称	符　号	计 算 公 式	计 算 举 例
分度圆直径	d	$d=mz$	$d=58\text{mm}$
齿顶圆直径	d_a	$d_a=m(z+2)$	$d_a=62\text{mm}$
齿根圆直径	d_f	$d_f=m(z-2.5)$	$d_f=53\text{mm}$

设计齿轮时,首先确定模数、齿数等,则轮齿部分标准尺寸可按表 7-6 求出。

4. 直齿圆柱齿轮的画法

工程制图国家标准要求对轮齿部分按规定画法绘制,其他部分按一般画法绘制。

直齿圆柱齿轮的画法如图 7-14 所示。在投影为圆的视图上,齿顶圆用粗实线绘制,分度圆用点画线绘制,齿根圆用细实线绘制或省略不画。

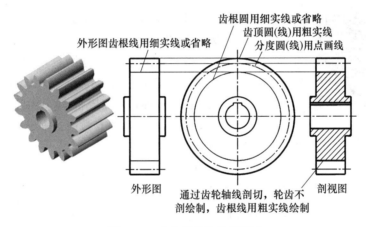

图 7-14　直齿圆柱齿轮的画法

在投影为非圆的视图上,齿顶线用粗实线绘制,分度线用点画线绘制并超出轮廓线 2~4mm,齿根线用细实线绘制或省略不画。当画成剖视图时,齿根线用粗实线绘制,轮齿范围内不画剖面线。

7.4　弹　簧

弹簧的用途很广,主要用于减震、夹紧、承受冲击、储存能量、复位和测力等。其特点是受力后能产生较大的弹性变形,去除外力后又恢复原状。弹簧的种类很多,常见的有螺旋弹簧、弓形弹簧、碟形弹簧、涡卷弹簧、片弹簧等。常见弹簧的种类如图 7-15 所示。

1. 圆柱螺旋压缩弹簧的各部分名称

圆柱螺旋压缩弹簧的各部分名称如图 7-16 所示。

(a) 压缩弹簧　　　(b) 拉伸弹簧　　　(c) 扭转弹簧　　　(d) 蜗卷弹簧

图 7-15　常见弹簧的种类

① 簧丝直径 d：制造弹簧用的金属丝直径。

② 弹簧外径 D：弹簧的最大直径。

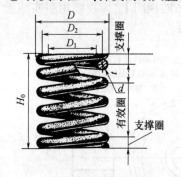

图 7-16　圆柱螺旋压缩弹簧各部分名称

③ 弹簧内径 D_1：弹簧的最小直径，$D_1 = D - 2d$。

④ 弹簧中径 D_2：弹簧的平均直径，$D_2 = (D + D_1)/2 = D - d$。

⑤ 有效圈数 n、支承圈数 n_0 和总圈数 n_1：为使压缩弹簧工作平稳，端面受力均匀，制造时将弹簧两端的部分圈数并紧磨平，这些并紧磨平的圈称为支承圈，其余圈称为有效圈。支承圈和有效圈的圈数之和称为总圈数 n_1。$n_1 = n + n_0$，n_0 一般为 1.5 圈、2 圈、2.5 圈。

⑥ 节距 t：相邻两有效圈上对应点间的轴向距离。

⑦ 自由长度 H_0：未受负荷时的弹簧长度，$H_0 = nt + (n_0 - 0.5)d$。

⑧ 展开长度 L：制造弹簧时所需金属丝的长度。

⑨ 旋向：螺旋弹簧分右旋和左旋。竖放弹簧，簧丝右高者为右旋，反之左旋。

国家标准已对部分螺旋弹簧及蝶形弹簧的结构尺寸、机械性能及标记作了规定，使用时应查阅相应标准。GB/T 2098—1980 中对普通圆柱螺旋压缩弹簧的 d、D_2、t、H_0、n、L 等尺寸、机械性能及标记等作了规定，在使用、制造和绘图时，都应以标准中所列数值为依据。

2. 圆柱螺旋压缩弹簧的规定画法

弹簧的真实投影很复杂，因此，国标（GB/T4459.4—2003）规定了圆柱螺旋压缩弹簧的画法，弹簧既可画成剖视图，也可画成视图，如图 7-17 所示，其画法规定如下。

① 弹簧在平行其轴线的投影面视图中，其各圈轮廓应画成直线。

② 有效圈数在四圈以上的弹簧，可以在每一端只画出 1~2 圈（支承圈除外），中间只需通过簧丝断面中心的细点画线连起来，如图 7-17 所示，且可适当缩短图形长度。

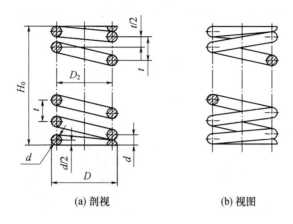

(a) 剖视　　　　　　　　(b) 视图

图 7-17　圆柱螺旋压缩弹簧画法

③ 螺旋弹簧均可画成右旋。对必须保证旋向要求的，不管是右旋还是左旋，都应在技术要求中注出旋向。

④ 对于螺旋压缩弹簧，如要求两端并紧且磨平时，不论支承圈数多少和末端贴紧情况如何，可取支承圈为 2.5 圈(有效圈是整数)的形式绘制。

若所画簧丝直径在装配图中的尺寸小于或等于 2mm，则可用折线示意画法表达弹簧。

7.5　滚　动　轴　承

滚动轴承是用来支承轴的标准部件，它由内圈、外圈、滚动体、保持架构成，见表 7-7。滚动轴承由于摩擦阻力小、结构紧凑等优点，在机器中被广泛使用。

1. 滚动轴承的分类

① 按可承受载荷的方向，滚动轴承可分为三类：主要承受径向载荷的向心轴承，只承受轴向载荷的推力轴承，同时承受径向和轴向载荷的向心推力轴承。

① 根据滚动体的形状可分为两类：滚动体为钢球的球轴承，滚动体为圆柱形、圆锥形或针状滚子的滚子轴承。

2. 滚动轴承的画法

滚动轴承是标准部件，由专门的工厂生产。在装配图中，国标规定了三种画法，见表 7-7。在同一图样中，应采用其中的一种画法，表中 B、D、d 分别是滚动轴承宽度、外径、内径尺寸，$A = (D-d)/2$。

在规定画法中，轴承的滚动体不画剖面线，各套圈画成方向和间隔相同的剖面线。

表 7-7　滚动轴承的画法

轴承名称	结构形式	通用画法	规定画法	特征画法
深沟球轴承				
圆锥滚子轴承				
推力球轴承				

图 7-18 所示为滚动轴承在轴上的安装位置,要求轴承的内圈(或外圈)端面贴紧轴肩(或其他零件端面),达到轴向定位的作用。

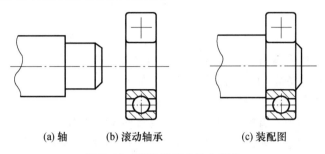

(a) 轴　　　(b) 滚动轴承　　　　　(c) 装配图

图 7-18　滚动轴承的轴向定位

3. 滚动轴承的代号和标记

(1) 滚动轴承的代号

滚动轴承代号由字母加数字来表示,该代号由前置代号、基本代号、后置代号构成,排列形式为:

前置代号　　基本代号　　后置代号

一般只需注写基本代号。基本代号由轴承类型代号、尺寸系列代号、内径代号构成。表 7-8 为滚动轴承类型代号;尺寸系列代号为两位数形式,宽度系列代号占左位,直径系列代号占右位,当宽度系列代号为 0 时不注出 0;内径代号表示轴承公称内径,一般为两位数值。

表 7-8　滚动轴承类型代号

代号	轴 承 类 型	代号	轴 承 类 型
0	双列角接触球轴承	6	深沟球轴承
1	调心球轴承	7	角接触球轴承
2	调心滚子轴承、推力调心滚子轴承	8	推力圆柱滚子轴承
3	圆锥滚子轴承	N	圆柱滚子轴承
4	双列球轴承	U	外球面球轴承
5	推力球轴承	QJ	四点接触球轴承
注:在表中代号后或前加字母或数字,表示该类轴承中的不同型号				

(2) 滚动轴承的标记与查表

滚动轴承的标记由三部分组成:

轴承名称　　轴承代号　　标准编号

标记示例:滚动轴承　6305　GB/T 276—1994

查表 7-8 可知,该滚动轴承类型代号为 6,是深沟球轴承。尺寸系列代号为 3,即宽度系列代号为 0,直径系列代号为 3。查附表 13 知,该滚动轴承内径代号 05 对应的内径尺寸 d 为 25mm,从表中还可得到其他尺寸,如该轴承的外径尺寸 $D=62$mm,轴承宽度尺寸 $B=17$。

复习思考题

1. 螺纹结构的五要素是什么？内外螺纹的画法有什么规定？
2. 螺纹标注的内容有哪些？M20×1 的具体含意是什么？
3. 螺栓、螺钉、键等常用标准件的规定标记如何？
4. 销在机器中起什么作用？常用销的形式有几种？
5. 直齿圆柱轮的画法有哪些规定？齿轮有哪些基本参数？
6. 滚动轴承通常由哪 4 部分构成？滚动轴承 6207 表示什么含意？

第 8 章 零 件 图

8.1 概　述

任何机器或部件都是由若干零件按一定的装配关系及技术要求装配而成的。如图 8-1 所示的齿轮油泵是用于供油系统中的一个部件,它由泵体、泵盖、主动齿轮轴、从动齿轮轴、螺钉、螺母、销、密封圈等零件组成。

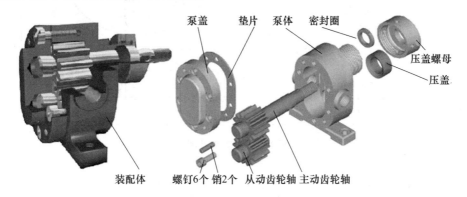

图 8-1　齿轮油泵

根据零件在机器或部件中的作用,一般可将零件分为以下三类。

① 标准零件:结构、尺寸、加工要求、画法等均已标准化。如螺栓、螺母、垫圈、键、销、滚动轴承等。

② 常用零件:经常使用,但只是部分结构、尺寸和参数已标准化。如齿轮、带轮、弹簧等。

③ 一般零件:结构、形状取决于它们在机器或部件中的作用和制造工艺。根据其结构特点,一般零件可分成轴套类、盘盖类、叉架类和箱体类等。

常用零件和一般零件都要画出零件图以供加工制造。

8.2 零件图的作用和内容

表达零件结构形状、尺寸大小及技术要求的图样称为零件图,它是制造和检验零件的依据,是设计和生产过程中重要的技术文件。产品设计一般先设计出机器或部件的装配图,然后根据装配图拆画零件图。生产部门根据零件图加工零件,将零件装配成机器。

图 8-2 所示为齿轮泵中泵盖零件图,从图中可以看出,零件图一般应包括以下内容。

① 一组图形:包括视图、剖视图、断面图等表达方法,用来正确、完整、清晰地表达零

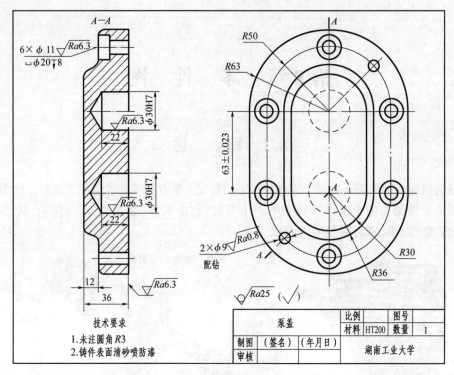

图 8-2　泵盖零件图

件各部分的内、外结构形状。

　　② 完整的尺寸:正确、完整、清晰、合理地注出零件在制造和检验时所需要的全部尺寸。

　　③ 技术要求:注明零件在制造、检验时应达到的技术指标和要求,如表面粗糙度、尺寸公差、几何公差、材料热处理及其他特殊要求等。

　　④ 标题栏:填写零件的名称、数量、材料、比例、图号以及责任签署等。

8.3　零件的结构

　　在表达零件之前,必须了解零件的结构形状,零件的结构形状是根据零件在机器中的作用和制造工艺、工业美学等方面的要求确定的。它分为功能结构和工艺结构。

1. 零件的功能结构

　　零件的功能结构主要指包容、支承、连接、传动、定位、密封等方面的构形。为使这些结构设计合理,需要注意以下几个方面。

(1) 包容零件的结构

　　当零件间有包容与被包容的关系时,往往是根据被包容零件的形状确定包容件的内形,再根据其内形确定包容件的外形。如图 8-1 所示,在齿轮泵泵体中装有一对齿轮,泵体包容部分的内外表面应与被包容的两齿轮回转面对应。

（2）相邻零件的结构

相邻零件（尤其是箱体类和端盖类）间的外形与接触面应协调一致，使外观统一，给人以整体美感。如图 8-1 中泵盖与泵体接触面形状一致，都是长圆形；泵盖上设有光孔，泵体对应部位设有螺纹孔。

（3）受力与结构

机件的形状与机件的受力状况有密切的关系。受力大的机件部位结构应厚些，或为增加强度增加一些加强肋等。

（4）质量与结构

在保证机件有足够强度、刚度的情况下，如何使机件质量最轻、用料最省，这也是结构设计所要考虑的问题。

2. 零件的工艺结构

（1）零件的铸造工艺结构

① 起模斜度

铸造零件在制作毛坯时，为了便于将模样从砂型中取出，一般沿脱模方向做出斜度，称为起模斜度，如图 8-3（a）所示。相应的铸件上也有起模斜度，如图 8-3（b）所示，该斜度在零件图上可简化画出，必要时可在技术要求中说明，如图 8-3（c）所示。

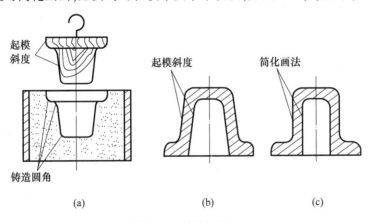

图 8-3　起模斜度

② 铸造圆角与过渡线

为防止浇铸铁水时冲坏砂型，同时也为了防止铸件在冷却时转角处产生缩孔和裂纹，铸件转角处应有圆角，称为铸造圆角，如图 8-4 所示。视图中一般不注出圆角半径，而是在技术要求中加以说明，如"未注铸造圆角为 $R3$"；铸件表面经机加工切去圆角后会成为尖角。

由于圆角的出现，铸件表面的交线（相贯线和截交线）变得不太明显，为了区分不同的表面，用过渡线代替两面交线，其画法与没有圆角时的两面交线相同，只是过渡线不应与圆角轮廓线接触，线型为细实线，如图 8-5 所示。

③ 铸件壁厚

为了保证铸件的铸造质量，防止铸件各部分因冷却速度不同而产生组织疏松以致出

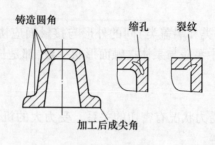

图 8-4　铸造圆角

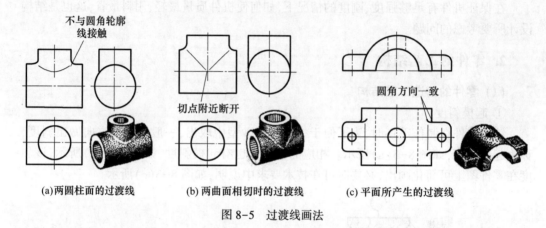

(a)两圆柱面的过渡线　　　(b) 两曲面相切时的过渡线　　　(c) 平面所产生的过渡线

图 8-5　过渡线画法

现缩孔和裂纹,铸件壁厚要均匀或逐渐变化,如图 8-6 所示。

(2)机械加工工艺结构

① 倒角和圆角

为了便于装配和防止锐边伤人,常在轴端、孔端和台阶处加工出小锥面,这种结构就是倒角。常用的倒角为 45°,如图 8-7(a)中的 C2(C 表示 45°,2 为轴向尺寸),也可用 60°或 30°倒角,如图 8-7(b)所示;为避免应力集中,轴肩处常加工出圆角,如图 8-7(a)中的尺寸 R5。

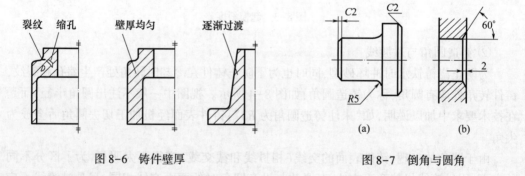

图 8-6　铸件壁厚　　　　　　　　　　　图 8-7　倒角与圆角

② 退刀槽和越程槽

在车削螺纹和内孔时,为了便于退出刀具和保证切削质量,常在待加工面末端先切出退刀槽,如图 8-8(a)所示;在磨削加工中,也预先切出越程槽,以保证加工表面全长上都能被磨削,如图 8-8(b)所示。

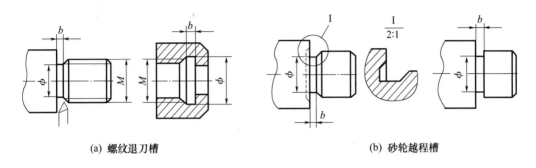

(a) 螺纹退刀槽   (b) 砂轮越程槽

图 8-8 退刀槽和越程槽

③ 凸台和凹坑

为了减少加工面积,并保证零件间接触面的良好接触,常把要加工的部分设计成凸台或凹坑,如图 8-9 所示。

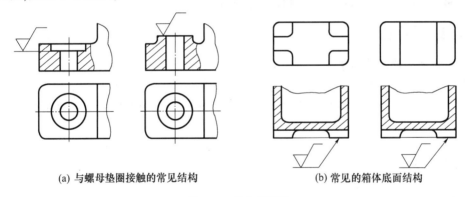

(a) 与螺母垫圈接触的常见结构   (b) 常见的箱体底面结构

图 8-9 凸台和凹坑

④ 钻孔结构

用钻头钻孔时,为了防止出现单边切削和单边受力,导致钻头轴线偏斜,甚至使钻头折断,要求孔的端面为平面,且与钻头轴线垂直,钻孔端面如图 8-10 所示。用钻头钻出的盲孔或阶梯孔时,应有 120°(实际为 118°)锥角,钻孔结构如图 8-11 所示。

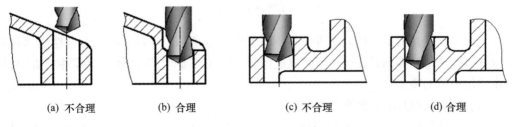

(a) 不合理   (b) 合理   (c) 不合理   (d) 合理

图 8-10 钻孔端面

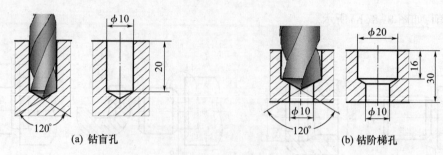

(a) 钻盲孔 (b) 钻阶梯孔

图 8-11 钻孔结构

8.4 零件图中的技术要求

零件图中的技术要求包括表面粗糙度、尺寸公差、几何公差、材料热处理等。技术要求在图样中的表示方法有两种,一种是用规定的符号、代号标注在视图中;另一种是在"技术要求"的标题下,用简明的文字说明,逐项书写在图样的适当位置。本节主要介绍表面粗糙度及尺寸公差的基本概念和在图样上的标注方法。

1. 表面粗糙度

(1) 表面粗糙度的概念

零件的表面结构特性包括粗糙度、波纹度、原始轮廓特性。零件的表面粗糙度是指表面上具有的较小间距和峰谷组成的微观几何形状特征,图 8-12 中看上去光滑的零件表面,经放大观察发现有微量高低不平的痕迹。

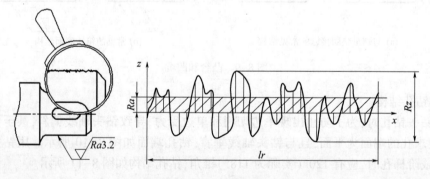

图 8-12 轮廓算术平均偏差 Ra

表面粗糙度是衡量零件表面质量的一项重要技术指标。它对零件的配合性质、耐磨性、抗蚀性、密封性等都有影响。因此应根据零件的工作要求,在图样上对零件的表面粗糙度作出相应的要求。

(2) 表面粗糙度的参数及其数值

评定表面粗糙度的主要参数有两种(GB/T 3505—2000):轮廓算术平均偏差 Ra、轮廓最大高度 Rz。两项参数中,优先选用 Ra 参数。

① 轮廓算术平均偏差 Ra。轮廓算术平均偏差 Ra 是指在取样长度 lr(用于判别具有

表面粗糙度特征的一段基线长度）内，轮廓偏差 z（表面轮廓上点至基准线的距离）绝对值的算术平均值，如图 8-12 所示。可用下式表示：

$$Ra = \frac{1}{lr} \int_0^l |z(x)| \, dx \approx \frac{1}{n} \sum_{i=1}^{n} z_i$$

很明显，Ra 的值越小，零件表面越光滑。为统一评定与测量，提高经济效益，Ra 的值已经标准化，在设计选用时，应按国家标准（GB/T 1031—1995）规定的系列值选取，其第一系列值为表 8-1 中的数值。

表 8-1　轮廓算术平均偏差 Ra 的第一系列值　　　　　　　　　　　（单位：μm）

Ra	0.012	0.2	3.2	50
	0.025	0.4	6.3	100
	0.05	0.8	12.5	
	0.1	1.6	25	

② 轮廓最大高度 Rz。在取样长度内，轮廓峰顶线和轮廓谷底线之间的距离即为 Rz，如图 8-12 所示。

（3）表面粗糙度的标注

国家标准（GB/T 131—2006）规定了表面粗糙度的符号、代号及在图样上的标注。表面粗糙度代号由符号及相应粗糙度值构成。

① 表示零件表面粗糙度的符号及意义见表 8-2。

表 8-2　表面粗糙度符号及意义

符　号	含　　义
$\sqrt{}$	基本图形符号（简称基本符号），表示未指定工艺方法的表面，仅用于简化代号的标注，没有补充说明时不能单独使用
$\sqrt{}$	扩展图形符号（简称扩展符号），基本符号加一短横，表示指定表面是用去除材料的方法获得。如通过机械加工的车、铣、钻、磨、剪切、抛光、腐蚀、电火花加工、气割等方法获得的表面
 $\sqrt{}$	扩展图形符号，基本符号加一小圆圈，表示指定表面是用不去除材料的方法获得。例如铸、锻、冲压变形、热轧、冷轧、粉末冶金等。或者是用于保持原供应状况的表面（包括保持上道工序的状况）
 $\sqrt{}$	完整图形符号，当要求标注表面结构特征的补充信息时，在允许任何工艺图形符号的长边加一横线
 $\sqrt{}$	完整图形符号，当要求标注表面结构特征的补充信息时，在去除材料图形符号的长边加一横线
 $\sqrt{}$	完整图形符号，当要求标注表面结构特征的补充信息时，在不去除材料图形符号的长边加一横线

② 表面粗糙度图形符号的画法如图 8-13(a)所示,图形符号和附加标注的尺寸见表 8-3。

(a)

(b)

图 8-13 表面粗糙度的图形符号

表 8-3 表面粗糙度符号和附加标注的尺寸

数字及字母高度 h(见 GB/T 14690)	2.5	3.5	5	7	10	14	20
符号线宽 d^*	0.25	0.35	0.5	0.7	1	1.4	2
字母线宽 d							
高度 H_1	3.5	5	7	10	14	20	28
高度 H_2(最小值)	7.5	10.5	15	21	30	42	60

注:H_2 及图形符号长边的横线的长度取决于标注内容

③ 表面粗糙度代号。在表面粗糙度符号中,按功能要求加注一项或几项有关规定后,称表面粗糙度代号,如图 8-13(b)所示。图中 a、b、c、d、e 区域中的所有字母高度应等于 h,各区域中注写的内容如下。

位置 a:注写表面结构的单一要求。

位置 a 和 b:注写两个或多个表面粗糙度要求。

位置 c:注写加工方法、表面处理、涂层或其他加工工艺要求等。

位置 d:注写所要求的表面纹理和纹理方向。

位置 e:注写加工余量。

表 8-4 是部分表面粗糙度 Ra 的代号及意义。

表 8-4 表面粗糙度 Ra 的代号及意义

代号	意义	代号	意义
$\sqrt{Ra3.2}$	任何方法获得的表面精糙度,Ra 的上限值为 3.2μm	$\sqrt{Ra3.2}$	用去除材料方法获得的表面粗糙度,Ra 的上限值为 3.2μm
$\sqrt{Ra3.2}$	用不去除材料方法获得的表面粗糙度,Ra 的上限值为 3.2μm	$\sqrt{\begin{matrix}U\,Ra3.2\\L\,Ra1.6\end{matrix}}$	用去除材料方法获得的表面粗糙度,Ra 的上限值为 3.2μm,Ra 的下限值为 1.6μm

④ 表面粗糙度代号在图样中的标注方法。

● 在同一图样上,零件的每一表面一般只标注一次代(符)号,并按规定分别注在可见轮廓线、尺寸界线、尺寸线及其延长线上。

● 符号尖端应由材料外指向加工表面。

● 表面粗糙度参数值的大小、方向与尺寸数字的大小、方向一致。

表面粗糙度在图样中的标注方法图例,见表 8-5。

表 8-5 表面粗糙度标注图例

标 注 方 法	说 明
	参数代号为大小写斜体,表面结构要求的注写和读取方向与尺寸的注写和读取方向一致
 (a)　　　　(b)	必要时,表面结构符号也可用带箭头或黑点的指引线引出标注
	表面结构尽可能注在与相应的尺寸及其公差的同一视图上 相同表面结构要求的,可统一标注在图样右下标题栏附近
	棱柱表面的表面结构要求只标注一次,如果每个棱柱表面有不同的表面结构要求,则应分别单独标注,如 $Ra6.3$,$Ra3.2$
	表面结构要求和尺寸可以标注在同一尺寸线上(A-A)断面图 倒角表面结构要求注法见主视图

2. 极限与配合

1) 零件的互换性

从成批相同规格的零件中任选一个,不经任何修配就能装到机器(或部件)上去,并能满足使用要求,零件的这种性质称为互换性。零件的互换性是现代化机械工业的重要基础,既有利于装配或维修机器又便于组织生产协作,进行高效率的专业化生产。

在实际生产过程中,由于各种因素(刀具、机床精度、工人技术水平)的影响,实际制成的零件尺寸不可能做得绝对准确,这就需要根据零件的工作要求,对零件的尺寸规定一个许可的变动范围,这个变动范围即极限。

建立极限与配合制度是保证零件具有互换性的必要条件。极限与配合所涉及的主要国家标准有 GB/T 1800.1—2009 和 GB/T 1800.2—2009。

2) 相关术语

图 8-14(a)表示轴和孔的配合尺寸为 $\phi30\dfrac{\text{H7}}{\text{k6}}$,图 8-14(b)、(c)分别注出了孔径和轴径的允许变动范围。图 8-15(a)、(b)分别是图 8-14(b)、(c)所注尺寸的极限与配合示意图。

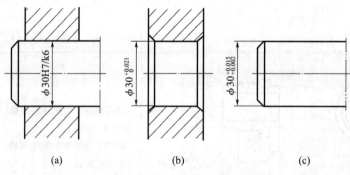

(a)　　　　　　　　(b)　　　　　　　　(c)

图 8-14　轴、孔及其配合尺寸

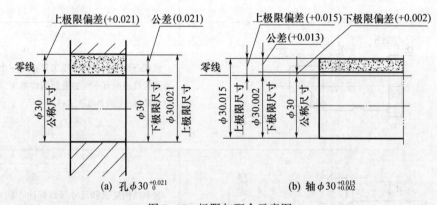

(a) 孔 $\phi30^{+0.021}_{0}$　　　　　　　(b) 轴 $\phi30^{+0.015}_{+0.002}$

图 8-15　极限与配合示意图

下面以轴的尺寸 $\phi30^{+0.015}_{+0.002}$、孔的尺寸 $\phi30^{+0.021}_{0}$ 为例,将极限与配合的相关术语列于表 8-6中(参见图 8-15)。

表 8-6 极限与配合相关术语

名 称	解 释	示 例	
		轴 $\phi30^{+0.015}_{+0.002}$	孔 $\phi30^{+0.021}_{0}$
公称尺寸	由图样规范确定的理想形状要素的尺寸	$\phi30$	$\phi30$
实际尺寸	通过测量获得的某一孔、轴的尺寸		
极限尺寸	尺寸要素允许的两个极端		
上极限尺寸	尺寸要素允许的最大尺寸	$\phi30.015$	$\phi30.021$
下极限尺寸	尺寸要素允许的最小尺寸	$\phi30.002$	$\phi30$
偏差	某一尺寸减其公称尺寸所得的代数差		
上偏差（ES es）	上极限尺寸减其公称尺寸所得的代数差	es：+0.015	ES：+0.021
下偏差（EI ei）	下极限尺寸减其公称尺寸所得的代数差	ei：+0.002	EI：0
尺寸公差	上极限尺寸减下极限尺寸之差，或上偏差减下偏差之差	0.013	0.021
公差带	公差带图中，表示公称尺寸位置的一条直线称为零线，零线之上的偏差为"正"，零线之下的偏差为"负"	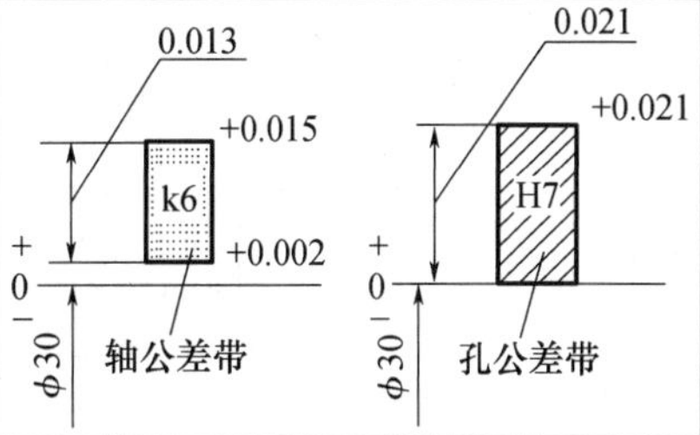	
	公差带图中，由代表上、下极限偏差所确定的一个区域，如右图所示，它由"公差带大小"与"公差带位置"两要素组成		

3）标准公差和基本偏差

（1）标准公差与公差等级

标准公差是用以确定公差带大小的公差，见表 8-7。标准公差用 IT 表示，IT 后面的阿拉伯数字为标准公差等级。国家标准将公差等级分为 20 级，即 IT01、IT0、IT1、…、IT18，其尺寸精度从 IT0～IT18 依次降低。

表 8-7 标准公差数值

基本尺寸 /mm	标准公差等级																			
	1T01	1T0	1T1	1T2	1T3	1T4	1T5	1T6	1T7	1T8	1T9	1T10	1T11	1T12	1T13	1T14	1T15	1T16	1T17	1T18
	μm													mm						
≤3	0.3	0.5	0.8	1.2	2	3	4	6	10	14	25	40	60	0.1	0.14	0.25	0.4	0.6	1	1.4
>3~6	0.4	0.6	1	1.5	2.5	4	5	8	12	18	30	48	75	0.12	0.18	0.3	0.48	0.75	1.2	1.8
>6~10	0.4	0.6	1	1.5	2.5	4	6	9	15	22	36	58	90	0.15	0.22	0.36	0.58	0.9	1.5	2.2
>10~18	0.5	0.8	1.2	2	3	5	8	11	18	27	43	70	110	0.18	0.27	0.43	0.7	1.1	1.8	2.7
>18~30	0.6	1	1.5	2.5	4	6	9	13	21	33	52	84	130	0.21	0.33	0.52	0.84	1.3	2.1	3.3
>30~50	0.6	1	1.5	2.5	4	7	11	16	25	39	62	100	160	0.25	0.39	0.62	1	1.6	2.5	3.9
>50~80	0.8	1.2	2	3	5	8	13	19	30	46	74	120	190	0.3	0.46	0.74	1.2	1.9	3	4.6
>80~120	1	1.5	2.5	4	6	10	15	22	35	54	87	140	220	0.35	0.54	0.87	1.4	2.2	3.5	5.4
>120~180	1.2	2	3.5	5	8	12	18	25	40	63	100	160	250	0.4	0.63	1	1.6	2.5	4	6.3

续表

基本尺寸 /mm	标准公差等级																		
	1T01	1T0	1T1	1T2	1T3	1T4	1T5	1T6	1T7	1T8	1T9	1T10	1T11	1T12	1T13	1T14	1T15	1T16	1T17	1T18
	μm													mm						
>180~250	2	3	4.5	7	10	14	20	29	46	72	115	185	290	0.46	0.72	1.15	1.85	2.9	4.6	7.2
>250~315	2.5	4	6	8	12	16	23	32	52	81	130	210	320	0.52	0.81	1.3	2.1	3.2	5.2	8.1
>315~400	3	5	7	9	13	18	25	36	57	89	140	230	360	0.57	0.89	1.4	2.3	3.6	5.7	8.9
>400~500	4	6	8	10	15	20	27	40	63	97	155	250	400	0.63	0.97	1.55	2.5	4	6.3	9.7

注:基本尺寸小于或等于1mm时,无1T4~1T18

(2) 基本偏差

国家标准规定的用以确定公差带相对于零线位置的极限偏差。一般是指靠近零线的那个极限偏差。孔和轴各有28个基本偏差,如图8-16所示。

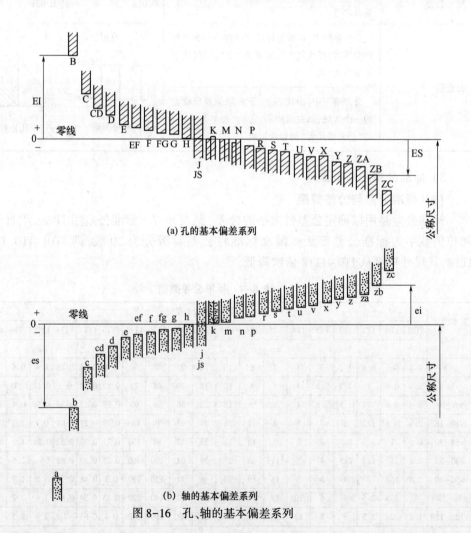

(a) 孔的基本偏差系列

(b) 轴的基本偏差系列

图8-16　孔、轴的基本偏差系列

从图 8-16 可以看出:

① 孔的基本偏差用大写字母表示,轴的基本偏差用小写字母表示。

② 当公差带在零线上方时,基本偏差为下极限偏差;当公差带在零线下方时,基本偏差为上极限偏差。

③ 公差带只封闭了基本偏差的一端,开口的另一端由标准公差值确定。

（3）公差带代号。由基本偏差代号与公差等级数值组成。例如 H7,表示基本偏差代号为 H、公差等级为 7 级的孔公差带;k6 表示基本偏差代号为 k、公差等级为 6 级的轴公差带。反映孔、轴尺寸和公差带代号的尺寸注法为 $\phi30H7$、$\phi30k6$。

4) 配合

(1) 配合及其种类

公称尺寸相同的、相互结合的孔和轴公差带之间的关系称为配合。根据孔、轴配合松紧程度的不同,可将配合分为间隙配合、过盈配合和过渡配合三类。

① 间隙配合:具有间隙(包括最小间隙等于零)的配合,此时孔的公差带总位于轴的公差带之上,如图 8-17(a)所示。

② 过盈配合:具有过盈(包括最小过盈等于零)的配合,此时孔的公差带总位于轴的公差带之下, 如图 8-17(b)所示。在过盈配合中,轴的直径总是大于(或等于)孔的直径,当过盈量较大时,往往采用一些特殊的安装方法,如利用材料热胀冷缩的原理将轴和孔安装在一起。

③ 过渡配合:可能具有间隙,也可能具有过盈的配合,此时孔的公差带和轴的公差带相互交叠,如图 8-17(c)所示。

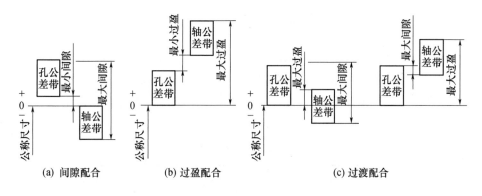

(a) 间隙配合　　　(b) 过盈配合　　　(c) 过渡配合

图 8-17　三类配合中孔、轴公差带的关系

(2) 配合基准制

由标准公差和基本偏差可以组成大量的孔、轴公差带,并形成三种类型的配合。为设计和制造上的方便,以及减少选择配合的盲目性,国家标准规定了两种配合制。

① 基孔制:基本偏差代号一定的孔公差带与不同基本偏差代号的轴公差带形成的各种配合称为基孔制。国家标准规定,基本偏差代号是 H 的孔为基准孔(其下偏差为零),固定该孔的公差带位置不变,改变轴的公差带位置就可得到不同松紧程度的配合。含基

准孔(H)的配合叫基孔制配合,如图 8-18(a)所示。

②基轴制:基本偏差代号一定的轴公差带与不同基本偏差代号的孔公差带形成的各种配合称为基轴制。国家标准规定,基本偏差代号是 h 的轴为基准轴(其上偏差为零),固定该轴的公差带位置不变,改变孔的公差带位置就可得到不同松紧程度的配合。含基准轴(h)的配合叫基轴制配合,如图 8-18(b)所示。

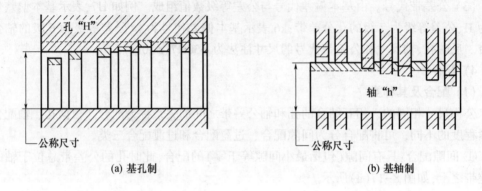

(a) 基孔制　　　　　　　　　　　　　**(b) 基轴制**

图 8-18　基准制

由图 8-16 可以看出,由于基准孔和基准轴的基本偏差代号为 H 和 h,因此基孔制中的轴,a~h 用于间隙配合,j~zc 用于过渡配合或过盈配合;基轴制中的孔,A~H 用于间隙配合,J~ZC 用于过渡配合或过盈配合。

(3)配合代号:配合代号由组成配合的孔、轴公差带代号组成,写成分数形式,分子为孔的公差带代号,分母为轴的公差带代号,例如,H8/s7、K7/h6,也可写成 $\dfrac{H8}{s7}$、$\dfrac{K7}{s7}$。

(4)优先和常用配合:常用配合和优先配合是在总结了大量实际使用经验的基础上,国家标准把孔、轴公差带组成了基孔制常用配合 59 种、基轴制常用配合 47 种以及优先配合各 13 种列在了零件设计手册中,在产品设计中尽量选用优先配合和常用配合,且优先采用基孔制。表 8-8 所示为国家标准规定的优先配合。

表 8-8　优先配合

	基孔制优先配合	基轴制优先配合
间隙配合	$\dfrac{H7}{g6}$、$\dfrac{H7}{h6}$、$\dfrac{H8}{f7}$、$\dfrac{H8}{h7}$、$\dfrac{H9}{d9}$、$\dfrac{H9}{h9}$、$\dfrac{H11}{c11}$、$\dfrac{H11}{h11}$	$\dfrac{G7}{h6}$、$\dfrac{H7}{h6}$、$\dfrac{H8}{h7}$、$\dfrac{H8}{h7}$、$\dfrac{D9}{h9}$、$\dfrac{H9}{h9}$、$\dfrac{C11}{h11}$、$\dfrac{H11}{h11}$
过渡配合	$\dfrac{H7}{k6}$、$\dfrac{H7}{n6}$	$\dfrac{K7}{h6}$、$\dfrac{N7}{h6}$
过盈配合	$\dfrac{H7}{p6}$、$\dfrac{H7}{s6}$、$\dfrac{H7}{u6}$	$\dfrac{P7}{h6}$、$\dfrac{S7}{h6}$、$\dfrac{U7}{h6}$

5）极限与配合在图样中的标注（GB/T4458.5—2003）

① 在零件图上的标注。在零件图上可按下面三种形式之一标注：只标注公差带代号，如图 8-19（a）所示；只标注极限偏差，如图 8-19（b）所示；同时标注公差带代号和相应的极限偏差且极限偏差应加上圆括号，如图 8-19（c）所示。

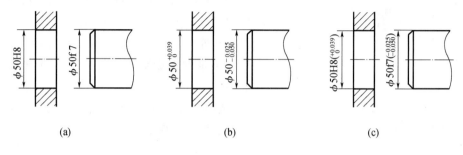

(a)   (b)   (c)

图 8-19 零件图中尺寸公差的标注

② 在装配图上的标注。在装配图上，两零件有配合要求时，应在公称尺寸上注出相应的配合代号，并按图 8-20 标注。

③ 与标准件和外购件配合的标注。标准件、外购件等与零件配合时，可以仅标注相配零件的公差带代号，如图 8-21 所示为与滚动轴承相配合时的配合代号注法。滚动轴承为标准部件，内圈直径与轴配合，按基孔制配合，只标轴的公差带代号；轴承外圈与零件孔的配合按基轴制配合，而只标注零件孔的公差带代号。

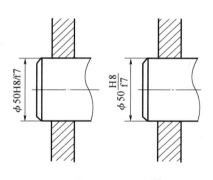

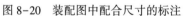

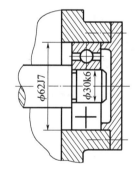

图 8-20 装配图中配合尺寸的标注   图 8-21 与滚动轴承配合的标注

6）综合举例

【例 8-1】 试解释孔、轴配合尺寸 $\phi30F7/h6$ 的含义。

解： $\phi30F7/h6$ 表示公称尺寸为 $\phi30$ 的孔和轴相配合，孔的尺寸为 $\phi30F7$，其基本偏差代号为 F，精度等级 7 级；轴的尺寸为 $\phi30h6$，其基本偏差代号为 h，精度等级 6；根据图 8-16 可知，轴的公差带（h6）在零线下方，且其上极限偏差为零，孔的公差带（F7）在零线上方，因此，属基轴制间隙配合。

【例 8-2】　已知孔、轴的配合尺寸 $\phi50H7/p6$，试确定孔和轴的极限偏差、画出公差带图并确定配合性质。

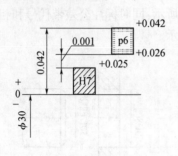

图 8-22　公差带图

解：

① 根据公称尺寸 $\phi50$ 和孔的公差带代号 H7，查附表 15：$\phi50$ 属于大于 $40\sim50$ 尺寸分段，孔的上极限偏差为 $+25\mu m$，下极限偏差为 0。

② 根据公称尺寸 $\phi50$ 和轴的公差带代号 p6，查附表 14：轴的上极限偏差为 $+42\mu m$，下极限偏差为 $+26\mu m$。

③ $\phi50H7/p6$ 的公差带图如图 8-22 所示，孔、轴是基孔制过盈配合，最大过盈为 0.042，最小过盈为 0.001。

3. 几何公差

(1) 几何公差的基本概念

在生产实际中，零件尺寸不可能制造得绝对准确，同样也不可能制造出绝对准确的几何形状和相对位置。因此对零件上精度要求较高的部位，必须根据实际需要对零件加工提出相应的几何误差的允许范围，即必须限制零件几何误差的最大变动量(称为几何公差)，并在图纸上标出几何公差。

(2) 几何公差代号及标注示例

图样中几何公差采用代号标注，应含公差框格、指引线(指向被测要素)和基准代号(仅对有基准要求的要素)三组内容，其画法规定如图 8-23 所示(细实线绘制)。当无法采用代号标注时，允许在技术要求中用文字说明。

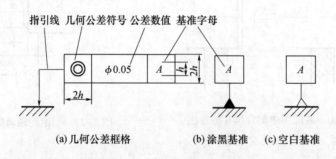

图 8-23　几何公差与基准代号

图家标准 GB/T 1182—2008 将几何公差分为形状公差、方向公差、位置公差及跳动公差四种类型，共计 19 个几何特征，每个几何特征都规定了专用符号。几何公差的分类和符号如表 8-9 所列。

表 8-9　几何公差的分类和符号

公差类型	几何特征	符 号	有无基准	公差类型	几何特征	符 号	
形状公差	直线度	—	无	位置公差	位置度	⊕	有或无
	平面度	▱			同心度（用于中心线）	◎	有
	圆度	○			同轴度（用于轴线）	◎	
	圆柱度	⌭			对称度	═	
	线轮廓度	⌒			线轮廓度	⌒	
	面轮廓度	⌓			面轮廓度	⌓	
方向公差	平行度	∥	有				
	垂直度	⊥					
	倾斜度	∠		跳动公差	圆跳动	↗	
	线轮廓度	⌒			全跳动	⌰	
	面轮廓度	⌓					

图 8-24 是阀杆零件图上几何公差标注的实例。从图中几何公差标注可知：

① SR750 的球面对于 $\phi16$ 轴线的圆跳动公差是 0.03。

② $\phi16$ 杆身的圆柱度公差是 0.005。

③ M8×1 的螺孔轴线对于 $\phi16$ 轴线的同轴度公差是 $\phi0.1$。

④ 右端面对于 $\phi16$ 轴线的端面圆跳动公差是 0.1。

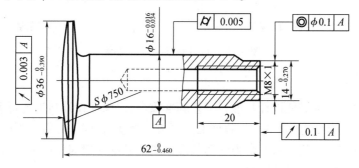

图 8-24　几何公差标注示例

8.5　零件图的尺寸标注

零件图中的尺寸是指导零件加工和检验的依据,应满足正确、完整、清晰和合理的要求。前三项要求和组合体的尺寸标注一致。而尺寸标注的合理性,是指所标注的尺寸既要满足设计要求,又要满足工艺要求,便于加工、测量和检验。为了达到合理标注尺寸,需要具备较丰富的设计和工艺知识,这需要通过后续专业课的学习以及在工作实践中逐步掌握。

1. 尺寸基准的选择

尺寸基准是标注尺寸的起点,要做到合理标注尺寸,首先必须选择好尺寸基准。根据基准的作用不同,一般把基准分成设计基准和工艺基准两大类。

(1) 设计基准

设计基准是用来确定零件在机器或部件中位置的接触面、对称面、回转面的轴线等。如图 8-25(a)所示的齿轮轴的左端面和回转面的轴线均为设计基准。

(2) 工艺基准

工艺基准是确定零件在机床上加工时的装夹位置,以及测量零件尺寸时所利用的点、线、面。图 8-25(b)所示的套在车床上加工时,用其左端的大圆柱面来定位;而测量有关轴向尺寸 a、b、c 时,则以右端面为起点,因此这两个面是工艺基准。

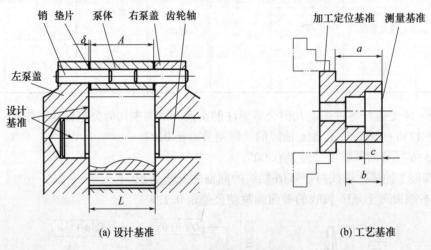

(a) 设计基准　　　　　　　　　　　　　　　(b) 工艺基准

图 8-25　设计基准与工艺基准

(3) 基准的选择

在标注尺寸时,最好使设计基准与工艺基准重合,以保证设计与工艺要求。当基准不重合时,在保证设计要求的前提下,满足工艺要求。因些,在同一方向上可以有几个基准,其中有一个基准为主要基准,其余为辅助基准。主要基准一般为设计基准,辅助基准应为工艺基准,两者之间应有尺寸联系。

2. 合理标注尺寸时应注意的一些问题

(1) 主要尺寸必须直接注出

主要尺寸是指影响机器或部件工作性能的配合尺寸、重要的结构尺寸、重要的定位尺寸等。为了满足设计要求这些尺寸需直接注出。如图 8-25(a) 所示,设计时应保证齿轮的宽度 $L=A+2\delta$,但为了使齿轮在泵体内能自由转动,齿宽尺寸 L 应采用负偏差。因此齿宽尺寸 L、泵体尺寸 A 在其相应的零件图中应直接注出;又如图 8-30 中泵体和泵盖上的轴孔中心距 42±0.012,直接影响两齿轮的正常啮合,因而它是一个重要的定位尺寸,也必须直接注出。

非主要尺寸是指不影响机器或部件主要性能的一般结构尺寸,例如无装配关系的外形轮廓尺寸、不重要的工艺结构尺寸(如倒角、退刀槽、凹槽、凸台、沉孔、倒圆等尺寸),这些尺寸通常按工艺要求或形体特征进行标注。

(2) 应尽量符合加工顺序

图 8-26(a) 中的阶梯轴,其加工顺序为:先车外圆 $\phi14$、长 40 一段,如图 8-26(b) 所示;其次车 $\phi10$、长 30 一段,如图 8-26(c) 所示;再车 $\phi8$、长 15 一段,如图 8-26(d) 所示;最后车距右端面 15、宽 2、直径 $\phi6$ 的越程槽以及 $C2$ 倒角,如图 8-26(e) 所示。所以它的尺寸应按图 8-26(a) 标注。

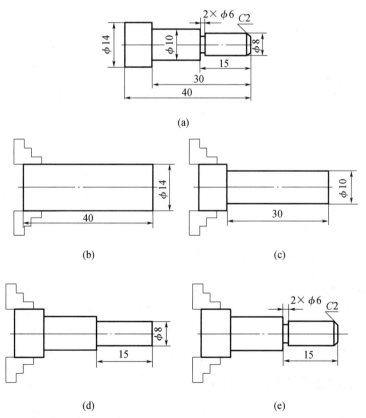

图 8-26 尺寸标注应符合加工顺序

(3) 应考虑测量方便

加工阶梯孔时,一般是从端面起按相应深度先做成小孔,然后依次加工出大孔。图 8-27(a)中,尺寸 e 的测量不方便,若将尺寸 e 改注成图 8-27(b)中的尺寸 g,测量起来就方便多了。

(4) 毛面与加工面之间的尺寸注法

对铸件同一方向上的加工面与毛面应各选一个基准分别标注尺寸,且两个基准之间只允许有一个联系尺寸。如图 8-28 所示,毛面与加工面之间只用一个尺寸 L 联系。

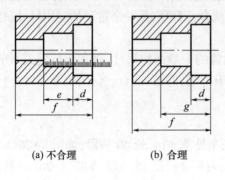

(a) 不合理   (b) 合理

图 8-27　尺寸标注应便于测量

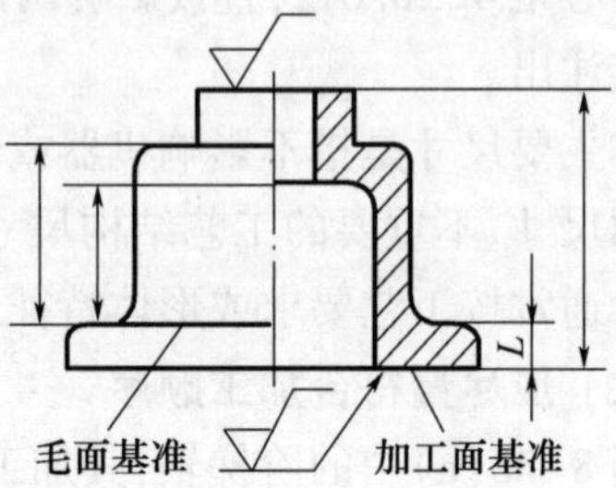

图 8-28　毛面与加工面之间的尺寸注法

(5) 避免出现封闭的尺寸链

尺寸同一方向串连并首尾相接,会构成封闭的尺寸链(见图 8-29(a)),这是错误的标注,按这样的尺寸进行加工,可能出现加工的累计误差超过设计许可的情况,因而在标注尺寸时,将最次要的一个尺寸不注(称开口环,如图 8-29(b)所示),或注成带括号的参考尺寸(见图 8-29(c))。

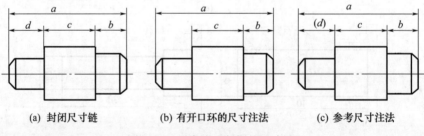

(a) 封闭尺寸链   (b) 有开口环的尺寸注法   (c) 参考尺寸注法

图 8-29　避免出现封闭的尺寸链

(6) 关联尺寸的标注应一致

在相互连接的各零件间,总有一个或几个相关表面,关联尺寸就是保证这些相关表面的定形、定位一致的尺寸。如图 8-30 所示,齿轮油泵泵体和泵盖的端面为相关表面,端面定形尺寸均为 $R40$;小孔的定位尺寸均为 $R32$、$45°$;轴孔中心距均为 42 ± 0.012。

3. 零件上常见典型结构的尺寸注法

倒角、退刀槽尺寸注法如表 8-10 所示;光孔、沉孔、螺纹孔的尺寸注法如表 8-11 所示。

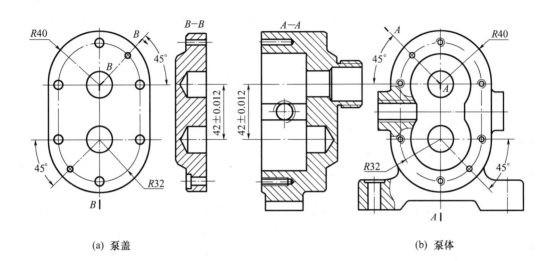

(a) 泵盖　　　　　　　　　　　　　　　　　　　　　(b) 泵体

图 8-30　关联尺寸的标注

表 8-10　倒角、退刀槽的尺寸注法

结构名称	尺寸标注方法	说　明
倒角		一般 45°倒角按"C 轴向尺寸"注出。30°或 60°倒角,应分别注出宽度和角度
退刀槽		一般按"槽宽×槽深"或"槽宽×直径"注出

表 8-11　各种孔的尺寸注法

类型	旁注法		普通注法	说　明
光孔	$4×\phi4\downarrow10$	$4×\phi4\downarrow10$	$4×\phi4$	四个直径为 4,深度为 10,均匀分布的孔

类型	旁注法		普通注法	说明
埋头孔	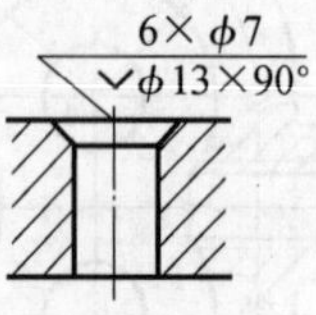 6×φ7 ∨φ13×90°	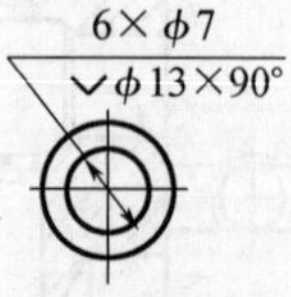 6×φ7 ∨φ13×90°	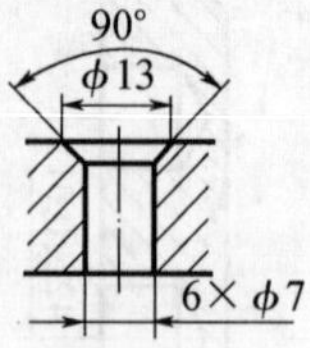 90° φ13 6×φ7	锥形沉孔的直径φ13 及锥角 90°,均需标注
沉孔	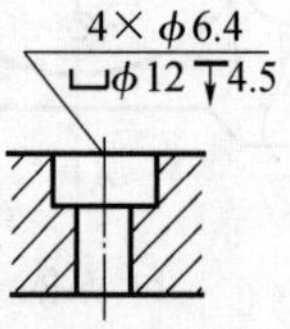 4×φ6.4 ⊔φ12↧4.5	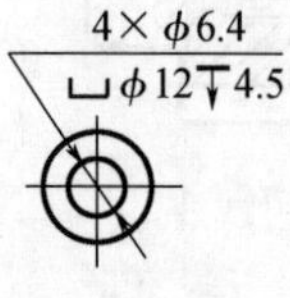 4×φ6.4 ⊔φ12↧4.5	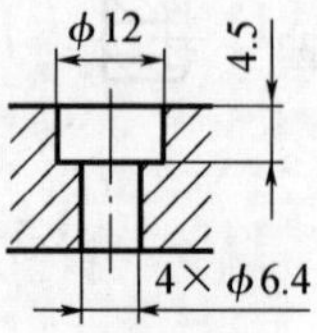 φ12 4.5 4×φ6.4	柱形沉孔的直径φ12 及深度 4.5,均需标注
锪平孔	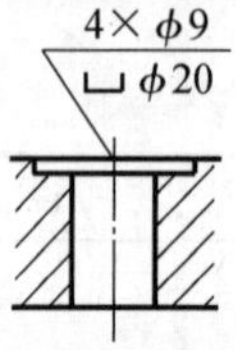 4×φ9 ⊔φ20	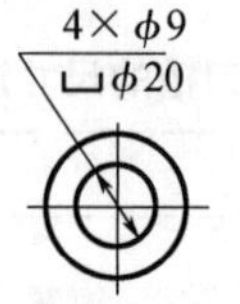 4×φ9 ⊔φ20	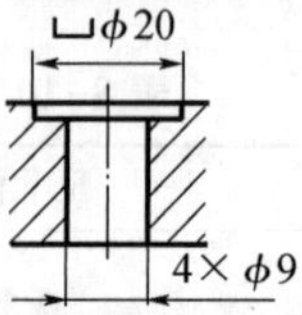 ⊔φ20 4×φ9	锪平 φ20 的深度不需标注,一般锪平到光面为止
螺孔	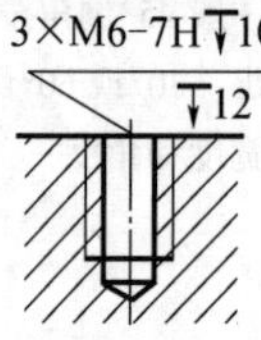 3×M6-7H↧10 ↧12	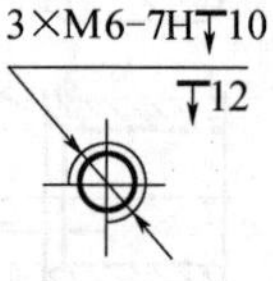 3×M6-7H↧10 ↧12	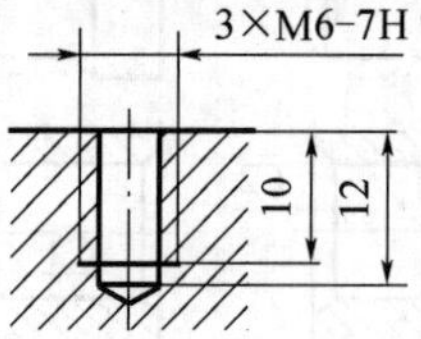 3×M6-7H 10 12	三个螺纹孔,大径为M6,螺纹公差等级为7H,螺孔深度为 10,光孔深为 12,均匀分布

符号说明:↧表示孔深度;⊔表示沉孔或锪平;∨表示埋头孔

8.6　零件图的视图选择

零件的视图选择是在分析零件结构形状的基础上,利用前面所学的"机件表达方法",选用一组图形将零件全部结构形状正确、完整、清晰、简洁地表达出来。

1. 视图选择的一般原则

(1) 主视图的选择

主视图是零件图中最重要的视图,主视图选择是否合理,直接关系到看图和画图是否方便。在选择主视图时,应考虑以下三个方面。

① 主视图的投射方向:应最能反映零件的结构和形状特征。

② 零件的加工位置:是指零件被加工时在机床上的装夹位置。主视图与加工位置

一致,可以图物对照,便于加工和测量。轴套、轮盘类等回转体零件,主要是在车床或外圆磨床上加工,在选择主视图时,应尽量符合加工位置,即轴线水平放置,如图 8-31 所示。

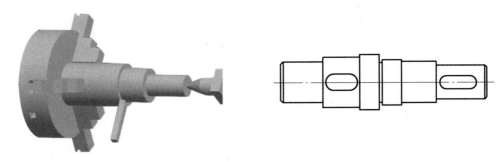

(a) 轴在车床上的加工位置   (b) 按加工位置放置的主视图

图 8-31 轴套类零件

③ 零件的工作位置:是指零件在机器或部件中工作时所处的位置。主视图与工作位置一致,便于将零件和机器或部件联系起来,了解零件的结构形状特征,有利于画图和读图。箱壳、叉架类零件加工工序较多,加工位置经常变化,因此,这类零件在投影体系中常按工作位置摆放。

(2) 其他视图的选择

主视图选定以后,其他视图的选择可以考虑以下几点:

① 优先采用基本视图,并采用相应的剖视图和断面图。

② 根据零件的复杂程度和结构特点,确定其他视图的数量。

③ 在完整、正确、清晰地表达零件结构形状的前提下,尽量减少视图的数量,以免重复、繁琐,导致主次不分。

2. 典型零件的视图表达方法

在考虑零件的表达方法之前,必须先了解零件上各结构的作用和特点,才能选择一组合适的表达方案将其全部结构表达清楚。

下面分别讨论轴套类、盘盖类、叉架类、箱体类等零件的结构特点、表达方案。

(1) 轴套类零件

① 结构特点:轴套类零件的主体部分由同轴回转体组成,且轴向尺寸大于径向尺寸,这类零件上常具有键槽、销孔、退刀槽、螺纹、中心孔、倒角等结构。图 8-32 所示为轴套类零件立体图。

② 视图选择:轴套类零件的加工主要在车床、磨床上进行。这类零件只需一个基本视图(轴线水平,投射方向垂直轴线)。实心轴不必剖视,对轴上的键槽、销孔及退刀槽等结构,常用移出断面、局部剖视图和局部放大图表示,图 8-33 所示为减速箱从动轴零件图。对于套筒类零件,主视图常采用剖视或半剖视表达。

(2) 盘盖类零件

① 结构特点:盘盖类零件与轴套类零件类似,一般由回转体构成,所不同的是盘盖类

(a) 轴　　　　　　(b) 钻套　　　　　　(c) 柱塞

图 8-32　轴套类零件立体图

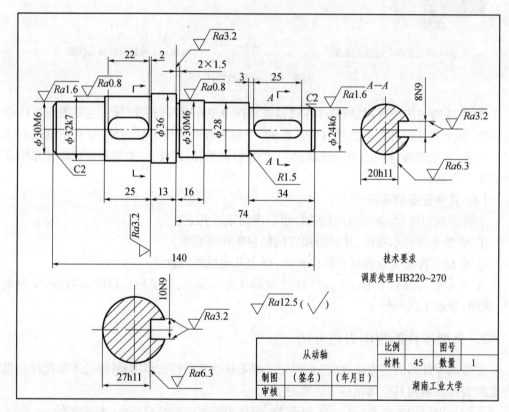

图 8-33　从动轴零件图

零件的径向尺寸大于轴向尺寸。这类零件上常具有退刀槽、凸台、凹坑、键槽、倒角、轮辐、轮齿、肋板和作为定位用的小孔等结构。图 8-34 所示为盘盖类零件立体图。

　　② 视图选择：盘盖类零件的加工主要在车床上进行。盘盖类零件较轴类零件复杂，一般选择过对称面或回转轴线的剖视图作主视图，轴线水平放置，同时还需增加适当的其他视图(如左视图、右视图)，将零件的外形和其他结构表达出来。如图 8-35 所示为轴承盖零件图。

(3) 叉架类零件

　　① 结构特点：叉架类零件结构形状比较复杂，常有倾斜或弯曲的结构及凸台、凹坑、肋板等结构，一般可归纳为由支承、安装和连接三个部分组成。图 8-36 所示为叉架类零

(a) 手轮　　　　(b) 齿轮　　　　(c) 轴承盖

图 8-34　盘盖类零件立体图

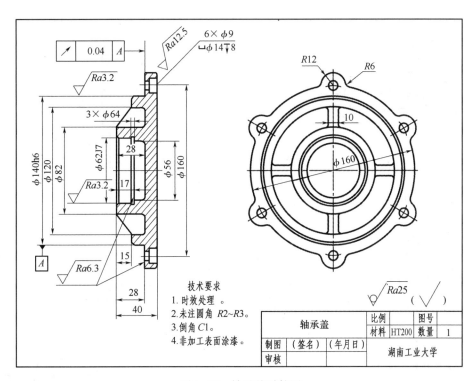

图 8-35　轴承盖零件图

件立体图。

② 视图选择：叉架类零件各加工面往往在不同机床上加工。这类零件一般需要两个或两个以上的基本视图(按工作位置放置)，另外根据零件结构特征可能需要采用局部视图、斜视图和局部剖视图来表达一些局部结构的内外形状，用断面图来表示肋、板、杆等的断面形状。图 8-37 所示为支架零件图，除采用了主、左视图外，还采用了断面图、局部视图和局部剖视图等表达方法。

(4) 箱体类零件

① 结构特点：箱体类零件主要用来支承、包容、保护其他零件，其结构形状最为复杂，

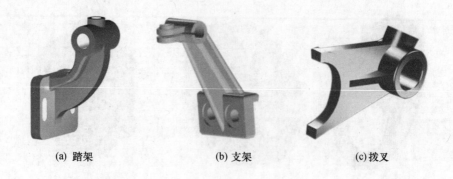

(a) 踏架　　　　　　　　　(b) 支架　　　　　　　　　(c) 拨叉

图 8-36　叉架类零件立体图

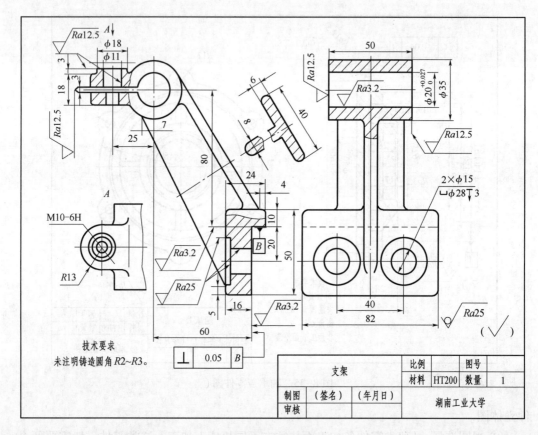

图 8-37　支架零件图

而且加工位置变化最多。图 8-38 所示为箱体类零件立体图。

(2) 视图选择:由于箱体类零件的加工位置多变,主视图按工作位置放置,根据表达需要,再选用其他基本视图,结合剖视、断面、局部视图等多种表达方法表达零件的内外结构。图 8-39 所示为泵体零件图,主视图采用全剖视图,表达泵体内部结构形状。左视图用两处局部剖分别表达进出油口结构和安装孔结构。

(a) 泵体　　　　　　　(b) 阀体　　　　　　　(c) 箱体

图 8-38 箱体类零件立体图

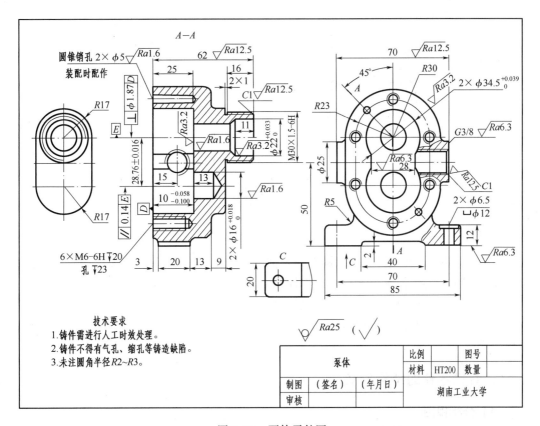

图 8-39 泵体零件图

8.7 读 零 件 图

　　读零件图的目的在于弄清该零件结构形状、尺寸和技术要求等，以便指导生产或评价零件设计的合理性，必要时提出改进意见。因此，看图能力是每个工程技术人员必须具备的基本能力。现以图 8-40 所示柱塞泵泵体零件图为例,介绍看零件图的一般方法和步骤。

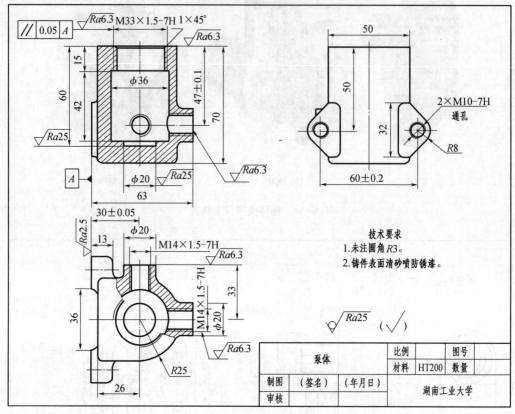

图 8-40　泵体零件图

1. 概括了解

首先从零件图的标题栏,了解零件的名称、材料、比例等;然后从相关的技术资料(如装配图、说明书等)了解零件在机器或部件中的作用以及它与其他零件的连接关系。

从图 8-40 可知,该零件的名称为泵体,属于箱体类零件。它应具有容纳其他零件的内腔结构。材料是 HT200(见附录 A 附表 15),零件的毛坯是铸造而成,结构较复杂,加工工序较多。

2. 看懂零件的结构形状

(1) 分析视图

看懂零件的内、外结构形状是看图的重点。先找出主视图,分析各视图间的关系,弄清剖视、断面图的剖切位置、投射方向,研究各视图所表达的重点。

该泵体共采用了三个基本视图来表达零件的内外结构。主视图全剖视,主要表达泵体内部结构;俯视图表达外形,其上有一处局部剖,表达进出油孔结构;左视图为外形图,主要表达安装底板的形状。

(2) 想象形状

零件的结构形状主要取决于零件的功能和制造工艺。功能结构是零件上的主要结构,看图方法仍然是形体分析法。分析图 8-40 所示的各投影可知,泵体零件由泵体和两块安装板组成。

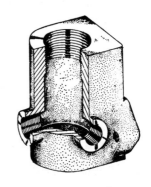

① 泵体部分:其外形为左面方形右面半圆柱形状;内腔为圆柱形,容纳柱塞泵的柱塞等零件;后面和右面各有一个圆柱形的凸台,分别为与内腔相通的进、出油孔。

② 安装板部分:从左视图和俯视图可知,在柱塞泵的左边有两块三角形安装板,其上有螺纹孔。

通过以上分析,看出泵体的结构形状如图 8-41 所示。

图 8-41 泵体

3. 分析尺寸

分析尺寸时,应先分析长、宽、高三个方向的主要尺寸基准,了解各部分的定位尺寸和定形尺寸,分清哪些是主要尺寸。

如图 8-40 所示,由俯视图尺寸 30 ± 0.05 和 13 可知长度方向的尺寸基准是安装板的左端面;从主视图的尺寸 60 和 47 ± 0.1 可知高度方向的尺寸基准是泵体上表面;从俯视图的尺寸 33 和左视图的尺寸 60 ± 0.2 可知宽度方向的尺寸基准是泵体的前后对称面。进出油孔的定位尺寸 47 ± 0.1、30 ± 0.05 以及安装板两螺孔的中心距 60 ± 0.2 要求比较高,加工时必须保证。

4. 了解技术要求

了解零件图中的表面粗糙度、尺寸公差、几何公差及热处理等技术要求。

如图 8-40 所示,M14×1.5-7H、M33×1.5-7H 为细牙普通螺纹,中径及顶径公差带均为 7H,螺纹粗糙度及端面粗糙度均为 $Ra6.3$,要求较高,以便对外连接紧密,防止漏油;圆柱形内腔轴线相对安装底面的平行度公差 0.05;零件材料为铸铁(HT150),为保证泵体加工后不致变形而影响工作,因此铸件应经时效处理;未注铸造圆角 $R3$。

5. 综合归纳

通过以上分析,对泵体的结构形状和尺寸大小有了比较深刻的认识,对技术要求也有一定的了解,最后综合归纳,对泵体就会有一个总体概念,从而达到能够指导生产的目的。

复习思考题

1. 零件图的作用是什么?零件图包含哪几个方面的内容?
2. 零件上常见工艺结构有哪些?试述这些结构的含义。
3. 零件图中的技术要求有哪些?
4. 零件图的尺寸标注较之组合体有哪些相同和不同之处?
5. 什么是零件的尺寸偏差、公差、标准公差和公差带图?
6. 孔和轴分哪几种配合?这几种配合是怎样定义的?
7. 零件的表面粗糙度常用什么参数来描述?零件表面粗糙度的注法有何规定?

第9章　装　配　图

装配图是表达机器或部件的图样。表达一台完整机器的装配图,称为总装配图(总图);表达机器中某个部件(或组件)的装配图,称为部件装配图。本章主要介绍部件装配图。

9.1　装配图的作用与内容

装配图是机器设计中设计意图的反映,是机器设计、制造以及技术交流的重要技术文件。装配图表达了机器或部件的工作原理、零件间的装配关系和各零件的主要结构形状以及装配、检验和安装时所需的尺寸和技术要求。

图9-1是球阀轴测图,它是由11种规格的零件所组成的用于启闭和调节流量的部件。图9-2是球阀装配图,由该图可知,装配图包括以下四方面内容。

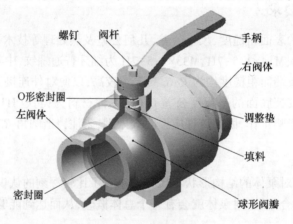

图9-1　球阀轴测图

1. 标题栏、序号和明细栏

根据生产组织和管理工作的需要,在装配图上对每一种规格的零件都要编写序号,并按一定格式在明细栏中填写。

GB 10609.2—1989规定的明细栏格式如图9-3所示,当标题栏上方的位置不够时,紧靠标题栏的左边延续。代号一栏应填写图样中相应组成部分的图样代号或标准代号(如GB/T73);名称栏应填写相应组成部分的名称(如螺钉),必要时也可写出其型式和尺寸(如螺钉 GB/T73 M6×12);数量栏应填写该规格零件的总数;材料栏应填写材料的标记(如HT200);质量一栏应填写出相应组成部分单件和总件数的计算质量;当需要明确表示某零件或组成部分所处的位置时,可在备注栏内填写其所在的分区代号。备注栏常可

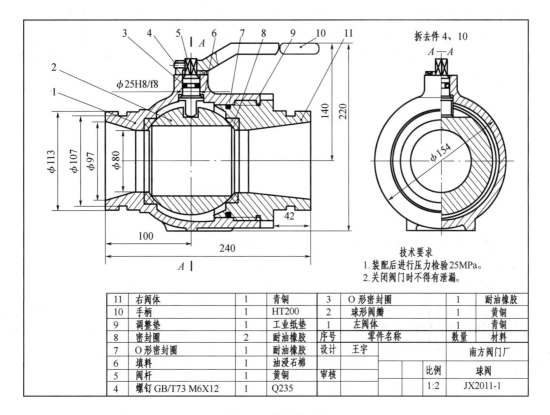

图 9-2　球阀装配图

填写必要的附加说明或其他有关的重要内容,如齿轮的齿数、模数等。学校作业中的明细栏可简化成与标题栏(见图 3-4)相匹配的形式。

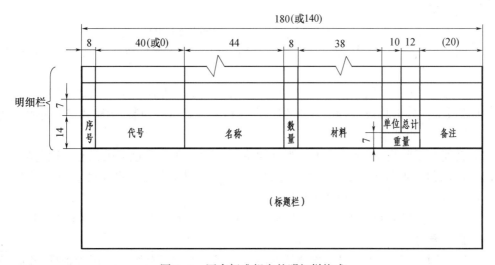

图 9-3　国家标准规定的明细栏格式

明细栏中的序号与图中的序号应一一对应,由下而上顺序填写,如图 9-2 所示。

图中序号的指引线是从某一零件中引出,在零件的引出处标有小黑圆点,引出线末端画水平短线或小圆圈,或不画(在一张图样中只能采用其中一种形式),用于在其上填写序号,序号要按顺时针(或逆时针)方向水平、垂直对齐排列,序号的字号比尺寸字号大一号或2号,如图9-4(a)所示。对于装配关系清楚的零件组(如紧固件),可采用公共指引线,如图9-4(b)所示。

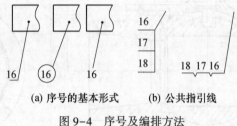

　　　　(a) 序号的基本形式　　　　(b) 公共指引线

图9-4　序号及编排方法

在装配图中,同种规格的零件或部件(如滚动轴承)只给一个序号,如图9-2中8号件密封圈有2个,只给一个序号。

2. 一组图形

用一组图形(包括各种表达方法),正确、完整、清晰和简便地表达机器或部件的工作原理、零件间的装配关系及零件的主要结构形状。

装配图是以表达机器或部件的工作原理和装配关系为重点,零件图是以表达清楚零件的所有结构形状为主要内容,因此国家标准《机械制图》对机器或部件的表达不仅采用机件的表达方法,而且增加了规定画法和特殊画法。

3. 必要的尺寸

标注出反映机器或部件的性能、规格、外形以及装配、检验、安装时所必需的一些尺寸。

① 性能尺寸(规格尺寸):图9-2球阀的球形阀瓣2的孔径 $\phi80$ 为性能尺寸,它表明了通过流体的能力。

② 装配尺寸:图9-2中 $\phi25H8/f8$,反映装配和拆卸零件的松紧程度。

③ 安装尺寸:图9-2中42、$\phi113$,表示将机器或部件安装在地基上或与其他部件相连接时所需要的尺寸。

④ 外形尺寸(总体尺寸):图9-2中的220、240、$\phi154$ 为外形尺寸(总体尺寸),它是表示机器或部件外形总长、总宽、总高的尺寸,是机器或部件在包装、运输和安装过程中确定其所占空间大小的依据。

⑤ 其他重要尺寸:图9-2中100为其他重要尺寸。在设计过程中,经过计算确定或选定的尺寸,但又不包括在上述几类尺寸之中的重要尺寸。如轴向设计尺寸、主要零件的结构尺寸、主要定位尺寸、运动件极限位置尺寸等。

装配图中标注哪些尺寸,要根据具体情况确定,而不像零件图那样要注全所有尺寸。

4. 技术要求

用文字或规定符号表示机器或部件的性能、装配、检验、调整要求,试验条件,验收条件,使用、维护要求等,一般书写在标题栏左方或上方。

性能要求指机器或部件的规格、参数、性能指标等;装配要求一般指装配方法和顺序,装配时加工的有关说明,装配时应保证的精确度、密封性等要求;使用要求是对机器或部件的操作、维护和保养等有关要求。在图 9-2 标题栏上方的技术要求中写了检验、验收条件。

9.2　装配图的表达方法

1. 装配图的一般画法

装配图的一般画法系指采用了机件的各种表达画法,如视图、剖视图、断面图等。

零件图所表达的是机器上的单个零件,而装配图所表达的则是由一定数量的零件所组成的机器或部件,画装配图就是由绘制的多个零件的图形所组成。

2. 装配图的规定画法

(1) 接触面(或配合面)和非接触面的画法

① 两相邻零件的接触面或基本尺寸相等的轴孔配合面,只画一条线表示其公共轮廓。在间隙配合中若间隙较大也只能画一条公共轮廓线,如图 9-2 的主视图中注有尺寸 $\phi 25H8/f8$ 的配合面,球形阀瓣 2 与填料 6 的接触面。

② 相邻两零件的非接触面或非配合面,应画两条线表示各自轮廓。相邻两零件的基本尺寸不相等时,即使间隙很小也必须画两条线。图 9-2 球形阀瓣 2 与左阀体 1 的内球面属非接触面。

(2) 剖面线的画法

同一装配图中,同一零件的剖面线方向应相同,间隔应相等;相邻两零件的剖面线方向应相反或方向相同而间隔不等;如两个以上零件相邻时,可改变第三个零件剖面线的间隔或使剖面线错开,以区分不同零件。在图 9-2 中球形阀瓣 2 在主、左剖视图中剖面线方向、间隔要画成完全一致,而左球阀 1 和右球阀 11 则应画成剖面线方向相反(或间隔不一致)。

(3) 标准件和实心件纵向剖切时的画法

在装配图中,若剖切平面通过标准件(如螺栓、螺母、键、销等)和轴、连杆、拉杆、板手等实心件的对称平面或轴线时,这些零件均按不剖绘制。当需表明标准件或实心件的局部结构时,可用局部剖视,如图 9-2 主视图中手柄 10 方孔处。

3. 装配图的特殊画法

(1) 拆卸画法

在装配图中,某个或几个零件遮住了需要表达的其他结构或装配关系,若这些遮挡零件在其他视图中已表示清楚,则可假想将它们拆去,然后画出所要表达部分的视图。拆去零件时应在该视图上方加注"拆去××等",这种画法称为拆卸画法。滑动轴承的轴测图和装配图如图 9-5 和图 9-6 所示。如图 9-2 所示的左视图是拆去手柄 10、螺钉 4 之后画出的。另一种拆卸画法是沿两零件间的结合面剖切之后进行投影的画法,结合面处不画剖面线,被剖切到的零件应画剖面线,如图 9-6 所示的俯视图。

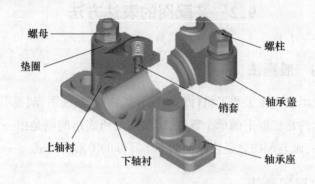

图 9-5　滑动轴承轴测图

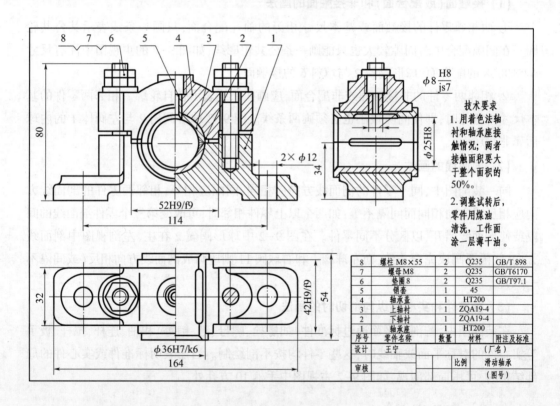

图 9-6　滑动轴承装配图

(2) 假想画法

当需要表示运动零(部)件的运动范围或极限位置时,可将运动件画在一个极限位置(或中间位置)上,另一极限位置(或两极限位置)用双点画线画出该运动件的外形轮廓。箱盖组件中的假想画法如图 9-7 所示,手柄在左侧运动极限位置的画法。

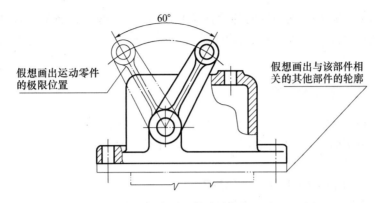

图9-7 箱盖组件中的假想画法

当需要表示与本部件有装配或安装关系但又不属于本部件的相邻其他零(部)件时,可用双细点画线画出相邻零(部)件的部分外形轮廓,如图9-7下方相邻件。

(3) 夸大画法

对于装配图上的薄片零件、细丝弹簧或较小的斜度和锥度、微小的间隙等,当无法按实际尺寸画出或者虽能如实画出但不明显时,可将其夸大画出,使图形清晰。图9-8中的"小间隙夸大画法"是因轴与透盖孔的基本尺寸不等,两者间有小间隙,若按尺寸和绘图比例如实绘制,则间隙两侧的图线间可能只有约0.3mm距离,这时按夸大画法画成了1mm的间隙(即把孔径向轮廓画大些或轴径向轮廓画小些),保证零件间的关系清楚体现。

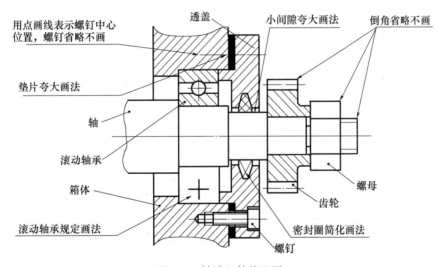

图9-8 轴端组件装配图

(4) 简化画法

① 若干相同的零件组(如螺栓连接组件、螺钉连接件等),允许仅详细画出一处,其余各处以点画线表示其中心位置。如图9-8所示,上方点画线表示该处有一个与下方螺钉相同零件及相同螺纹孔结构。

② 零件的工艺结构如小圆角、倒角、退刀槽等允许不画出。图9-8中齿轮、螺母、轴

上螺柱的倒角结构没画出,图中轴的各段直径不等,轴肩处的圆角、倒角结构均未画出。

③ 滚动轴承允许采用规定画法、特征画法或通用画法,但同一图样中只允许采用一种画法,如图 9-8 所示。

4. 装配工艺结构的画法

为保证机器或部件能顺利装配,并达到设计规定的性能要求,而且拆、装方便,必须使零件间的装配结构满足装配工艺要求。因此在设计及绘制装配图时,应确定合理的装配工艺结构,正确表达。

(1) 两零件在同一方向只留一对接触面

① 两零件在同一方向上(横向或竖向)只用一对接触面或配合面,这样既能保证接触良好,又能降低加工要求,否则将造成加工困难,如图 9-9 所示。

图 9-10(b)中的轴在下端与孔已经形成一对配合面,上端就不应再形成另一对配合面。

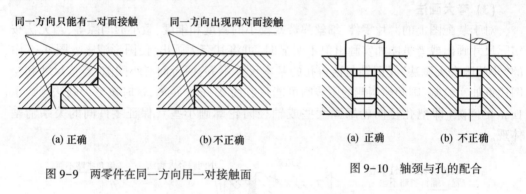

| (a) 正确 | (b) 不正确 | (a) 正确 | (b) 不正确 |

图 9-9　两零件在同一方向用一对接触面　　　　图 9-10　轴颈与孔的配合

② 由于一对锥面的配合可同时确定轴向和径向的位置(相当于轴向和径向各有一对接触面),因此当锥孔不通时,锥体下端与锥孔底部之间要留出间隙,如图 9-11 所示。

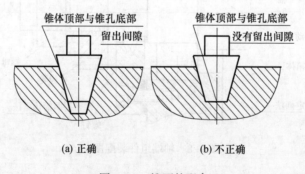

图 9-11　锥面的配合

(2) 零件两接触面转折处不许发生干涉

为保证零件在两表面转折处不影响与另一零件的良好接触,应在转折处做成倒角、圆角或凹槽,以保证两个方向的接触面均接触良好。转折处不应都加工成直角或尺寸相同的圆角,或不合理的尺寸搭配,因为这样会使装配时于转折处发生干涉,造成接触不良而影响装配精度,如图 9-12(c)所示。这种装配结构在画装配图时可以不表达出来(即用简化画法,如图 9-8 所示),但在零件设计中一定要把两零件的这种结构及尺寸关系表达清楚。

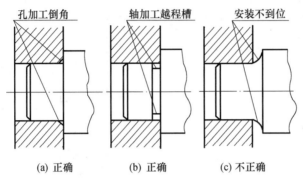

(a) 正确 (b) 正确 (c) 不正确

图 9-12 接触面转折处的结构搭配

9.3 典型装配结构画法与装配图识读

装配图的绘制要比零件图的绘制复杂,因此要先搞清楚典型装配结构画法与装配图识读。

1. 画图步骤

(1) 画主要基准线

画装配图要根据实际情况或设计要求确定好相邻零件的定位关系。多个零件共轴线时该轴线是定位线,基础座体的底面、对称面、端面,轴类零件上的轴肩端面,零件上的结合面等是定位面,这些定位线、定位面都是基准线,需在画零件前要先绘出。而主要零件的基准线要最先绘制。

(2) 装配基准件先画

画装配图要根据部件的具体结构确定装配干线,基础座体件、串联各零件的轴(或套筒)等为先画基准件。图 9-6 中的轴承座 1、轴衬 2 和 3、螺柱 8,图 9-13(a)中的轴,就是沿这些零件构成了装配干线,即这些零件是首先画出的基准件。

(3) 逐一画出基准件上的其他零件

沿装配干线找出其他各装配零件,且在画装配图时要沿装配干线在基准件上按照“先里后外、先近后远、先小后大”的顺序逐一画出其他零件,要准确定位所画零件的位置和处理好不可见轮廓消隐问题。如图 9-13(b)中为装配干线上最里的齿轮,是其他零件中的先画零件,其左端面是定位面,应与轴肩定位面贴紧,齿轮中心线要与基准轴的轴线重合;又剖开了的后半个齿轮是在轴的后方,是后画零件,故被轴挡住的轮廓不画。

依装配干线从里到外分别是键、套筒、轴承,如图 9-13(c)、(d)所示逐一绘出,并对“近”“远”件作出清楚判断,正确隐藏“远”件遮挡轮廓线。

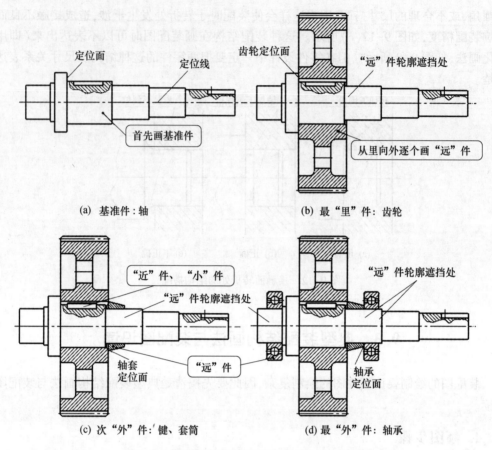

图9-13　轴系组件装配图的画图过程(CAD绘图)

(4) 手工绘装配图要先打底稿

手工绘制装配图时,要先打底稿,检查修改无误后,再加粗描深完成全图。

图9-13为CAD画装配图过程(尺寸等没标),画图时根据该轴在机器中的位置画出定位面、定位线后画出该基准轴,然后以该基准轴作为装配干线逐一画出套在其上的各零件。

2. 典型装配结构画法

1) 螺纹连接画法

(1) 螺纹旋合图

同样遵守"先里后外、先近后远、先小后大"的画图顺序作图。先画图9-14(a)所示"近"件外螺纹件,后画图9-14(b)所示"远"件内螺纹,其中因外螺纹为实心件,属纵向剖,根据装配图规定画法,按不剖绘制视图。

(2) 常见螺纹件连接装配图

螺纹紧固件是标准件,在画装配图时一般不必表达它们的工艺结构而采用简化画法。

① 螺栓连接图比例画法

图9-15所示为螺栓连接剖视图的画法,按标准件纵向剖切按视图看待的规定,垫圈、螺母成了"近"件,它们会挡住螺杆的轮廓线。另外,螺杆直径小于板孔直径尺寸,要

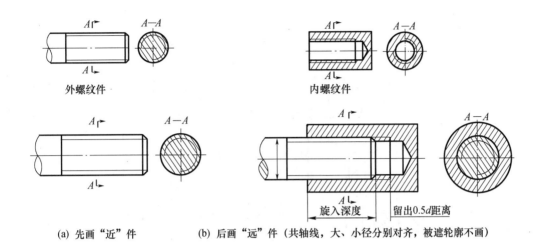

外螺纹件　　　　　　　　　　　　　　内螺纹件

(a) 先画"近"件　　　(b) 后画"远"件（共轴线，大、小径分别对齐，被遮轮廓不画）

旋入深度　　　留出0.5d距离

图 9-14　螺纹旋合图：先画螺杆、后画螺纹孔

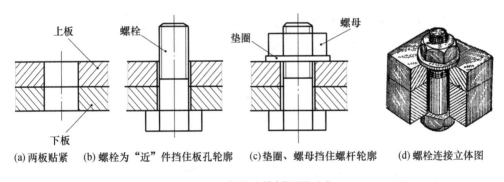

上板　　　　螺栓　　　　垫圈　　　　螺母

下板

(a) 两板贴紧　　(b) 螺栓为"近"件挡住板孔轮廓　　(c) 垫圈、螺母挡住螺杆轮廓　　(d) 螺栓连接立体图

图 9-15　螺栓连接剖视图画法

分别画出各自轮廓。图 9-16 所示为螺栓连接三视图，图中除螺栓有效长度、两被连接板厚度是根据实际尺寸绘制外，其余尺寸都可依据与螺纹大径 d 的比例关系确定。

② 螺柱连接图比例画法

双头螺柱的有效长度（公称长度）l 是指双头螺柱上无螺纹部分长度与螺柱紧固端长度之和，而不是双头螺柱的总长。图 9-17 中除 l、bm、δ 按设计要求确定尺寸外，其余尺寸都可依据与螺纹大径 d 的比例关系绘制。注意，主视图中旋入端 bm 的尺寸根据设计要求查表确定，该段螺纹终止线要与两板接触面轮廓线重合，表明螺柱已拧紧；上板块光孔与螺柱间存在间隙；下板块与螺柱为旋合画法。

③ 螺钉连接图比例画法

图 9-18 中除 b、bm、δ 按设计要求确定尺寸外，其余尺寸都可按比例绘制。

注意：主视图中上板块光孔与螺钉间存在间隙，且螺纹终止线应在两板块接触面轮廓线的上方；下板块与螺钉为旋合画法；俯视图中的一字槽规定按 45°绘制，槽宽太小时可按涂黑表达。

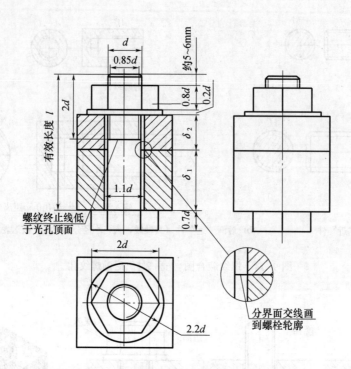

图 9-16　螺栓连接三视图比例画法

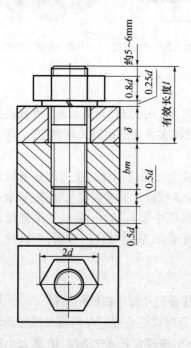

图 9-17　螺柱连接图比例画法

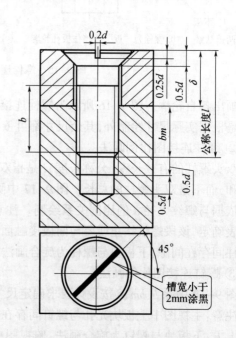

图 9-18　螺钉连接图比例画法

2）键、销连接图画法

（1）键连接图画法

在键连接中,键宽与槽宽基本尺寸相等,共用一条轮廓线,如图 9-19 所示。轴上键槽一般与键的形状吻合,轮毂上的键槽一般都是矩形通槽;键的高度尺寸 h 一般小于槽总高尺寸(即 $h<t_1+t_2$),故键与上方槽的底面间存在很小的间隙,通常采用夸大画法清楚表达这种关系(楔键上方无间隙)。键为实心零件,纵向剖切时不画剖面线,如图 9-19 所示主视图。

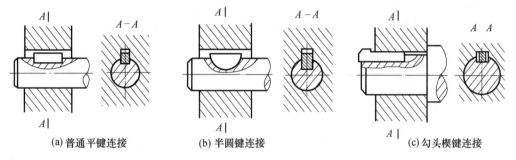

(a)普通平键连接　　　　(b)半圆键连接　　　　　(c)勾头楔键连接

图 9-19　键连接图(主视图为"全剖+局部剖"的画法)

（2）销连接图画法

销为实心杆件,故纵向剖切时按不剖绘制;又因销与孔一般采用过渡或过盈配合,故销与孔轮廓在柱面部分是重合的,故共用轮廓线,如图 9-20 所示。

3）弹簧结构画法

在一台机器或部件中,常有弹簧件。弹簧件画法见第 6 章。在装配图中若因簧丝直径太小,弹簧结构可用示意画法表达。此外,在画装配图时,要把弹簧看成是实体,它会遮住位于其后方零件的轮廓,如图 9-21 所示。

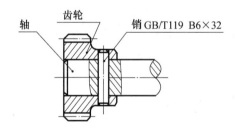

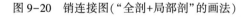

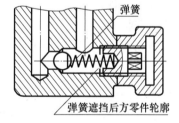

图 9-20　销连接图("全剖+局部剖"的画法)　　　图 9-21　弹簧结构的示意画法和遮挡性处理

4）直齿圆柱齿轮啮合画法

模数 m 相等、齿数为 z_1 和 z_2 的两标准齿轮,在正确安装情况下,两齿轮中心距为 $a=m(z_1+z_2)/2$,即两齿轮的节圆与分度圆重合。图 9-22 所示为两轮啮合画法,其作图步骤是先画主动齿轮(或小齿轮),然后绘制从动齿轮(或大齿轮),故在剖视图的啮合区,后画出的齿轮轮齿轮廓因被遮挡而需用虚线绘制。另外,在投影为圆的视图中两细点画线的节圆(分度圆)相切且必须绘出,在画法 A 的剖视图啮合区处两轮节线共用一条节线,在画法 B 的非圆视图啮合区处是在两轮节线重合位置画表面相交轮廓线。

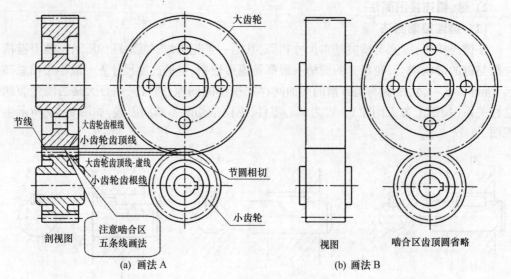

大齿轮

节线
大齿轮齿根线
小齿轮齿顶线
大齿轮齿顶线-虚线
小齿轮齿根线
节圆相切
小齿轮
注意啮合区
五条线画法

剖视图

(a) 画法 A

视图

啮合区齿顶圆省略

(b) 画法 B

图 9-22　直齿圆柱齿轮啮合画法

5) 防漏密封结构画法

机器或部件上的旋转轴或滑动杆的伸出处,应有密封或防漏装置,用以防止外界的灰尘杂质侵入箱体内部,或为了阻止工作介质(液体或气体)沿轴、杆泄漏。

(1) 滚动轴承的密封

常见的密封方法有毡圈式、沟槽式、皮碗式、挡片式等。图 9-8 为毡圈式密封,透盖孔与轴间存在间隙,用夸大画法清楚表达。皮碗和毡圈已标准化,它们所对应的结构(如毡圈槽、油沟等)也为标准结构,其尺寸可由有关表格中查取,画图时应正确表达。

(2) 防漏结构

在机器的旋转轴或滑动杆(阀杆、活塞杆等)伸出箱体(或阀体)的地方,做成一填料箱,填入具有特殊性质的软质填料,用压盖或螺母将填料压紧,使填料紧贴在轴(杆)上,达到既不阻碍轴(杆)运动,又起密封防漏作用。画图时,压盖画在开始压住填料的位置,压盖、压盖螺母与滑动杆间存在间隙,必须用夸大画法表达,如图 9-23 所示。

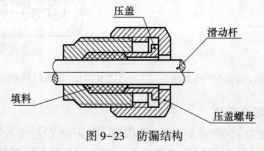

压盖
滑动杆
填料
压盖螺母

图 9-23　防漏结构

此外,还有装拆方便结构、防松结构等。

3. 装配图的识读

读装配图要了解的内容:了解机器或部件的名称、性能、用途和工作原理,了解各零件的装配关系、拆装顺序,了解主要零件的结构形状和作用。

(1) 概括了解

看装配图时,首先由标题栏了解该机器或部件的名称;由明细栏了解组成机器或部件的各种零件的名称、数量、材料以及标准件的规格;由画图的比例、视图大小和外形尺寸,了解机器或部件的大小;由产品说明书和有关资料,了解机器或部件的性能、功用等,从而对装配图的内容有一个概括的了解。

这里以图 9-6 作简要说明。从标题栏可知该部件名称为滑动轴承。对照图上的序号和明细栏,可知它是由八种零件组成,其中三种标准件、五种非标准件,从图中也可看出各零件的大致形状;根据实践知识或查阅有关资料,可知它是支撑机器上其他旋转件的重要部件。

(2) 分析表达方案

从图 9-6 可以看出,装配图由主、左、俯视图组成。主视图按滑动轴承的工作位置选取,采用了半剖视图,表达了该轴承的主要装配关系、主要零件的位置与内外结构形状。左视图采用了全剖,主要是对 2 号、3 号关键零件的结构、形状作突出表达(为两块半圆柱筒组成,以及上方开设了必要的油槽结构)。而俯视图采用了在上下盖的接合面处进行半剖的表达,主要说明该轴承的内、外结构形状。

(3) 分析零件

分析零件,需深入了解零件间的装配关系以及装配体的工作原理,这是读图的难点。利用件号和各零件剖面线的不同方向和间隔,把一个个零件的视图范围划分出来。从主视图入手,根据各装配干线,对照零件在各视图中的投影关系,弄清各零件的结构形状、各零件间的装配关系和连接形式,了解它们的作用,进而分析装配体的工作原理。

在图 9-6 中,首先将熟悉的标准件 6 号、7 号、8 号件从装配图中"分离"出去,然后分离出简单的零件 2 号、3 号件(为两块半圆柱筒合成的圆柱筒,是主要装配干线上的基准件),看懂后也将它们"剔除"。最后分析 1 号复杂件轴承座,在主、左视图中据剖面线一致及高平齐关系找出该轴承座的对应结构投影图形,据主、俯视图长对正关系及结合面的半剖表达,找出该轴承座的结合面整体外形,即应用形体分析法、线面分析法和零件视图的各种表达方法,最终弄清楚该轴承座的结构形状。轴承座三视图如图 9-24 所示。4 号件轴承盖的分析留给大家思考。

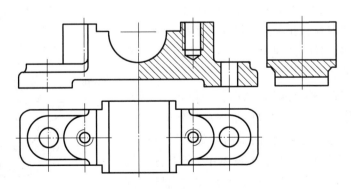

图 9-24　轴承座三视图

通过分析,可以看出该滑动轴承的工作原理:φ25H8 圆柱孔用于支撑轴系部件的轴头(如把图 9-13 中的滚动轴承用该滑动轴承替代),当轴系部件旋转时,轴头与轴衬φ25H8 圆柱面间为间隙配合,并需要油润滑,而销套油孔干线起到注入润滑油的作用。当轴衬破坏需更换时,拧下螺母即可取下 4 号件轴承盖,方便更换轴衬。

9.4　装配体的测绘

装配体测绘是工程制图课程的一个重要的实践性教学环节。根据现有的部件或机器,绘制出全部非标准零件的草图,然后通过对草图的修改与整理,绘制出设计装配图和零件图的过程,称为装配体测绘。

装配体测绘一方面是为现有产品的维修制作配件,另一方面是为设计新产品提供参考图样,它是工程技术人员必须掌握的基本技能 。

装配体测绘是一件复杂而细致的工作,其主要目的如下:

① 提高学生在零部件视图选择、图形表达及实际应用等方面的能力。

② 掌握徒手绘图以及尺规绘图的技能,掌握零件图、装配图的内容和画法。

③ 掌握零部件测绘的方法和步骤,熟悉各种测量工具的使用,掌握正确的测量方法。

④ 能查阅有关国家标准与资料,合理的制定有关技术要求。

⑤ 培养认真、细致、严谨的工作作风和分析解决问题的能力。

下面以齿轮油泵为例,介绍部件测绘的一般方法和步骤。

1. 测绘前准备

测绘装配体之前,应根据其复杂程度制订进程计划,编组(4 人/组~8 人/组)分工,并准备拆卸工具,如扳手、榔头、铜棒、木棒,测量用钢尺、皮尺、卡尺等量具及细铅丝、标签及绘图用品等。

2. 分析了解测绘对象

首先应了解测绘的任务和目的(见教材后附件),确定测绘工作的内容和要求。通过观察实物和查阅相关图样资料,了解部件(或机器)的性能、功用、工作原理和运转情况等。

动手旋出螺钉,拆下泵盖,然后转动齿轮轴,观察齿轮油泵的工作原理。当动力传给主动齿轮时,主动齿轮带动从动齿轮一起旋转,两个齿轮的旋转方向如图 9-25 所示,流体从右孔进入泵体中,充满各个齿间,并被两轮齿间的齿槽带着流体沿泵体的内壁送到左侧,由于流体不但增加而压力增大,被挤压的流体从出口处以一定的压力排出。

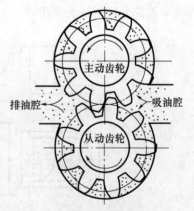

图 9-25　齿轮油泵
工作原理示意图

另外,以主动齿轮轴为装配基准件,再进一步分析装配关系、拆卸情况等。

3. 画装配示意图

（1）制定拆卸顺序

拆前,要制定拆卸顺序,采用正确的拆卸方法,按一定顺序拆卸,严防乱敲打。拆卸前就可测量获得的一些必要尺寸数据,如某些零件间的相对位置尺寸、运动件极限位置的尺寸等要在示意图上记录,作为测绘画图时校核图纸的数据。对精度较高的配合部位或过盈配合,应尽量少拆或不拆,以免降低精度或损坏零件。拆下的零件要分类、分组,并对所有零件进行编号登记,拴上标签,有秩序地放置,防止碰伤、变形、生锈或丢失,以便装配时仍能保证部件的性能和要求。拆卸时要认真研究每个零件的作用、结构特点及零件间的装配关系,正确判别配合性质和加工要求。

（2）徒手画装配示意图

图 9-26 是对齿轮油泵拆卸过程中所绘制的装配示意图。装配示意图是按国家标准规定的简图符号,徒手绘制简单的线条,示意表示每个零件的位置、装配关系和部件的工作情况。对各零件的表达通常不受前后层次的限制,尽可能把所有零件集中在一个视图上表达,如有必要也可补画其他视图。图形画好后,应将各零件编上序号或写出零件名称（要与零件标签上的编号一致）。这一过程要严谨、细心,记录错误会导致测绘工作失败,即所绘制装配图或依示意图重新装配后,出现与原装配体中零件间的位置关系不符的情况。

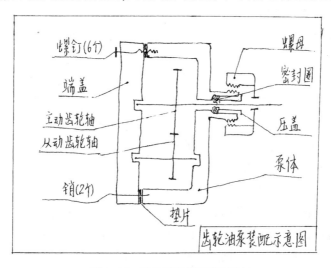

图 9-26　齿轮油泵装配示意图

4. 零件测绘

零件测绘是根据实际零件画出它的图形,测量出它的尺寸及制定出技术要求,如机器仿制设计、修配改造等工作中,最重要的一个环节就是零件测绘。

图 9-27 为常用测量工具及用法,其中测螺纹螺距可用螺纹规直接测得,而拓印法算出的螺距值要据测得大径值在附表 1 中取最接近的标准值。

零件测绘的步骤如下。

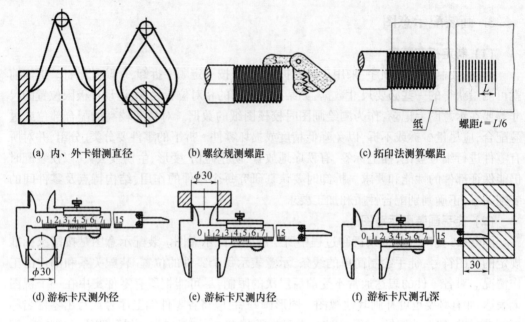

(a) 内、外卡钳测直径　　　(b) 螺纹规测螺距　　　(c) 拓印法测算螺距

(d) 游标卡尺测外径　　　(e) 游标卡尺测内径　　　(f) 游标卡尺测孔深

图 9-27　常用测量工具及用法

(1) 分析零件,确定表达方案

在零件测绘以前,必须对零件进行详细分析,这是能否真实可靠测绘好零件的前提。分析的步骤及内容如下:

① 了解该零件的名称和用途。

② 鉴定零件的材料(后续课程介绍)。

③ 对零件进行结构分析。由于零件总是装到机器(或部件)上后才发挥其功能的,所以分析零件结构功能时应结合零件在机器上的安装、定位、运动方式等进行,这项工作对测绘已破旧、磨损的零件尤为重要。只有在结构分析的基础上,才能确定零件的本来面目。

④ 确定零件的表达方案。在通过上述分析的基础上,按照前述零件图样表达方案的选择方法确定零件的主视图、视图数量和表达方法,绘制出零件草图。

⑤ 对零件进行工艺分析。因同一零件,采用不同的制造加工工序,会有不同的尺寸注法、表面质量等。这一过程我们暂采用同类零件的类比方法处理尺寸注写、尺寸公差要求、形位公差要求、表面质量等,对这些处理结果应列表记录(实际工作中一定要有更多相关专业知识及一定工作经验)。

(2) 画零件草图

零件草图并不是“潦草的图”,它具有与零件工作图一样的全部内容,包括一组视图、完整的尺寸、技术要求和标题栏。它与手工尺规绘图的区别是画图时不使用或部分使用绘图工具,只凭目测确定零件实际形状大小和大致比例关系,然后用铅笔徒手画出图形。它要求做到图形正确,比例匀称,表达清楚,线型分明,字体工整,尺寸完整。当然,草图的作图精度及线型都会比尺规绘图差一些。

零件草图绘制方法有以下几种：

① 徒手法：它是依靠目测来估计物体各部分的尺寸比例，用铅笔和橡皮即可绘制草图的一种方法，是主要作图方法。

② 拓印法：在测量部分涂印油等色料，然后印到纸面上，再根据印出的图形测出其各部分尺寸。

③ 制型法：零件上某些弧形表面，既不能拓印，测量又麻烦，可采用硬纸或金属（铅丝、铜丝等）仿照弧面形状制出，然后把样板的曲线描到纸上。

④ 描迹法：用铅笔将压在纸上的零件轮廓描在纸上的方法。

⑤ 坐标法：用钢尺与三角板配合，对回转曲面素线上的点进行坐标测量，再按点的坐标作出所测曲线。

零件草图是画装配图和零件图的依据。部件测绘中画零件草图应注意以下几点：

① 凡属标准件，一般不必画零件草图，只需测量其主要尺寸，再查有关标准，然后在制作的明细表中填写这些标准件的标记。其余零件都必须画出零件草图。

② 画零件草图可先从主要的或大的零件着手，按装配关系依次画出各零件草图。尽量采用与实物基本一致的尺寸作图，以便随时校核和协调零件的相关尺寸。如先测绘两齿轮轴、泵体，再测绘其他零件。

③ 测零件尺寸，并在草图上填写尺寸。有些尺寸是设计计算得到的尺寸（如齿顶圆直径）测量出的尺寸只是一个实际尺寸；图 9-28 为奇数齿轮的齿顶圆测量方法（偶数齿可直接用游标卡尺测量），对标准齿轮，其轮齿的模数可以先测得齿顶圆 $d_{测}$，根据公式 $m = d_{测}/(z+2)$ 得到计算模数，然后查表 7-5 取标准值，再重新计算分度圆直径、齿顶圆直径，从而获得齿轮的设计尺寸。

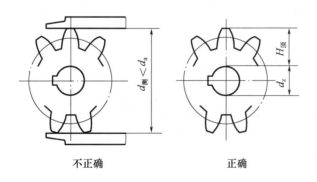

不正确　　　　　　　正确

图 9-28　奇数齿轮的齿顶圆测量方法：$d_{测} = 2(d_z/2 + H_{顶})$

画零件草图的步骤与画正规图的步骤基本是一样的，只是徒手作图而已。图 9-29 为主动齿轮轴的草图绘制过程，其中，尺寸公差、表面粗糙度等技术要求可参阅有关资料及同类或相近产品图样，结合生产条件及生产经验加以制订和标注。图 9-30 为泵体草图，图 9-31 为端盖草图。

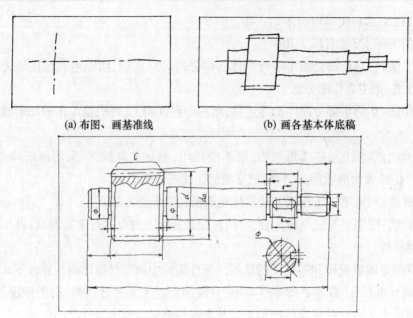

(a) 布图、画基准线　　　　　　　(b) 画各基本体底稿

(c) 补充工艺结构后加粗描深，并注写尺寸线

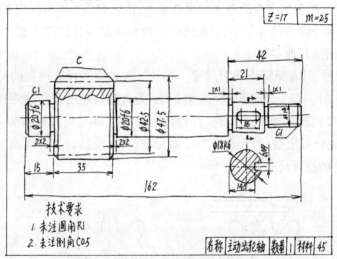

(d) 测量尺寸并填写，补充技术要求等

图 9-29　主动齿轮轴草图画法

5. 画装配图

(1) 确定装配图表达方案

分析表达对象，明确表达内容。一般从实物和有关资料了解机器或部件的功用、性能和工作原理，仔细分析各零件的结构特点以及装配关系，从而明确所要表达的具体内容。

① 主视图的选择

首先要符合齿轮油泵的安放位置，即符合"工作位置原则"。其次，要选择最能反映该装配体的工作原理、传动路线、零件间主要的装配关系和主要结构特征的方向作为主视

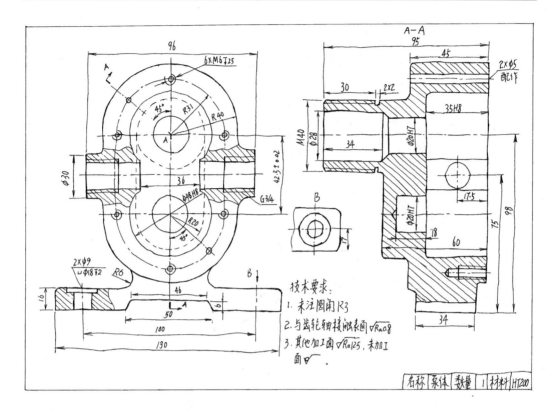

图 9-30 泵体草图

图的投影方向。

通常沿主要装配干线或主要传动路线的轴线剖切,以使主视图能较多地反映工作原理和装配关系。

② 其他视图的选择

主视图选好后,还要选择适当的其他视图来补充表达机器或部件的工作原理、装配关系和零件的主要结构形状。每个视图都要有明确目的、表达重点,应避免对同一内容的重复表达。

齿轮油泵的表达方案主要采用主、左两个基本视图,把工作原理、装配关系表达清楚。其中,主视图采用全剖视图,重点表达传动原理及装配关系;左视图采用了半剖视,重点表达轮齿输油原理和内、外结构形状。

(2) 画装配图的方法步骤

画装配图是在零件草图和装配示意图的基础上进行。以油泵装配图为例,装配图的画图步骤如下:

① 确定合理的视图表达方案,使装配图能清晰地表示部件的工作原理,装配关系及主要零件的结构形状。

② 选比例、定图幅,画图框和标题栏、明细表的外框。

③ 布置视图,画出各视图的作图基线,如图 9-32(a)所示。在布置视图时,要注意为标注尺寸和编写序号留出足够的空间。

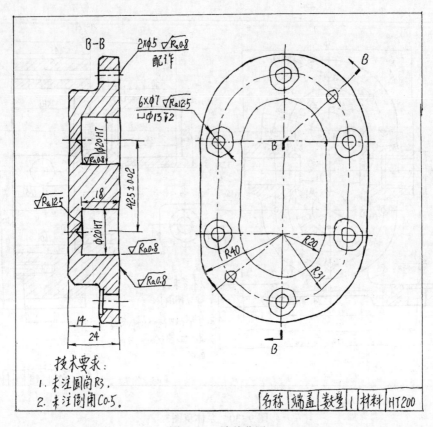

图 9-31　端盖草图

④ 画底稿。一般从主视图入手,几个视图配合进行。画每个视图应先从主要装配干线的装配定位面开始,画最明显的零件和与其直接相关的零件,如先画主动齿轮轴的主、左视图底稿,再画从动齿轮轴的主、左视图底稿,然后画泵座、泵盖,最后画其他小零件和细节,如图 9-32(b) ~ (d)所示。

⑤ 检查无误后画剖面线、加粗轮廓,如图 9-32(e)所示。

⑥ 标注装配尺寸,编写序号、填写技术要求、明细栏、标题栏,完成全图,如图 9-33所示。

6. 画零件图

由于零件测绘往往在现场,时间不长,有些问题虽已表达清楚,尚不一定最完善,同时,零件草图一般不直接用于指导生产。因此,需要根据草图和装配图作进一步完善,画出零件图。

画零件图的步骤如下。

(1) 校核零件草图

① 表达方案是否完整、清晰和简便,否则应依草图加以整理。

② 零件上的结构形状是否因零件的破损尚未表达清楚。

③ 尺寸标注是否合理。

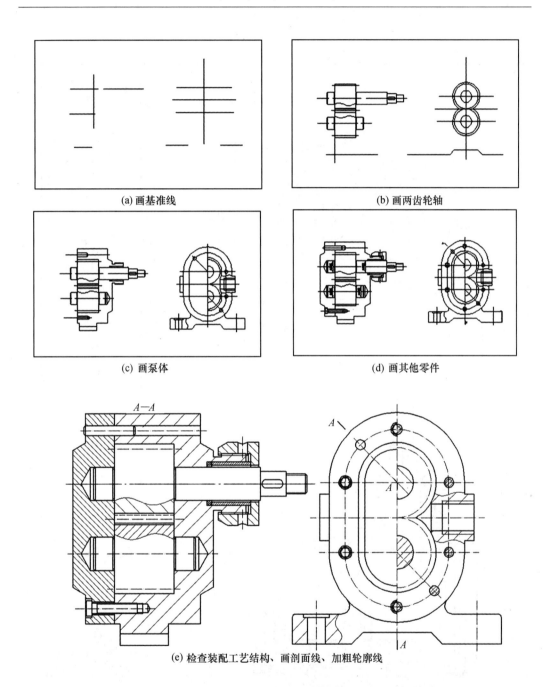

(a) 画基准线　　　　　　　　　　　　　　(b) 画两齿轮轴

(c) 画泵体　　　　　　　　　　　　　　　(d) 画其他零件

(e) 检查装配工艺结构、画剖面线、加粗轮廓线

图 9-32　油泵装配图画图步骤

④ 技术要求是否完整、合适(可对比同类产品的零件图或装配图上的技术要求确定
公差等级,再查偏差值)。

(2) 画零件图

① 按草图及装配图绘零件视图。表达方案选定好后,根据装配体和草图绘制某零件
图形,装配图中省略的装配工艺结构应在零件图中予以表达。

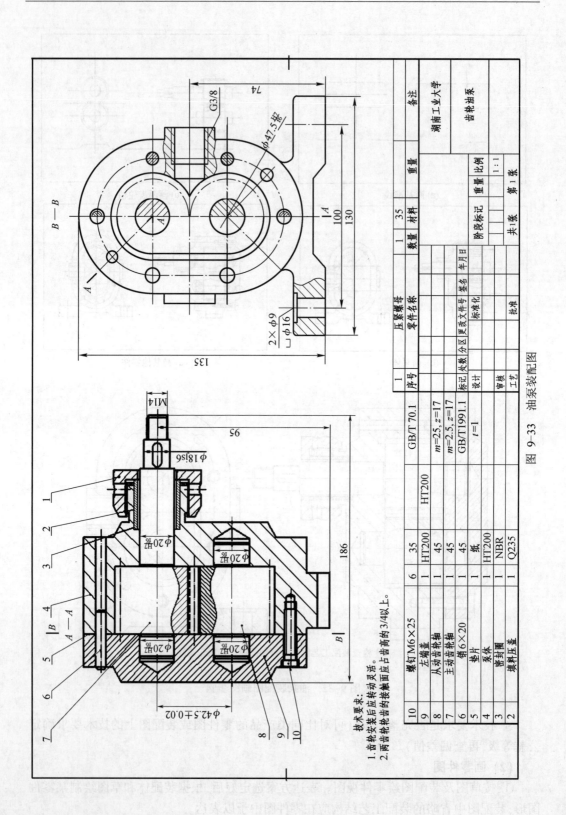

技术要求：
1. 齿轮安装后应转动灵活。
2. 两齿轮齿的接触面应占齿高的3/4以上。

10		螺钉M6×25		GB/T 70.1		
9	1	左端盖	HT200			
8	1	从动齿轮轴	45	m=2.5, z=17		
7	1	主动齿轮轴	45	m=2.5, z=17		
6	1	销6×20	45	GB/T1991.1		
5	1	垫片	纸	t=1		
4	1	泵体	HT200			
3	1	密封圈	NBR			
2	1	填料压盖	Q235			
1	1	压紧螺母	35			湖南工业大学
序号	数量	零件名称	材料	重量	备注	齿轮油泵

标记	处数	分区	更改文件号	签名	年月日			
设计						阶段标记	重量	比例
审核		标准化						1:1
工艺		批准				未泮		第1张

图 9-33 油泵装配图

若出现问题则应对其中的某一零件的功能形状、工艺结构及其尺寸作出正确处理,保证配合尺寸或相关尺寸的协调,并把处理数据反馈到零件草图上,依据修正后的零件草图尺寸绘制零件图。

② 注写尺寸、技术要求等内容。在画零件图时,还要从画好的装配图中分析、观察零件间的装配工艺、装配关系,如相互关联的工艺结构不仅要在零件图上绘出,还要注上合适的尺寸,防止零件间出现干涉现象;又如零件图上有配合要求的尺寸应与装配图上尺寸一致。其他没注出尺寸从装配图中按比例量取。

技术要求的注写,暂参考同类产品按类比法标注。

③ 检查无误后认真填写标题栏等内容。

图 9-34 为压盖螺母零件图。泵盖、泵体零件图参见图 8-2 和图 8-39。

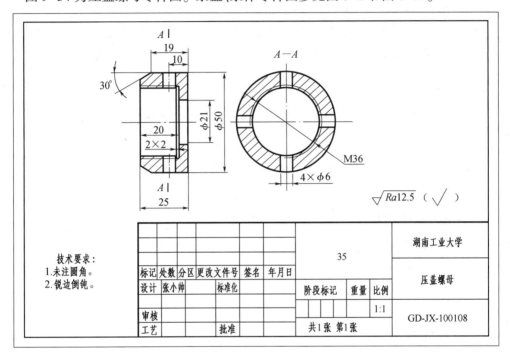

图 9-34 压盖螺母零件图

复习思考题

1. 什么是装配图? 装配图的内容主要包括哪 4 个方面?
2. 装配图中主要标注哪几类尺寸? 技术要求主要有哪些?
3. 装配图的规定画法主要有哪几条主要规则? 特殊画法有哪 4 类?
4. 内外螺纹旋合的条件是什么? 旋合部分如何画图表达?
5. 螺纹紧固件有哪 3 种连接(装配)画法? 它们的画法各有何特点?
6. 键与销的连接画法有何特点? 齿轮啮合的条件是什么? 啮合区画法如何?
7. 在装配图中如何进行零件编号? 看装配图时,依据什么来区分零件边界?
8. 装配体的测绘流程如何?

第 10 章　计算机绘图

计算机绘图(Computer Graphics,CG)是应用计算机软件来处理图形信息,从而实现图形的生成、显示及输出的计算机应用技术,是工程技术人员必须掌握的基本技能之一。计算机绘图缩短了产品开发周期,促进了产品设计的标准化、系列化,是计算机辅助设计(Computer Aided Design,CAD)的重要组成部分。

AutoCAD 是美国 Autodesk 公司 1982 年推出的计算机绘图软件,它是一个通用的具有人机对话功能的交互式绘图软件包,不仅具有完善的二维功能,而且其三维造型功能亦很强,并支持英特网功能。目前,AutoCAD 在全世界的应用已相当广泛,是当前工程设计中最流行的绘图软件。

本章主要介绍 AutoCAD 的基本功能以及运用 AutoCAD 绘制机械图的方法和步骤。

10.1　AutoCAD 绘图基础

1. AutoCAD 的启动

安装 AutoCAD 后会在桌面上出现一个图标 ▲,双击该图标,或者从 Windows 桌面选择"开始"→"程序"→AutoCAD,或者双击已有的任意一个图形文件(* . dwg),均可以启动 AutoCAD。

2. 用户界面

AutoCAD 为用户提供了"二维草图与注释""AutoCAD 经典""三维基础""三维建模"四种工作空间模式,其中"二维草图与注释"是默认工作空间。这四种工作空间可以自由切换和设置,只需单击屏幕左上角的工作空间选择器按钮 ⚙二维草图与注释 ▼ ,在其下拉列表中选择相应的选项,或在屏幕右下角单击状态栏中的"切换工作空间"按钮 ⚙ ,在弹出的菜单中选择相应的选项即可实现工作空间的切换。

默认状态下的"二维草图与注释"空间如图 10-1 所示,在该空间中用户可以很方便的绘制二维图形;"AutoCAD 经典"空间如图 10-2 所示,该界面保留了以往各版本的AutoCAD界面风格。

AutoCAD 的各个工作空间都包含应用程序按钮、工作空间选择器按钮、快速访问工具栏、图形文件名称、命令行与文本区、绘图区、状态栏和功能区(AutoCAD 经典空间为菜单与工具条)。

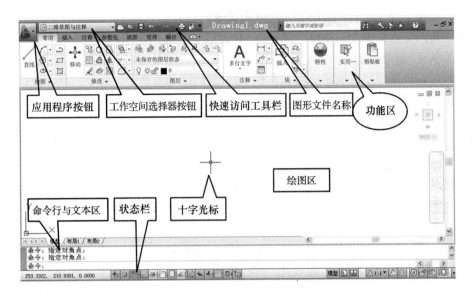

图 10-1 "二维草图与注释"空间

图 10-2 "AutoCAD 经典"空间

(1) 应用程序按钮

"应用程序"按钮位于界面左上角,单击该按钮,将出现一下拉菜单,其中集成了 AutoCAD 的一些通用操作命令,包括"新建""打开""保存""另存为""输出""打印""发布""图形实用工具""关闭"。

(2) 工作空间选择器按钮 二维草图与注释

工作空间选择器按钮位于界面左上角,单击"工作空间"选择器按钮,在出现的下拉菜单中选择需要的选项。例如,要从默认的"二维草图与注释"空间切换到"AutoCAD 经典"空间,只需从菜单中选择"AutoCAD 经典"即可。

(3) 快速访问工具栏

快速访问工具栏位于工作空间的顶部,它提供了系统最常用的操作命令。默认的快速访问工具有"新建""打开""保存""另存为""放弃""重做"和"打印"。

用户可以根据需要在快速访问工具栏上添加、删除和重新定位命令。具体方法是:单击快速访问工具栏最右侧的"扩展"按钮 ,从出现的菜单中选择"更多命令"选项,打开"自定义用户界面"对话框,从"命令"列表中选择要添加到快速访问工具栏上的命令,然后将其拖放到快速访问工具栏上即可。也可右击快速访问工具栏进行操作。

(4) 图形文件名称 Drawing1.dwg

图形名称位于界面的顶部,用于显示当前所编辑的图形文件名。如果未重新命名,系统默认的图形文件名依次为 Drawing1. dwg、Drawing2. dwg、Drawing3. dwg 等。

(5) 功能区

如图 10-1 所示,"功能区"用于显示与工作空间关联的一些按钮和控件。"功能区"提供了"常用""插入""注释""参数化""视图""管理"和"输出"7 个按任务分类的选项卡,各个选项卡中又包含了许多面板。例如,在"常用"选项卡中就提供了"绘图""修改""图层""注释""块""特性""实用工具"和"剪贴板"8 个面板,可以在这些面板中找到需要的功能图标。

(6) 菜单栏

如图 10-2 所示,菜单栏包括"文件(F)""编辑(E)""视图(V)""格式(O)""工具(T)""绘图(D)""标注(N)""修改(M)""参数(P)""窗口(W)""帮助(H)" 12 个菜单项。菜单栏中集成了 AutoCAD 的大多数命令,单击某个菜单项,即可出现相应的下拉菜单。

"二维草图与注释"空间的默认情况下,不显示菜单栏,可单击"快速访问工具栏"右侧的扩展按钮 ,从出现的菜单中选择"显示菜单栏"选项。

(7) 工具栏

如图 10-2 所示,工具栏主要包括"标准""样式""工作空间""图层""对象特性""绘图""修改"。工具栏是一组命令图标的集合,把光标移动到某个图标上稍停片刻,即在该图标的一侧显示相应的命令名称。单击工具栏上的某一图标,即可执行相应的命令。

"二维草图与注释"空间的默认情况下,也不显示工具栏,可单击功能区"视图"选项卡的"窗口"面板上按钮 ,从出现的菜单中选择所需工具栏。

(8) 绘图区

绘图区是用户进行绘图的区域,所有的绘图结果都反映在这个窗格中。绘图区中鼠标位置用十字光标 显示,光标主要用于进行绘图、选择对象等操作。窗口左下角还显示当前使用的坐标系、坐标原点和 X 轴、Y 轴、Z 轴的正方向。默认状态下,坐标系为世界坐标系(WCS)。

(9) 命令行与文本区

命令行窗格位于绘图区的下方,主要用于接收用户输入的命令,并显示 AutoCAD 的相关提示信息。按下 Ctrl+9 组合键可实现命令窗口的打开与关闭。

文本窗格用于详细记录 AutoCAD 已经执行的命令,也可以用来输入新命令。按下"F2"键即显示文本窗口。

(10)　状态栏

状态栏位于 AutoCAD 界面的底部。它用于显示当前十字光标所处位置的三维坐标和一些辅助绘图工具按钮的开关状态,如捕捉、栅格、正交、极轴、对象捕捉、对象追踪、DUCS、DYN、线宽和快捷特性等,单击这些按钮,可以进行开关状态切换。

3.　AutoCAD 命令的调用与终止

(1)　键盘

直接从键盘输入 AutoCAD 命令(简称键入),然后按空格键或回车键。输入的命令可以大写或小写,也可输入命令的快捷键,如 line 命令的快捷键是"L"键。

(2)　菜单

单击菜单名,在出现的下拉式菜单中,单击所选择的命令。

(3)　工具栏

单击工具栏图标,即可输入相应的命令。

(4)　功能区

单击功能区选项板上图标,即可输入相应的命令。

此外,在命令行出现提示符"命令:"时,按回车键或空格键,可重复执行上一个命令;还可单击鼠标右键输入命令。

(5)　命令的终止、放弃(Undo)与重做(Redo)

按下"Esc"键可终止或退出当前命令。

"放弃(Undo)"即撤消上一个命令的动作,单击"快速访问工具栏"上的放弃图标，即可撤消上一个命令的动作。例如,用户可以用放弃命令将误删除的图形进行恢复。

"重做(Redo)"即恢复上一个用"放弃(Undo)"命令放弃的动作,单击"快速访问工具栏"上的重做图标，即可恢复所放弃的动作。

4.　命令行中特定符号的含义

例如,绘制直径为 20 的圆时,命令行显示的操作步骤如下:

命令:c

CIRCLE 指定圆的圆心或 [三点(3P)/两点(2P)/切点、切点、半径(T)]:

指定圆的半径或 [直径(D)] <15.0000>:d

指定圆的直径 <30.0000>:20

其中,特定符号的含义如下。

"[ ]":方括号中的内容表示选项,如"三点(3P)",表示三点画圆。

"/":分隔命令中各个不同的选项。

"( )":选择圆括号前的选项时,只需输入圆括号内的字母或数字,即可选择该选项。

"< >":尖括号中的内容为默认选项(数值)或当前选项(数值),系统将按括号内的选项(数值)进行操作。

5. 图形的显示控制

计算机显示屏幕的大小是有限的。AutoCAD 提供的显示控制命令可以平移和缩放图形。缩放命令 Zoom 的作用是放大或缩小对象的显示;平移命令 Pan 的作用是移动图形,不改变图形显示的大小。具体的应用方法如下:

① 单击功能区"视图"选项卡的"导航"面板上的图标 ✋ 🔍 ▾ 。

② 单击工具栏上的图标 ✋ 🔍 🔎 🔍 。

③ 在绘图区右击鼠标,在弹出的快捷菜单中选择"平移(A)"或"缩放(Z)"。

④ 滚动鼠标滚轮,直接执行实时缩放的功能;双击滚轮按钮,可以缩放到图形范围,即只显示有图形的区域;按住滚轮按钮并拖动鼠标,则直接平移视图。

⑤ 从键盘输入 Zoom、Pan 命令。

6. 图形文件的基本操作

(1) 新建图形文件

AutoCAD 提供了多种创建新图形文件的方法,主要有以下两种:

① 自动新建图形文件。启动 AutoCAD 时,系统自动按默认参数创建一个暂名为 drawing1. dwg 的空白图形文件。

② 新建图形文件。启动 AutoCAD 后,单击工具栏中的"新建"图标 📄,或单击应用程序按钮 ▲→"新建",将出现如图 10-3 所示的"选择样板"对话框。选择"acadiso. dwt"后单击"打开"按钮,即可以进入新图形的工作界面。

(2) 打开已有图形文件

对于已经保存的" * . dwg"格式的图形文件,可以在 AutoCAD 工作环境中将其打开,然后进行查看或编辑处理。

① 打开图形文件。单击工具栏中的"打开"图标 📂,或单击"应用程序"按钮 ▲→"打开",将出现如图 10-4 所示的"选择文件"对话框。选择一个或多个文件后单击"打开"按钮,即可打开指定的图形文件。

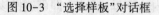

图 10-3　"选择样板"对话框

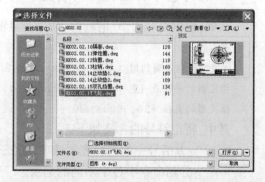

图 10-4　"选择文件"对话框

② 双击" * . dwg"格式的图形文件,可以自动启动 AutoCAD 并打开图形文件。

(3) 保存图形文件

单击工具栏中的"保存"按钮 ，或单击应用程序按钮 →"保存"按钮，系统会自动将当前编辑的已命名的图形文件以原文件名存入磁盘，扩展名为".dwg"。

在 AutoCAD 中绘制的图形文件，通过系统设置，可以自动保存为较低版本的图形文件格式。系统设置方法：单击应用程序按钮 →"选项"按钮→"选项"对话框→"打开和保存"选项卡→"文件保存"按钮→"另存为(S)"按钮→"AutoCAD2004/LT2004 图形(＊.dwg)"。

(4) 关闭图形文件

AutoCAD 可以同时打开多个图形文件，不需要对某个图形文件进行编辑处理时，可以单击绘图窗口右上角的"关闭"按钮 ，关闭该文件。

7. 绘图环境的基本设置

(1) 更改绘图窗口背景

在图 10-5 所示"选项"对话框中设置绘图区背景颜色。打开"选项"对话框的方法：①单击"应用程序"按钮 →"选项"；②单击"工具(V)"菜单→"选项(N)…"。

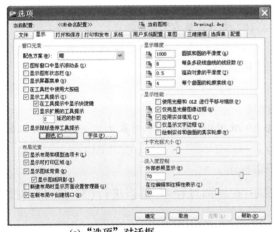

(a) "选项"对话框　　　　　　　　　(b) "图形窗口颜色"对话框

图 10-5　绘图窗口背景设置

窗口背景的设置方法："选项"对话框→"显示"选项卡→"颜色"按钮→"图形窗口颜色"对话框→"二维模型空间"→"统一背景"→"黑"或其他，如图 10-5 所示。

(2) 工具栏的打开与关闭

利用鼠标可打开或关闭某一个工具栏。将鼠标置于已弹出的工具栏上，单击鼠标右键，在弹出的快捷菜单上选择所需要打开(或关闭)的工具栏。由于工具栏要占用屏幕空间，所以大部分工具栏只有在需要时才打开。

(3) 设置绘图单位

绘图单位命令指定用户所需的测量单位的类型，AutoCAD 提供了适合任何专业绘图的各种绘图单位(如英寸、英尺、毫米)，而且精度范围选择很大。

命令调用方法:①键入"Units"并回车;②单击"应用程序"按钮 →"图形实用工具"→"单位";③单击"格式(O)"菜单→"单位(U)…"。

执行命令后,在打开的"图形单位"对话框中设置所需的长度类型、角度类型及其精度。

(4) 设置绘图界限

绘图界限是 AutoCAD 绘图空间中的一个假想区域,相当于用户选择的图纸图幅的大小。利用图形界限命令"Limits"设置绘图范围。

命令调用方法:①键入"Limits"并回车;②单击"格式(O)"菜单→"图形界限(I)"。

【例 10-1】 设置"A2"图纸的绘图环境。

操作步骤如下:

(1) 单击"新建"图标 ,选择"acadiso. dwt"公制样板,命名为"A2"。

(2) 用"Limits"命令设置 A2 图纸幅面

命令:limits(键入 limits 并回车)

重新设置模型空间界限:

指定左下角点或 [开(ON)/关(OFF)] <0.0000,0.0000>:

指定右上角点 <420.0000,297.0000>:594,420(键入图纸右上角坐标)

命令:(回车)

(3) 用"Zoom"命令,将栅格界限缩放到绘图区域

命令:zoom(键入 zoom 或 z 并回车)

指定窗口的角点,输入比例因子(nX 或 nXP),或者

[全部(A)/中心(C)/动态(D)/范围(E)/上一个(P)/比例(S)/窗口(W)/对象(O)] <实时>:a 正在重生成模型.

(4) 单击状态栏上栅格图标 ,打开栅格显示。

注意:上述(3)和(4)的操作可以交换顺序;在绘图过程中,适当进行(3)和(4)的操作,可以观察全局,有利于绘图。

(5) 退出 AutoCAD

退出 AutoCAD 的方法:①单击界面右上角 按钮;②单击"应用程序"按钮 →"退出 AutoCAD";③单击"文件(F)"菜单→"退出(X)";④键入"Quit"命令并回车。

10.2　基本绘图命令

1. AutoCAD 坐标输入

用 AutoCAD 绘制工程图样大多要求精确定点,利用键盘输入点的坐标是实现精确定点的重要方法之一。坐标定点分为绝对坐标和相对坐标两种。

① 绝对直角坐标的输入:绘制平面图形时,只需输入 X、Y 两个坐标值,每个坐标值之间用逗号相隔,如"30,20"。

② 绝对极坐标的输入:极坐标包括距离和角度两个坐标值。其中,距离值在前,角度值在后,两数值之间用小于符号"<"隔开,如"35<45"。

③ 相对直角坐标的输入:在绝对直角坐标表达式前加@ 符号,如"@ 30,20"。

④ 相对极坐标的输入:在绝对极坐标表达式前加@ 符号,如"@ 30<20"。

【例 10-2】　绘制如图 10-6 所示的图形。

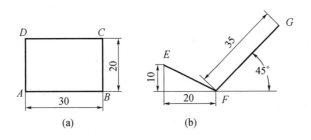

(a)　　　　　　　　　　　(b)

图 10-6　绘制图形

绘制图 10-6(a)所示图形的操作步骤如下:

命令:_ rectang

指定第一个角点或 [倒角(C)/标高(E)/圆角(F)/厚度(T)/宽度(W)]:(在屏幕上拾取点 A)

指定另一个角点或 [面积(A)/尺寸(D)/旋转(R)]:@30,20(输入相对直角坐标,定位点 C)

绘制图 10-6(b)所示图形的操作步骤如下:

命令:_ line 指定第一点 (在屏幕上拾取点 E)

指定下一点或 [放弃(U)]:@20,-10(输入相对直角坐标,定位点 F)

指定下一点或 [放弃(U)]:@35<45(输入相对极坐标,定位点 G)

指定下一点或 [闭合(C)/放弃(U)] (按空格键退出)

2. 基本绘图命令

任何复杂的图形都是由基本图元,如线段、圆弧、矩形和多边形等组成的,这些图元在 AutoCAD 中称为对象。基本绘图命令的调用方法:①在功能区单击"常用"选项卡→"绘图"工具栏上的按钮;②单击"绘图"工具栏按钮;③单击"绘图(D)"菜单命令;④键入命令。表 10-1 中列出了常用绘图命令及其功能。

表 10-1　常用绘图命令及其功能

图标	命令/快捷键	功　能	图标	命令/快捷键	功　能
	Line/ L	绘制直线		Pline/ PL	绘制由直线、圆弧组成的多段线
	Xline/ XL	绘制两端无限长的构造线,用作作图辅助线		Ellipse/EL	绘制椭圆

图 标	命令/快捷键	功　能	图 标	命令/快捷键	功　能
	Polygon/ POL	绘制正多边形		Ellipse/EL	绘制椭圆弧
	Rectang/ REC	绘制矩形		Point/PO	绘制点
	Arc/A	绘制圆弧		Bhatch/Hatch/BH/H	图案填充
	Circle/C	绘制整圆		Region/REG	面域
	Spline/SPL	绘制样条曲线			

(1) 直线命令(Line)

使用 Line 命令绘制直线时,既可绘制单条直线,也可绘制一系列的连续直线。在连续画两条以上的直线时,可在"指定下一点:"提示符下输入"C"(闭合)形成闭合折线;输入"U"(放弃),删除直线序列中最近绘制的线段。

【例 10-3】 用"Line"命令绘制如图 10-6(a)所示的矩形。

操作步骤如下:

命令:_line 指定第一点:(拾取点 A)

指定下一点或 [放弃(U)]:@30,0(拾取点 B)

指定下一点或 [放弃(U)]:@0,20(拾取点 C)

指定下一点或 [闭合(C)/放弃(U)]:@-30,0(拾取点 D)

指定下一点或 [闭合(C)/放弃(U)]:c(键入 C)

(2) 矩形命令(Rectang)

使用 Rectang 命令可以绘制如图 10-7 所示的直角矩形、倒角矩形、圆角矩形等。

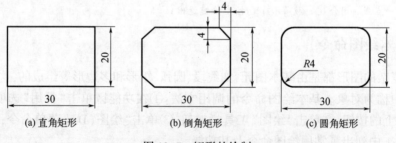

(a)直角矩形　　　　　　(b)倒角矩形　　　　　　(c)圆角矩形

图 10-7　矩形的绘制

【例 10-4】 用 Rectang 命令绘制如图 10-7(c)所示的矩形。

操作步骤如下:

命令:_rectang 当前矩形模式:圆角=2.00

指定第一个角点或 [倒角(C)/标高(E)/圆角(F)/厚度(T)/宽度(W)]:f(键入 F)

指定矩形的圆角半径 <2.00>:4(键入圆角半径 4)

指定第一个角点或 [倒角(C)/标高(E)/圆角(F)/厚度(T)/宽度(W)]:(在屏幕上拾取矩形的左下角点)

指定另一个角点或［面积(A)/尺寸(D)/旋转(R)］：@30,20(键入矩形右上角点的相对坐标并回车)

(3) 正多边形命令(Polygon)

使用 Polygon 命令,可以绘制由 3~1024 条边组成的正多边形。正多边形的画法有如下三种:①根据边长画正多边形;②指定圆的半径,画内接于圆的正多边形;③指定圆的半径,画外切于圆的正多边形,如图 10-8 所示。

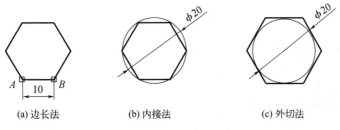

(a) 边长法　　　　　　(b) 内接法　　　　　　(c) 外切法

图 10-8　正多边形的绘制

【例 10-5】　绘制如图 10-8(b)所示的内接于圆的正六边形。

操作步骤如下:

命令:_polygon 输入侧面数 <4>:6(键入六边形的边数 6)

指定正多边形的中心点或 [边(E)]:(在屏幕上拾取任一点作为六边形的中心)

输入选项 [内接于圆(I)/外切于圆(C)] <C>:i(键入 I 并回车)

指定圆的半径:10(键入圆的半径 10 并回车)

(4) 圆命令(Circle)

圆命令用于创建一个完整的圆,共包含六种绘制圆的方法:①指定圆心和半径画圆;②指定圆心和直径画圆;③"两点"画圆,即通过指定圆周上直径的两个端点画圆;④"三点"画圆,即通过指定圆周上的三点画圆;⑤"相切、相切、半径"画圆,即通过指定与圆相切的两个对象(直线、圆弧或圆),然后给出圆的半径画圆;⑥"相切、相切、相切"画圆,即通过指定与圆相切的三个对象画圆。

【例 10-6】　作一个与三条已知线(直线或圆)相切的圆,如图 10-9 所示。

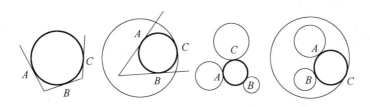

图 10-9　与三条已知线相切的圆

单击"绘图"面板上的圆形图标 ⊙· 旁的小三角,选择 相切, 相切, 相切,则命令行显示绘制圆的步骤如下:

命令:_circle 指定圆的圆心或 [三点(3P)/两点(2P)/切点、切点、半径(T)]:_3P 指定圆上的第一个点:_tan 到(在 A 点所在线上捕捉切点 A)

指定圆上的第二个点: _ tan 到(在 B 点所在线上捕捉切点 B)

指定圆上的第三个点: _ tan 到(在 C 点所在线上捕捉切点 C)

(5) 椭圆命令(Ellipse)

Ellipse 命令用来绘制椭圆、椭圆弧和正等轴测图中的圆。可以通过定义椭圆轴的两端点和指定中心点两种方式绘制椭圆。

【例 10-7】 绘制图 10-10 所示的椭圆。

操作步骤如下:

命令: _ ellipse

指定椭圆的轴端点或 [圆弧(A)/中心点(C)]:(在屏幕上拾取 A 点)

指定轴的另一个端点:30(启动正交,键入 30 并回车)

指定另一条半轴长度或 [旋转(R)]:10(键入半轴长度 10)

(6) 图案填充(Bhatch 或 Hatch)

使用 Bhatch 或 Hatch 命令,可以绘制如图 10-11 所示的剖面线。具体操作时:①选择图案填充类型;②设置"角度和比例";③确定封闭的填充边界。

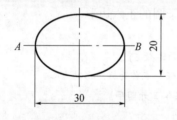

图 10-10　椭圆的绘制

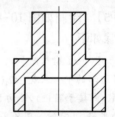

图 10-11　图案填充

10.3　精确绘图辅助工具

1. 状态栏按钮

AutoCAD 为精确绘图提供了很多工具。如图 10-12 所示的状态栏按钮大多是精确绘图工具。AutoCAD 默认状态下显示图 10-12(a)所示的图标按钮。通过用鼠标右键单击状态栏上的任意按钮,在弹出的快捷菜单中选择"√使用图标(U)",则显示如图 10-12(b)所示的文字按钮。

(a) 图标按钮

| INFER | 捕捉 | 栅格 | 正交 | 极轴 | 对象捕捉 | 3DOSNAP | 对象追踪 | DUCS | DYN | 线宽 | TPY | QP | SC |

(b) 文字按钮

图 10-12　状态栏按钮

2. "草图设置"对话框

在应用精确绘图工具之前,通常需要使用如图 10-13 所示的"草图设置"对话框进行设置。打开对话框的方法:①在状态栏用鼠标右键单击"对象捕捉"按钮→"设置(S)…";②单击"工具(T)"菜单→"草图设置(F...)";③单击"对象捕捉"工具栏→  。

图 10-13　"草图设置"对话框

3. 栅格捕捉

栅格是覆盖在绘图区域上的一系列排列规则的点阵图案。单击状态栏"栅格显示"按钮 ▦ ,或按下 F7 键,可实现栅格显示的打开或关闭。单击"栅格捕捉"按钮 ▦ ,开启栅格捕捉功能后,可精确捕捉到特定的坐标点。

栅格捕捉的设置:在"草图设置"对话框单击"捕捉和栅格"选项卡。

4. 正交模式

在进行绘图或编辑修改操作时,经常需要在水平或垂直方向指定下一点的位置。打开正交模式,可以将光标限制在水平或垂直方向移动,从键盘输入两点间的距离并按回车键,即可实现点的精确定位。

单击状态栏"正交模式"按钮 ▭ ,或按下 F8 键,可打开或关闭正交模式。

【例 10-8】　用 Line 命令和正交模式绘制图 10-6(a)所示图形。

操作步骤如下:

命令:_line 指定第一点:(启动正交,在屏幕上拾取点 A)

指定下一点或 [放弃(U)]:30(向右移动鼠标,键入 30,确定 B 点)

指定下一点或 [放弃(U)]:20(向上移动鼠标,键入 20,确定 C 点)

指定下一点或 [闭合(C)/放弃(U)]:30(向左移动鼠标,键入 30,确定 D 点)

指定下一点或 [闭合(C)/放弃(U)]:c (键入 C 并回车)

5. 极轴追踪

极轴追踪是指按预先设定的角度增量来追踪坐标点。

单击状态栏"极轴追踪"按钮 ⟨⒢ ,或按下 F10 键,可打开或关闭极轴追踪。

极轴追踪的设置:在"草图设置"对话框中单击"极轴追踪"选项卡→增量角(I)/15°。

【例 10-9】 用 line 命令以及极轴追踪,绘制如图 10-14 所示的直线 AB。

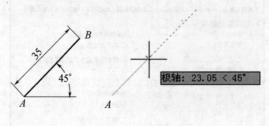

图 10-14　极轴追踪

操作步骤如下:

命令: _ line 指定第一点:(在屏幕上拾取 A 点)

指定下一点或 [放弃(U)]:35(向右上角移动鼠标,当出现参考线和极坐标时,键入 30,确定 B 点)

指定下一点或 [放弃(U)]:(回车退出命令)

6. 对象捕捉

对象捕捉是指将需要输入的点定位在现有对象的特定位置上(即特征点),如端点、中点、圆心、切点、节点、交点等,而无须计算这些点的精确坐标。指定对象捕捉时,光标将变为对象捕捉靶框,单击鼠标即可捕捉到对象的特征点。

(1) 临时对象捕捉

在命令行出现"指定点"提示时,在如图 10-15 所示的对象捕捉工具栏中插入临时命令来打开捕捉模式。

图 10-15　对象捕捉工具栏

【例 10-10】 利用临时对象捕捉绘制图 10-16(a)所示的公切线 AB。

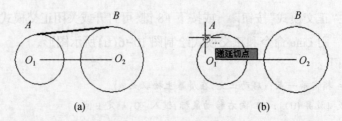

(a)   (b)

图 10-16　对象捕捉

操作步骤如下：

命令：_line 指定第一点：_tan 到(点击图标⟲，插入 Tan 命令后，将鼠标移到 A 点附近捕捉切

点 A，如图 10-16b 所示)

指定下一点或 [放弃(U)]：_tan 到(重复上述操作，在 B 点附近捕捉切点 B)

指定下一点或 [放弃(U)]：(按空格键退出命令)

（2）自动对象捕捉

临时对象捕捉可以比较灵活地选择捕捉方式，但是操作比较烦琐，每次遇到选择点的提示后，必须插入临时命令。因此，AutoCAD 提供了另一种自动对象捕捉模式，开启该模式，即可使其始终处于运行状态，直到手动关闭为止。

单击状态栏的"对象捕捉"按钮▢，可启动或关闭自动对象捕捉功能。

自动对象捕捉类型的设置：在"草图设置"对话框中单击"对象捕捉"选项卡，勾选常用对象捕捉类型，如端点、圆心、交点等。

【例 10-11】　绘制如图 10-16 所示的连心线 O_1O_2。

操作步骤如下：

命令：<打开对象捕捉>(单击捕捉按钮▢，打开自动对象捕捉功能)

命令：_line

指定第一点：(在左圆心 O_1 附近移动鼠标，当出现圆心标记时，单击鼠标，捕捉圆心 O_1)

指定下一点或 [放弃(U)]：(捕捉圆心 O_2)

指定下一点：(按空格键退出命令)

7. 对象捕捉追踪

对于无法用对象捕捉直接捕捉到的某些点，利用对象追踪可以快捷地定义这些点的位置。根据现有对象的特征点定义新的坐标点。

单击状态栏"对象捕捉追踪"按钮∠，或按下 F11 键，可打开或关闭对象捕捉追踪。

对象捕捉追踪必须配合自动对象捕捉完成，即使用对象捕捉追踪时，必须将状态栏上的对象捕捉同时打开，并且设置相应的捕捉类型。

在画立体三视图时，利用"对象捕捉追踪"，可以确保三个视图"长对正、高平齐、宽相等"。

【例 10-12】　绘制图 10-17(a)所示螺母的三视图。

绘图步骤如下：

① 用多边形命令绘制六边形(俯视图)。

② 同时启动"极轴""对象捕捉""对象追踪"三个按钮。

③ 绘主视图执行 line 命令，先确定 1′点的位置【见图 10-17(b)】，然后确定 2′点的位置【见图 10-17(b)】，再依次确定其他各点位置，画出主视图。

④ 绘左视图。

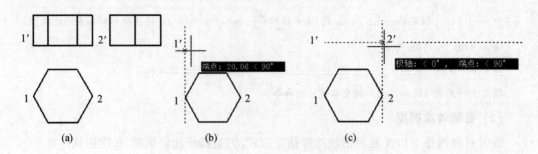

图 10-17　螺母三视图的绘制

10.4　基本编辑命令

1. 选择对象的方法

对图形中的一个或多个对象进行编辑时,首先要选择被编辑的对象。

执行编辑命令时,命令行将会显示"选择对象"提示,此时,十字光标将会变成一个拾取框,选中对象后,AutoCAD 用虚线显示它们。常用的选择方法如下。

(1) 直接拾取

直接拾取是用鼠标将拾取框移到要选取的对象上,单击鼠标左键选取对象。此种方式为默认方式,可以连续选择一个或多个对象。

(2) 选择全部对象

在"选择对象"提示时,键入"ALL"并回车,该方式可以选择全部对象。

(3) 窗口方式

窗口方式用于在指定的范围内选取对象,在"选择对象"提示时,指定第一个角点之后,从左向右拖出一窗口来选取对象,完全被矩形窗口围住的对象被选中。

(4) 窗口交叉方式

窗口交叉方式是从右向左拖动一矩形窗口。该方式不仅选取包含在窗口内的的对象,而且会选取与窗口边界相交的所有对象。

2. 基本编辑命令及其应用

图形编辑是指对已有的图形对象进行删除、复制、移动、旋转、缩放、修剪、延伸等操作。编辑命令的调用方法:①在功能区单击"常用"选项卡→"修改"面板;②"修改"工具栏;③"修改(M)"菜单;④键入命令。表 10-2 中列出了常用编辑命令及其功能。

表 10-2　常用编辑命令及其功能

图标	命令/快捷键	功　能	图标	命令/快捷键	功　能
	Erase/ E	删除画好的图形或全部图形		Stretch/ S	将图形选定部分进行位伸或变形
	Copy/ CO/CP	复制选定的图形		Trim/ TR	对图形进行剪切,去掉多余的部分
	Mirror/ MI	画出与原图形相对称的图形		Extend/ EX	将图形延伸到某一指定的边界
	Offset/ O	绘制与原图形平行的图形		Break/ BR	将直线或圆、圆弧断开
	Array/ AR	将图形复制成矩形或环形阵列		Join/ J	合并断开的直线或圆弧
	Move/ M	将选定图形位移		Chamfer/ CHA	对不平行的两直线倒斜角
	Rotate/ RO	将图形旋转一定的角度		Fillet/ F	按给定半径对图形倒圆角
	Scale/ SC	将图形按给定比例放大或缩小		Explode/ X	将复杂实体分解成单一实体

部分编辑命令和选择对象的方法应用如下。

(1) 删除命令(Erase)

执行 Erase 命令,按照命令行"选择对象"提示,选择要删除的图形并回车,则被选中的图形被删除。

若先选择对象,后执行 Erase 命令,或按 Delete 键,也可删除被选中的图形。

(2) 复制命令(Copy)

使用 Copy 命令可以把选定的图形进行一次或多次复制。

【例 10-13】　如图 10-18 所示,用 Copy 命令在图 10-18(a)所示图形的基础上,按顺序完成图 10-18(c)所示图形。

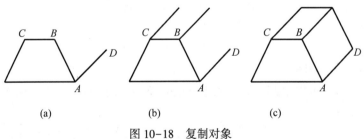

(a)　　　　　　　　(b)　　　　　　　　(c)

图 10-18　复制对象

操作步骤如下:

① 绘制图 10-18(b)所示图形。

命令:_ copy

选择对象:找到 1 个(拾取 AD 直线)

选择对象:(回车)

当前设置:复制模式 = 多个

指定基点或 [位移(D)/模式(O)] <位移>:(捕捉 A 点作为基点)

指定第二个点或 <使用第一个点作为位移>:(捕捉 B 点作为目标点)

指定第二个点或 [退出(E)/放弃(U)] <退出>:(捕捉 C 点作为目标点)

指定第二个点或 [退出(E)/放弃(U)] <退出>:(回车退出)

② 绘制图 10-18(c)所示图形。

命令:COPY(回车,重复执行命令)

选择对象:找到 1 个(拾取 AB 直线)

选择对象:找到 1 个,总计 2 个(拾取 BC 直线)

选择对象:(回车)

当前设置:复制模式 = 多个

指定基点或 [位移(D)/模式(O)] <位移>:(捕捉 A 点作为基点)

指定第二个点或 <使用第一个点作为位移>:(捕捉 D 点作为目标点)

指定第二个点或 [退出(E)/放弃(U)] <退出>:(回车退出)

(3) 镜像命令(Mirror)

使用 Mirror 命令可以把所选对象作镜像复制,即生成与原对象对称的图形,原对象可保留也可删除。

【例 10-14】　用 Mirror 命令在图 10-19(a)所示图形的基础上,完成图 10-19(b)所示图形。

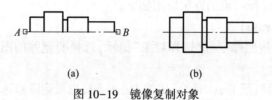

(a)　　　　　　　　　　　(b)

图 10-19　镜像复制对象

操作步骤如下:

命令:_mirror

选择对象:指定对角点:找到 11 个(窗口交叉选择 11 个对象)

选择对象:

指定镜像线的第一点:<打开对象捕捉> (捕捉对称线的端点 A)

指定镜像线的第二点:(捕捉对称线的端点 B)

要删除源对象吗?[是(Y)/否(N)] <N>:(回车退出)

(4) 偏移命令(Offset)

使用 Offest 命令可以绘制与原对象平行的对象,若偏移的对象为封闭图形,则偏移后图形被放大或缩小。

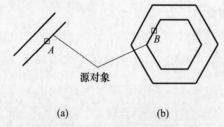

源对象

(a)　　　　　　(b)

图 10-20　偏移复制对象

【例 10-15】　将图 10-20(a)所示图形中的直线 A 向左上偏移 5,图 10-20(b)中的六边形 B 向外偏移 5。

操作步骤如下:

命令:_offset

当前设置:删除源=否 图层=源 OFFSETGAPTYPE =0

指定偏移距离或 [通过(T)/删除(E)/图层(L)] <

5.00>:5(键入偏移距离 5)

选择要偏移的对象,或 [退出(E)/放弃(U)] <退出>:(拾取直线 A)

指定要偏移的那一侧上的点,或 [退出(E)/多个(M)/放弃(U)] <退出>:(在直线 A 的左上方拾取一点)

选择要偏移的对象,或 [退出(E)/放弃(U)] <退出>:(拾取六边形 B)

指定要偏移的那一侧上的点,或 [退出(E)/多个(M)/放弃(U)] <退出>:(在六边形外拾取一点)

选择要偏移的对象,或 [退出(E)/放弃(U)] <退出>:(回车退出)

(5) 阵列命令(Array)

使用 Array 命令可以将所选对象按矩形阵列或环形阵列进行多重复制,"阵列"对话框如图 10-21 所示。

【例 10-16】 将图 10-22(a)复制成图 10-22(b)。

操作步骤如下:

命令:_array(选择环形阵列,输入参数)

指定阵列中心点:_cen(捕捉大圆圆心 O_1 作为中心点)

选择对象:找到 1 个(拾取小圆)

选择对象:找到 1 个,总计 2 个(拾取六边形)

选择对象:(回车确定)

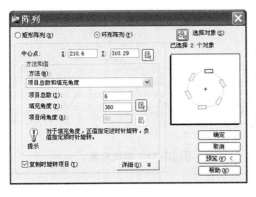

图 10-21　"阵列"对话框

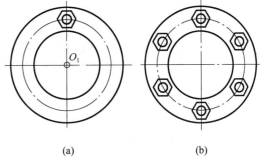

图 10-22　阵列复制对象

(6) 移动命令(Move)

使用 Move 命令可以将所选对象从当前位置移到一个新的指定位置。

【例 10-17】 将图 10-23(a)中的两个同心小方框自 A 点移动到 B 点,如图 10-23(b)所示。

操作步骤如下:

命令:_move

选择对象:指定对角点:找到 2 个(窗口交叉方式选择两个小方框)

选择对象:(回车)

指定基点或 [位移(D)] <位移>:_int 于

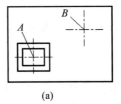
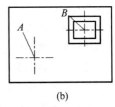

图 10-23　移动对象

(捕捉 A 点作为基点)

指定第二个点或 <使用第一个点作为位移>:(捕捉 B 点作为目标点)

(7) 旋转命令(Rotate)

使用 Rotate 命令可以使图形对象绕某一基准点旋转,改变其方向。

【例 10-18】 将图 10-24(a)中的图形逆时针旋转 30°,如图 10-24(c)所示。

操作步骤如下:

命令:_ rotate

UCS 当前的正角方向:ANGDIR＝逆时针 ANGBASE＝0

选择对象:指定对角点:找到 9 个(窗口交叉方式选择对象)

选择对象:(回车)

指定基点:(捕捉 A 点作为基点,如图 10-24b)

指定旋转角度,或 [复制(C)/参照(R)] <300>:30 (键入 30)

(8) 缩放命令(Scale)

使用 Scale 命令可以在各个方向等比例放大或缩小原图形对象。可以采用"指定比例因子"和选择"参照(R)"两种方式进行缩放。

【例 10-19】 在图 10-25 (a) 的基础上缩放粗糙度符号,缩放效果分别如图 10-25(b)和图 10-25(c)所示。

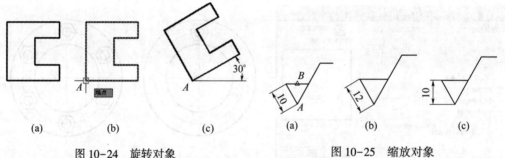

(a)　　　(b)　　　　　(c)　　　　　　　　(a)　　　　　(b)　　　　　(c)

图 10-24　旋转对象　　　　　　　　　图 10-25　缩放对象

缩放至图 10-25(b)的操作步骤如下:

命令:_ scale 选择对象:

指定对角点:找到 5 个(窗口交叉方式选择全部对象)

选择对象:(回车)

指定基点:(捕捉基点 A)

指定比例因子或 [复制(C)/参照(R)]:1.2(键入比例因子 1.2)

缩放至图 10-25(c)的操作步骤如下:

命令:_ scale

选择对象:指定对角点:找到 5 个(窗口交叉方式选择全部对象)

选择对象:(回车)

指定基点:(捕捉基点 A)

指定比例因子或 [复制(C)/参照(R)]:r(选择"参照"方式)

指定参照长度 <1.00>:指定第二点:(捕捉交点 A 和中点 B,A、B 两点的距离即参照长度)

指定新的长度或 [点(P)] <1.00>:10 (键入 A 点和 B 点距离新长度 10)

(9) 拉伸命令(Stretch)

使用 Stretch 命令可以将选定的对象进行拉伸或压缩。使用 Stretch 命令时,必须用"窗口交叉"方式来选择对象,与窗口相交的对象被拉伸,包含在窗口内的对象则被移动。

【例 10-20】 在图 10-26(a)的基础上进行拉伸操作,使轴的总长由 30 拉伸至 40,如图 10-26(c)所示。

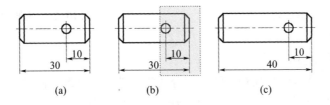

图 10-26 拉伸对象

操作步骤如下:

命令: _stretch 以交叉窗口或交叉多边形选择要拉伸的对象 ...

选择对象:指定对角点:找到 12 个(以窗口交叉方式选择对象,将尺寸 10 包含在窗口内,如图 10-26b 所示)

选择对象:(回车)

指定基点或 [位移(D)] <位移>:(任取一点作为基点)

指定第二个点或 <使用第一个点作为位移>:<正交 开> 10(打开正交模式,沿 x 轴正向移动鼠标,输入伸长量 10,回车)

(10) 修剪命令(Trim)

使用 Trim 命令,以指定的剪切边为界修剪选定的图形对象。

【例 10-21】 在图 10-27(a)的基础上进行修剪操作,完成键槽的图形,如图 10-27(b)所示。

操作步骤如下:

命令: _trim

当前设置:投影=UCS,边=无

选择剪切边 ...

选择对象或 <全部选择>:找到 1 个(拾取 A)

选择对象:找到 1 个,总计 2 个(拾取 B)

选择对象:(回车)

选择要修剪的对象,或按住 Shift 键选择要延伸的对象,或[栏选(F)/窗交(C)/投影(P)/边(E)/删除(R)/放弃(U)]:(拾取 C)

选择要修剪的对象,或按住 Shift 键选择要延伸的对象,或[栏选(F)/窗交(C)/投影(P)/边(E)/删除(R)/放弃(U)]:(拾取 D)

选择要修剪的对象,或按住 Shift 键选择要延伸的对象,或[栏选(F)/窗交(C)/投影(P)/边(E)/删除(R)/放弃(U)]:(回车)

(11) 延伸命令(Extend)

使用 Extend 命令可以将选定的对象延伸到指定的边界。在图 10-28(a)中,A 为边界, B 和 C 为要延伸的对象。

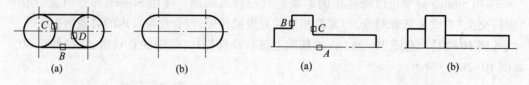

图 10-27　修剪对象　　　　　　　　　　图 10-28　延伸对象

(12) 打断命令(Break)

使用 Break 命令可以删除对象的一部分或将所选对象分解成两部分。

【例 10- 22】　如图 10-29 所示,将直线打断成两部分。

操作步骤如下:

命令: _break

选择对象:(拾取 A 点)

指定第二个打断点 或 [第一点(F)]:(拾取 B 点)

(13) 倒角命令(Chamfer)

使用 Chamfer 命令可以对两直线或多义线作出有斜度的倒角。

【例 10-23】　作出如图 10-30 所示的 AB 倒角。

图 10-29　打断对象　　　　　　　图 10-30　倒角与倒圆角

操作步骤如下:

命令: _chamfer

("修剪"模式) 当前倒角距离 1 = 2.00,距离 2 = 2.00

选择第一条直线或 [放弃(U)/多段线(P)/距离(D)/角度(A)/修剪(T)/方式(E)/多个(M)]:d(键入 d 并回车)

指定 第一个倒角距离 <2.00>:(回车)

指定 第二个倒角距离 <2.00>:3(键入 3)

选择第一条直线或 [放弃(U)/多段线(P)/距离(D)/角度(A)/修剪(T)/方式(E)/多个(M)]:(拾取 A)

选择第二条直线,或按住 Shift 键选择要应用角点的直线:(拾取 B)

(14) 圆角命令(Fillet)

使用 Fillet 命令可以在直线、圆弧或圆间按指定半径作圆角,也可以对多段线倒圆角。绘制图 10-30 所示的 CD 圆角,需先定义圆角半径 2,然后拾取 C、D 两直线作出圆角。

（15）夹点编辑

使用夹点编辑功能可以方便地进行拉伸、移动、旋转、缩放等编辑操作。

如图 10-31 所示，在不输入任何命令时选择对象（直线），此时在直线上将出现三个蓝色小方框（称为夹点）；单击夹点 B 使其变成红色；再沿着 x 方向移动鼠标，即可将直线拉伸到指定的长度。

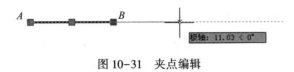

图 10-31　夹点编辑

10.5　图层及其应用

图层是用户用来组织和管理图形最为有效的工具。一个图层就像一张透明的图纸，不同的图元对象设置在不同的图层。将这些透明纸叠加起来，就可以得到最终的图形。

1. 图层

（1）图层的创建

图层的创建在图 10-32 所示"图层特性管理器"对话框中进行。打开对话框的方法：①键入"Layer"并回车；②在功能区中单击"常用"选项卡→"图层"面板→ ；③单击"格式（O）"菜单→"图层（L）..."；④单击"图层"工具栏→ 。

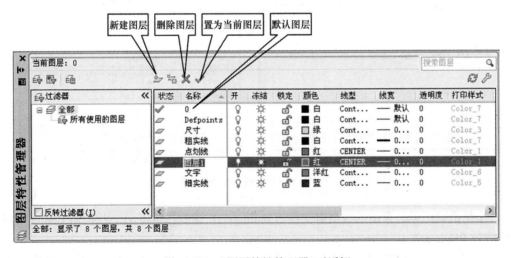

图 10-32　"图层特性管理器"对话框

在图 10-32 中，单击"新建图层"按钮 ，即可创建新图层，并命名图层、设置图层状态和属性。

(2)图层状态设置

每个图层可以有以下几种状态。

① 打开 💡/关闭 💡:当图层被关闭时,该层上的对象不可见也不可选取,计算机自动刷新图形。

图 10-33 "图层"下拉列表

② 解冻 ☼/冻结 ❄️:当图层被冻结时,该层上的对象不可见也不可选取。

③ 解锁 🔓/锁定 🔒:当图层被锁定时,图层上的对象可见,但不能被选取,不能进行修改操作。

在如图 10-33 所示的图层下拉列表中,单击相应图标可以设置图层状态。打开列表方法:①在功能区单击"常用"选项卡→"图层"面板→ 💡☼🔓 ■粗实线 ▼;②单击"图层"工具栏→ 💡☼🔓 ■粗实线 ▼。此外还可以在"图层特性管理器"对话框中进行设置。

(3)图层特性设置

每个图层都有颜色、线型和线宽三项特性。AutoCAD 支持 255 种颜色、45 种预定义线型及 24 种预定义线宽。

① 线型的设置

单击"图层特性管理器"中线型名称(如 Continuous),在弹出的对话框中选择线型,如图 10-34(a)所示。如果显示的线型不够用,可单击"加载"按钮,在弹出的"加载或重载线型"对话框中加载线型,如图 10-34(b)所示。

(a) "选择线型"对话框

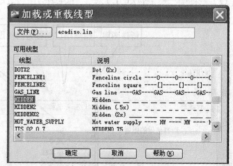

(b) "加载或重载线型"对话框

图 10-34 线型设置

绘制机械图样时常用的线型有实线(Continuous)、虚线(Hidden)、点画线(Center)、双点画线(Phantom)。

线型比例设置(LTscale):键入"Lts"并回车,在命令行提示下,输入新线型比例因子即可设置图层的线型比例。

② 颜色的设置

单击"图层特性管理器"对话框中的颜色名称,在弹出的"选择颜色"对话框中选取所需颜色,如图 10-35 所示。

③ 线宽的设置

单击"图层特性管理器"中的线宽名称(如"——0.40mm"),在弹出的对话框中,选取所需线宽,如图 10-36 所示。单击状态栏"线宽"按钮,可以显示或隐藏线宽。

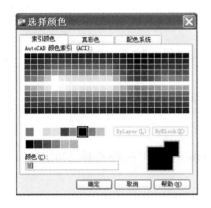

图 10-35　"选择颜色"对话框

图 10-36　"线宽"对话框

(4) 图层的使用与管理

① 设置当前图层:通过打开图 10-33 所示的图层下拉列表,单击图层名称;单击"图层"工具条或功能区图层面板上的图标 ,可将当前图层设置为选定对象所在的图层。

② 图层的清理(Purge):键入"Purge"命令并回车,在弹出的"清理"对话框中,可以清除无用的图层。

③ 图层的转换(Laytrans):键入"Laytrans"命令并回车,在弹出的"图层转换器"对话框中,可以实现图层的整合。

(5) 对象特性设置

常用对象特性的设置有以下几种方法。

① 利用"快捷特性"选项板设置对象特性。在绘图区选择图形对象时,将弹出如图 10-37所示的"快捷特性"选项板。利用该选项板可重设图形对象所在的常用特性,如图层、颜色和线型等。单击状态栏的"QP"按钮,可启动或关闭"快捷特性"选项板。

图 10-37　"快捷特性"选项板

② 利用"特性"选项板设置对象特性。单击功能区"视图"选项卡的"选项板"面板上的 按钮,或者键入"Prpperties"命令,都可以打开"特性"选项板。

③ 利用图层面板上的匹配工具 ,可将选定对象的图层更改为与目标图层相匹配。

(6) 创建图层的步骤

创建图层的步骤如下:

① 执行 Layer 命令,打开"图层特性管理器"对话框。

② 在"图层特性管理器"对话框中单击"新建"按钮,新的图层以临时名称"图层1"显示在列表中,并采用默认设置的特性。

③ 输入新的图层名,如"点画线"。

④ 修改图层颜色、线型、线宽等特性。

⑤ 重复上述②~④步骤,创建"粗实线""细实线""尺寸""文字"等图层。

⑥ 设置当前图层。

⑦ 单击左上角的 ✖ 图标,退出"图层特性管理器"对话框。

2. AutoCAD 绘制平面图形

绘制平面图形时,应先对其进行线段分析,以确定画图顺序,即先画已知线段,再画中线段,最后画连接线段。

【例 10-24】 绘制如图 10-38 所示的拖钩平面图形。

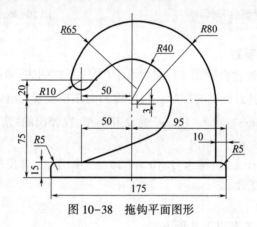

图 10-38 拖钩平面图形

作图步骤如下。

1) 设置绘图环境

新建图形文件并命名为"拖钩",选择"acadiso. dwt"公制样板,设置 A4 图纸幅画,具体操作见【例 10-1】。

2) 创建图层

用 Layer 命令打开图层特性管理器对话框,建立常用图层(如尺寸、粗实线、点画线、细实线、文字等),如图 10-32 所示。

3) 绘图

(1) 绘制基准线。将"点画线"层设置为当前层,画中心线,如图 10-39(a)所示。

(2) 画已知线段($R10$、$R40$、175×15 矩形、直线 L_1),如图 10-39(b)所示。

① $R10$ 圆弧。根据圆心尺寸(20,50),用构造线(Xline)命令的"偏移(O)"功能,定出圆弧圆心,画出整圆及其中心线。

确定 $R10$ 圆心"O_1"的操作步骤如下:

```
命令:_xline 指定点或 [水平(H)/垂直(V)/角度(A)/二等分(B)/偏移(O)]:O
指定偏移距离或 [通过(T)] <20.00>:20
选择直线对象:(拾取A)
```

指定向哪侧偏移：(在 A 上方拾取任意点)

选择直线对象：(回车,得一水平线)

命令:(回车)

XLINE 指定点或 [水平(H)/垂直(V)/角度(A)/二等分(B)/偏移(O)]:O

指定偏移距离或 [通过(T)] <20.00>: 50

选择直线对象：(拾取 B)

指定向哪侧偏移：(在 B 左侧拾取任意点)

选择直线对象：(回车,得一垂直线)

水平线和垂直线的交点即圆心 O_1。

② $R40$ 圆弧:用圆命令画整圆。

③ 175×15 矩形:根据矩形顶点 C 的定位尺寸(95,75),用构造线(Xline)命令的"偏移(O)"功能确定矩形顶点 C;用直线命令并打开"正交模式"画矩形或用矩形命令画矩形。

④ 直线 L_1:该直线的起点是矩形上的 D 点,利用"对象捕捉追踪"确定直线的起点位置,并画出直线 L_1。

(3) 画中间线段($R80$),如图 10-39(c)所示。$R80$ 圆弧与直线 L_1 相切,其圆心的一个定位尺寸为3。根据这两个条件以及偏移(Offest)命令可确定其圆心 O_2 的位置。

(4) 画连接线段($R65$、$R5$、直线 L_2、L_3),如图 10-39(d)所示。

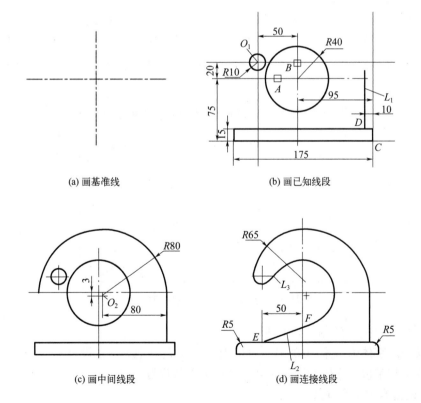

(a) 画基准线　　　　　　(b) 画已知线段

(c) 画中间线段　　　　　　(d) 画连接线段

图 10-39　拖钩的画图步骤

① R65 圆弧:R65 圆弧与 R10 及 R80 圆弧均内切。可先用圆(Circle)命令的"相切、相切、半径"方式画圆,然后再作修剪。

② 直线 L_2:该直线的起点是矩形上的 E 点,打开"对象捕捉追踪"确定起点 E 的位置,插入切点捕捉命令确定终点 F。

③ 直线 L_3:该直线的起点是与 R10 圆弧相切的切点,端点是与 R40 圆弧相切的切点。

④ R5 圆弧:用圆角(Fillet)命令直接画出。

4) 整理图形

(1) 修剪线段,如剪去两切点间的圆弧。

(2) 删除作图辅助线。

(3) 利用夹点编辑功能调整中心线长度。

(4) 打开状态栏上的线宽按钮,调整各个图层上的对象,完成全图。

5) 存盘退出

10.6　文字注写与尺寸标注

1. 文字注写

(1) 文字样式的创建

文字样式的创建、设置与修改在如图 10-40 所示的"文字样式"对话框中进行,单击"新建"按钮即可新建文字样式。打开对话框的方法:①键入"Style"或"ST"并回车;②在功能区单击"注释"选项卡→"文字"面板/ ；③单击"格式(O)"菜单→"文字样式(S)..."；④单击"样式"工具栏→ 。

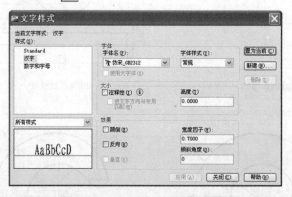

图 10-40　文字样式的创建与设置

在机械图样中,一般创建如下两种文字样式:

① 汉字。字体为仿宋_ GB2312;宽度因子为 0.7;其他为默认设置。

② 数字和字母。字体为 gbeitc. shx;其他为默认设置。

(2) 设置当前文字样式

设置当前文字样式的方法:①在功能区单击"注释"选项卡→"文字"面板→ Standard ；②单击"样式"工具栏→ Standard 。

(3) 注写文字命令

AutoCAD 提供了两种文字注释形式：单行文字(Text)和多行文字(Mtext)。这里介绍常用的多行文字命令(Mtext)。

利用 AutoCAD 中提供的文字编辑器可输入和编辑文字,如图 10-41 所示。打开文字编辑器的方法：①键入"Mtext"或"T"并回车；②在功能区单击"常用"选项卡→"注释"面板→ Ａ_{多行文字}；③在功能区单击"注释"选项卡→"文字"面板→ Ａ_{多行文字}；④单击"绘图"工具栏→ Ａ 。

图 10-41　"二维草图与注释"文字编辑器

(4) 特殊符号与文字的输入

① 特殊符号

特殊符号是指键盘上没有的符号。在打开的"文字编辑器"中单击@图标,将弹出一下拉菜单,选择菜单中的代码即可输入相应的符号。例如,选择"直径(I)%%C",可输入符号"∅"。其他常用的代码有："%%d"代表符号"°","%%p"代表符号"±"。这些代码也可以从键盘输入。

② 偏差与分数

$\phi 50^{-0.025}_{-0.041}$ 的输入方法：先输入代码"%%C50-0.025-0.041",然后选中"-0.025-0.041",显示蓝底,再单击编辑器上方的 ᵇₐ 图标。

$\phi 40\dfrac{H7}{k6}$ 的输入方法：先输入代码"%%C40H7/k6",然后选中 H7/k6,显示蓝底,再单击 ᵇₐ 图标。

(5) 文本的编辑

双击需要编辑的文本或键入文本编辑命令(Ddedit 或 ED),在打开的"文字编辑器"对话框中可对文本的内容进行编辑。此外,输入的文本可以当作图形对象进行删除、复制、移动、旋转、缩放、分解等操作。利用 Purge 命令,可以清除无用的文字样式。

(6) 注写文字的步骤

① 创建一个用于文字标注的图层(如"文字"层),然后将其置为当前层。

② 创建"汉字"和"数字与字母"两个文字样式,选择其一作为当前文字样式。

③ 执行多行文字命令(Mtext),打开"文字编辑器",输入与编辑文字。

④ 关闭文字编辑器。

2. 尺寸标注

(1) 尺寸标注命令

尺寸标注命令的调用方法:①在功能区单击"常用"选项卡→"注释"面板;②在功能区单击"注释"选项卡→"标注"面板;③"标注"菜单;④"标注"工具栏。常用标注命令及其功能如表 10-4 所列。

表 10-4　常用标注命令及其功能

图标	命令	功能	图标	命令	功能
⊢⊣	Dimlinear	线性标注	🔲	Dimbaseline	基线标注
🔨	Dimaligned	对齐标注	🔣	Dimcontinur	连续标注
⊘	Dimradius	半径标注	🔎	Mleader	引线标注
⊘	Dimdiameter	直径标注	🔳	Tolerance	几何公差标注
△	Dimangular	角度标注			

(2) 尺寸样式的创建

以创建"机械"尺寸样式为例,加以说明。

① 打开"标注样式管理器"对话框。打开对话框的方法:①键入"Dimstyle"或"Dst"并回车;②在功能区单击"注释"选项卡→"标注"面板→ ↘ ;③单击"格式(O)"菜单→"标注样式(D)";④单击"样式"工具栏→ ◢ 。

② 新建"机械"基础样式。在图 10-42 所示对话框的左侧选择样式"ISO-25"作为基础样式,单击"新建"按钮,在弹出的"创建新标注样式"对话框中输入新样式名为"机械",如图 10-43 所示。

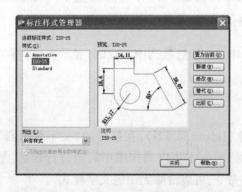

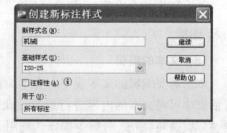

图 10-42　"标注样式管理器"对话框　　　　图 10-43　"创建新标注样式"对话框

③ 设置"机械"基础样式。在图 10-43 所示对话框中,单击"继续"按钮,在弹出的对话框中,按表 10-3 所提供的各项参数进行设置,设置好的"机械"基础样式如图 10-44 所示。

表 10-3　"机械"标注样式参数列表

类别	名　称	设置新值
延伸线	与起点偏移量	0
	超出尺寸线	2
箭头	第一个	实心闭合
	第二个	实心闭合
	箭头大小	3
文字外观	文字样式	数字和字母
	文字高度	3.5
文字位置	垂直	上
	水平	居中
	从尺寸线偏移	1
主单位	小数分隔符	.

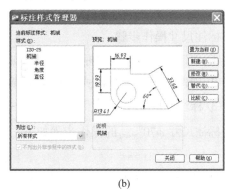

图 10-44　"机械"基础样式

④ 建立"子样式"。新建尺寸样式时,选择"机械"作为基础样式,可建立用于"半径""直径""角度"标注的子样式,这些子样式的特征是尺寸数字一律为水平注写。图 10-45(a)所示是用于"半径"标注的子样式设置,单击"继续"按钮后,在弹出的"新建标注样式"对话框中将文字设置为"水平",确认后,返回"标注样式管理器"对话框。用同样的方法可创建"角度""直径"标注的子样式,如图 10-45(b)所示。

(a)

(b)

图 10-45　创建标注子样式

⑤ 完成设置。在图 10-45(b)所示对话框中,选择"机械"样式,单击"置为当前"按钮,关闭对话框,完成设置。

(3) 设置当前标注样式

设置当前标注样式的方法:① 在功能区单击"注释"选项卡→"标注"面板→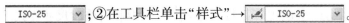;② 在工具栏单击"样式"→ ISO-25 。

(4) 编辑尺寸标注

① 利用夹点编辑尺寸位置。该方法可改变尺寸线和尺寸文本的位置。

② 键入文本编辑命令(Ddedit 或 ED)框选尺寸,在打开的"文字编辑器"对话框中编辑尺寸文本。

③ 单击需要编辑的尺寸,打开"快捷特性"对话框编辑标注属性。

④ 双击需要编辑的尺寸,打开"特性"对话框编辑标注属性。

⑤ 清理(Purge)标注样式。键入"Purge"命令并回车,打开"清理"对话框,可以清除无用的标注样式。

(5) AutoCAD 尺寸标注举例

【例 10-25】　标注如图 10-46 所示的齿轮零件尺寸。

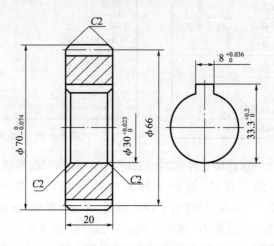

图 10-46　齿轮零件尺寸标注

标注尺寸操作步骤:

① 创建一个用于尺寸标注的图层(如"尺寸"层),置为当前层。

② 创建"机械"标注样式及子样式,置为当前尺寸样式。

③ 标注线性尺寸 $\phi 70_{-0.074}^{0}$,$\phi 66$,$33.3_{0}^{+0.2}$,$8_{0}^{+0.036}$,20。

标注尺寸 $\phi 70_{-0.074}^{0}$ 的操作步骤如下:

命令:_dimlinear

指定第一个延伸线原点或 <选择对象>:

指定第二条延伸线原点:

指定尺寸线位置或[多行文字(M)/文字(T)/角度(A)/水平(H)/垂直(V)/旋转(R)]:m(在文字编辑器中加注符号?和极限偏差)

指定尺寸线位置或[多行文字(M)/文字(T)/角度(A)/水平(H)/垂直(V)/旋转(R)]:(确定尺寸线位置)

可用相同的方法标注尺寸 $\phi 66$,$33.3_{0}^{+0.2}$,$8_{0}^{+0.036}$,20。

④ 标注只有一条尺寸界线的尺寸 $\phi 30_{0}^{+0.25}$。标注 $\phi 30_{0}^{+0.25}$,需要临时修改尺寸样式。修改方法为:在"标注样式管理器"对话框单击→"替代"按钮,然后在"替代当前样式"对话框单击"线"选项→隐藏"尺寸线(2)"和"延伸线(2)"。这类尺寸标注结束,应重新打开"标注样式管理器",将"机械"样式置为当前样式。

标注完毕后的图形如图 10-46 所示。

10.7　块及其应用

块是绘制在几个图层上若干对象的组合。块是一个单独的对象,通过拾取块中的任一线段,就可以对块进行编辑。

1. 常用块命令

常用块命令的调用方法:①在功能区单击"常用"选项卡→"块"面板;②在功能区单击"插入"选项卡→"块"和"属性"面板;③单击"绘图(D)"菜单→块(K);④单击"绘图"工具栏→🚜。常用块命令及其功能如表 10-5 所列。

表 10-5　常用块命令及其功能

图 标	命 令	功　　能
🚜	Block	将所选图形定义成块
	Wblock	将已定义过的块存储为图形文件
🖐	Insert	将块或图形插入当前图形中
🏷	Attdef	定义块属性。便于在插入块的同时加入粗糙度数值,实现图形与文本的结合

2. 块的应用

以"粗糙度"块为例加以说明。

(1) 绘制块图形

按尺寸绘制"粗糙度"块的图形,如图 10-47 所示。

(2) 定义块属性

执行 Attdef 命令,在弹出的对话框中给粗糙度符号添加属性,"属性"中的"标记"为 RA,设置情况如图 10-48 所示。单击"确定"按钮,将"属性"RA 定位在图 10-49 所示的位置。

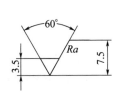

图 10-47　粗糙度符号

图 10-48　"属性定义"对话框

图 10-49　"属性"
RA 的定位

(3) 定义块

执行 Block 命令,利用"块定义"对话框将粗糙度符号和属性(见图 10-49)定义成块,设置情况如图 10-50 所示。

(4) 写块

执行 Wblock 命令,在弹出的"写块"对话框中将所定义的"粗糙度"块存储为图形文件,使之可插入其他图形文件中。设置情况如图 10-51 所示。

图 10-50 "块定义"对话框

图 10-51 "写块"对话框

(5) 插入块

利用 Insert 命令,在弹出的对话框中调入所需的块,设置情况如图 10-52 所示,其中"比例"与"旋转"两项也可根据实际绘图情况选择"在屏幕上指定"。

将所定义的"粗糙度"块插入到齿轮零件图中,结果如图 10-53 所示。

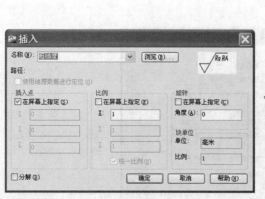

图 10-52 "插入"对话框

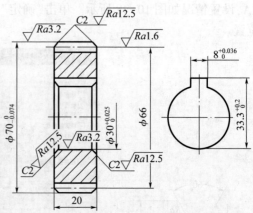

图 10-53 插入"粗糙度"块后的齿轮零件图

10.8　AutoCAD 绘制机械图

1. AutoCAD 绘制机械图的一般过程

（1）新建图形文件并重新命名。

（2）设置绘图环境,如绘图界限、尺寸精度等。

（3）创建图层、文字样式、尺寸标注样式、块(粗糙度、螺栓、螺母等)。

（4）绘制图样。按 1:1 比例在默认的模型空间绘制图样。

（5）调用国标图纸。

（6）标注尺寸、粗糙度,注写技术要求等。

（7）整理图形,存盘退出。

2. "机械"样板图的创建

由于每次创建新的图形文件均需重复上述步骤(2)、步骤(3),因此可以建立一个空白的样板文件供每次新建文件时使用,以简化操作。

按上述步骤(1)~(3)建立"drawing1.dwg"空白文件,单击"保存"按钮后,打开"图形另存为"对话框。在该对话框中,"文件类型(T)"处选择"AutoCAD 图形样板（＊.dwt）","文件名(N)"处输入"机械图",如图 10-54 所示。这时文件的保存位置自动更新为"Template"文件夹。单击"保存"按钮,则"Template"文件夹中将增加样板文件"机械图.dwt"。新建文件时,可直接选择"机械图.dwt"样板。

图 10-54　"图形另存为"对话框

3. 国标样板图纸的应用

国标图纸是指已经存在于 AutoCAD 安装目录下名为"Template"文件夹中的样板文件,如图 10-54 中的"Gb_a0~Gb_a4"。

【例 10-26】　给图 10-53 的齿轮零件添加"Gb_a3"图纸,作图比例设置为 2:1。

添加图纸步骤如下：

① 打开已绘制好的齿轮零件图。

② 在绘图区的左下角用鼠标右键单击 \模型 /布局1 /布局2 /，在弹出的快捷菜单中选择"来自样板(T)…"，即打开"从文件选择样板"对话框。

③ 在该对话框中打开 Gb _ a3，这时布局处增加一个标签：

\模型 /布局1 /布局2 / Gb A3 标题栏 /

④ 单击 / Gb A3 标题栏 /，状态栏"模型"按钮自动切换成图纸空间界面，这时 AutoCAD 界面如图 10-55 所示。

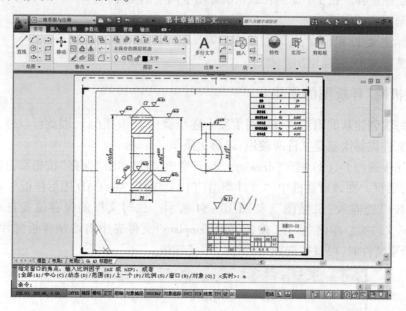

图 10-55　图纸空间界面

⑤ 调整作图比例和图形位置。单击状态栏"图纸"按钮，使其切换成浮动"模型"状态。这时可用"Zoom"命令调整作图比例，用"Pan"命令调整图形位置。

调整作图比例的操作步骤如下：

命令：z

ZOOM

指定窗口的角点，输入比例因子 (nX 或 nXP)，或者

[全部(A)/中心(C)/动态(D)/范围(E)/上一个(P)/比例(S)/窗口(W)/对象(O)] <实时>：s

输入比例因子 (nX 或 nXP)：2xp(图形及标注特征均被放大 2 倍)

⑥ 修改标注特征比例。由于图形放大 2 倍后，标注特征也同时放大 2 倍(如箭头、字高等)，这显然不符合图纸要求，此时应将尺寸的全局比例设置为 0.5。

修改标注特征比例的方法：在"标注样式管理器"对话框单击"修改"按钮，然后在"修改标注样式"对话框中单击"调整"选项卡→"标注特征比例"组→选择"使用全局比例 (S)"并设置 0.5。由于尺寸特征相对于图样的大小发生了变化，因此还需要调整尺寸位置。

⑦ 将"模型"切换成"图纸"。

⑧ 在"图纸"空间,双击修改"标题栏"内容,注写技术要求,存盘退出。

4. AutoCAD 装配图画法

用 AutoCAD 绘制装配图主要有三种方法:①直接绘制法;②块插入法;③直接由三维模型生成二维装配图。此处通过介绍"块插入法"绘制装配图。

【例 10-27】　由千斤顶的零件图画出图 10-56 所示的装配图。

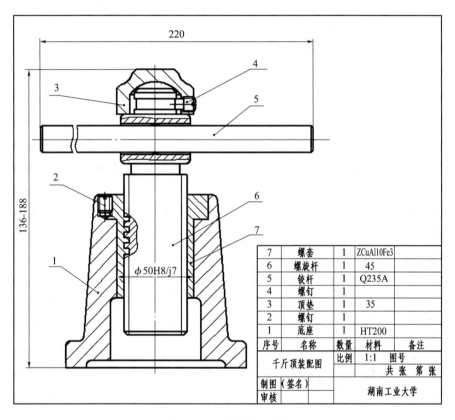

7	螺套	1	ZCuAl10Fe3	
6	螺旋杆	1	45	
5	铰杆	1	Q235A	
4	螺钉	1		
3	顶垫	1	35	
2	螺钉	1		
1	底座	1	HT200	
序号	名称	数量	材料	备注

千斤顶装配图	比例	1:1	图号	
			共 张 第 张	
制图 (签名)		湖南工业大学		
审核				

图 10-56　千斤顶装配图

作图步骤如下:

① 建立零件图形库。建立零件库的方法:打开底座零件图,关闭尺寸和文字所在图层,执行写块命令(Wblock),仅选择底座的主视图创建块,并命名"底座"。用同样的方法建立"螺套""螺旋杆""铰杆""顶垫"等图块文件,如图 10-57 所示。图中"×"表示基点。

② 建立装配图文件,命名为"千斤顶装配图"。

③ 用插入块命令(Insert),按顺序插入"底座""螺套""螺旋杆""铰杆""顶垫"等图块文件。

④ 修改、编辑图形,标注尺寸、零件序号,注写技术要求。

⑤ 添加标题栏和明细表。

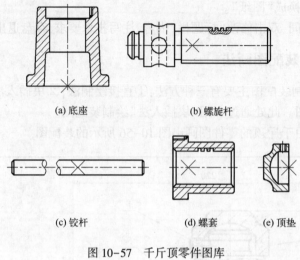

(a) 底座   (b) 螺旋杆

(c) 铰杆   (d) 螺套   (e) 顶垫

图 10-57　千斤顶零件图库

10.9　AutoCAD 三维实体造型基础

AutoCAD 中有三类三维模型:线框模型、表面模型和实体模型,每种模型都有自己的创建方法。本节简要介绍三维实体模型的创建方法。

1. AutoCAD 的坐标体系

用 AutoCAD 创建三维实体模型时,可在"三维基础"或"三维建模"工作空间中进行。新建图形时使用"acadiso3D. dwt"公制样板图,则整个工作界面变成专为三维建模设置的环境,如图 10-58 所示。

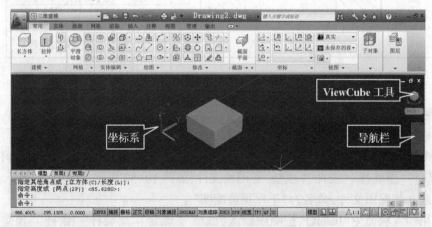

图 10-58　三维建模工作空间

AutoCAD 通常在基于当前坐标系的 *XOY* 平面上进行绘图,这个 *XOY* 平面称为构造平面。在三维环境下绘图,需要不断地更改构造平面的位置和方向,即需要定义新的坐标系,以方便三维绘图。

图 10-59　UCS 面板

① 世界坐标系(WCS)。符合右手定则,不能对其重新定义,是其他三维坐标系的基础。

② 用户坐标系(UCS)。它是根据需要重新定义的坐标系。

UCS 命令的调用方法:①键入"UCS"并回车;②在"三维建模工作空间"功能区单击"视图"选项卡→"坐标"面板。UCS 面板如图 10-59 所示。

2. 三维视图及视觉样式

(1) 三维视图

利用以下工具,可以变换三维模型的观察方向。

图 10-60　"视图"面板

① 功能区面板工具的调用方法:在"三维建模工作空间"功能区单击"视图"选项卡→"视图"面板→"视图"。"视图"如图 10-60 所示。

② ViewCube 工具。ViewCube 工具位于工作空间的右侧,如图 10-58 所示。将光标放置在 ViewCube 工具上,选择其"边"、"角"或"面",即可实现视图的转换。

(2) 视觉样式

视觉样式包括"二维线框""概念""隐藏""真实""着色""灰度""勾画"等,如图 10-61 所示。

视觉样式工具的调用方法:在"三维建模工作空间"功能区单击"视图"选项卡→"视觉样式"面板,如图 10-62 所示。

图 10-61　视觉样式

图 10-62　视觉样式工具

3. 创建实体

1) 创建基本实体

基本实体包括长方体、球体、圆柱体、圆锥体、楔体和圆环等。命令调用方法:在"三维建模工作空间"功能区单击"实体"选项卡→"图元"面板,如图 10-63 所示。

2) 利用二维图形创建实体

利用二维图形创建实体最常用的方法有拉伸、旋转、放样、扫掠等。命令调用方法:在"三维建模工作空间"功能区单击"实体"选项卡→"实体"面板,如图 10-63 所示。

(1) 面域(Region)

由二维图形创建实体,必须先绘制封闭的二维图形,并将其定义成面域。闭合多段线、直线、圆弧、圆、椭圆弧、椭圆和样条曲线都是创建面域的可选对象。命令调用方法:①

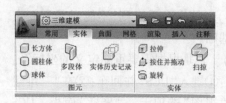

图 10-63　创建基本实体

键入"Region"或"REG"并回车;②在"三维建模工作空间"功能区单击"常用"选项卡→
"绘图"面板⬜。

(2) 拉伸(Extrude)

拉伸是指通过沿指定的方向将对象或平面拉伸出指定距离来创建三维实体。

【**例 10-28**】　绘制如图 10-64 所示的拉伸体。

作图步骤如下:

① 绘制封闭的平面图形。

② 用 Region 命令将其定义成面域。

③ 用 Extrude 命令将其拉伸成实体。

(3) 旋转(Revolve)

旋转是指通过绕轴旋转二维对象来创建三维实体。

【**例 10-29**】　绘制如图 10-65 所示的旋转体。

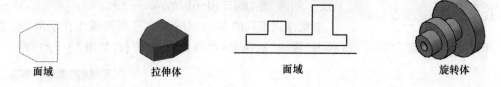

图 10-64　拉伸建模　　　　　　　　　　图 10-65　旋转体绘制

作图步骤如下:

① 绘制封闭的平面图形。

② 用 Region 命令将其定义成面域。

③ 用 Revolve 命令将其旋转 360°,创建旋转体。

4. 编辑实体

编辑实体包括实体剖切、加厚、压印、抽壳、倒角和圆角、布尔运算等。"编辑实体"开
具的调用方法:在"三维建模工作空间"功能区单击"实体"选项卡→"实体编辑"或"布尔
值"面板,如图 10-66 所示。此外,还有类似于二维图形的编辑工具,如删除、移动、旋转、
缩放、镜像、阵列、分解等。

5. 三维实体造型举例

【**例 10-30**】　创建图 10-67 所示的实体模型。

图 10-66　"布尔值"与"实体编辑"面板

图 10-67　实体模型

(1) 分析

用形体分析法,将零件拆分成由若干个简单形体组成。如图 10-67 所示的模型由底板、阶梯圆柱组成。底板上有四个小圆孔,阶梯圆柱上有两处圆角。

(2) 绘图

① 底板。用拉伸命令绘出,如图 10-68(a)所示。

② 阶梯圆柱。用旋转命令绘出,如图 10-68(b)所示。

③ 用"加运算"将底板和圆柱组合成一体。

④ 圆孔。首先绘制四个等径圆柱,然后用"差运算"从底板中"减去"四个圆柱,如图 10-68(c)所示。

⑤ 绘制圆角,完成模型,如图 10-67 所示。

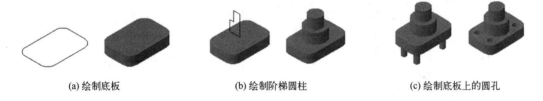

(a) 绘制底板　　　　　　　　　(b) 绘制阶梯圆柱　　　　　　　　(c) 绘制底板上的圆孔

图 10-68　创建实体模型的步骤

复习思考题

1. AutoCAD 常用工作空间有哪几种? 如何切换工作空间?

2. 说出 3 种以上输入命令的方法,说出 3 种以上输入数据的方法。

3. 执行编辑命令时,命令行通常会提示"选择对象"。试述 3 种以上选择对象的方法。

4. 常用二维绘图命令、编辑命令有哪些? 如何创建尺寸标注样式?

5. 为什么要设置图层? 图层包括哪些特征? 如何设置?

6. 试创建一个 A3 图幅的样板文件(后缀名为".dwt"),保存于计算机中的"Template"文件夹中,其中包含:幅面框、图框、学生用简易标题栏、图层、尺寸样式和文字样式。

附 录 A

A.1 常用螺纹及其紧固件

附表1 普通螺纹(GB/T 193—2003)

标 记 示 例
粗牙普通螺纹、公称直径10mm、右旋、中径公差带代号5g、顶径公差带代号6g、短旋合长度的外螺纹: M10-5g6g-S 细牙普通螺纹、公称直径10mm、螺距1mm、左旋、中径和顶径公差带代号都是6H、中等旋合长度的内螺纹: M10×1-6H-LH

(单位:mm)

公称直径 D、d		螺 距 P		粗牙小径 D_1、d_1	公称直径 D、d		螺 距 P		粗牙小径 D_1、d_1
第一系列	第二系列	粗牙	细牙		第一系列	第二系列	粗牙	细牙	
3		0.5	0.35	2.459		22	2.5	2,1.5,1,(0.75),(0.5)	19.294
	3.5	(0.6)		2.850	24		3	2,1.5,1,(0.75)	20.752
4		0.7		3.242		27	3	2,1.5,1,(0.75)	23.752
	4.5	(0.75)	0.5	3.688	30		3.5	(3),2,1.5,1,(0.75)	26.211
5		0.8		4.134		33	3.5	(3),2,1.5,1,(0.75)	29.211
6		1	0.75,(0.5)	4.917	36		4		31.670
8		1.25	1,0.75,(0.5)	6.647		39	4	3,2,1.5,(1)	34.670
10		1.5	1.25,1,0.75,(0.5)	8.376	42		4.5		37.129
12		1.75	1.5,1.25,1,(0.75),(0.5)	10.106		45	4.5	(4),3,2,1.5,(1)	40.129
	14	2	1.5,(1.25),1,(0.75),(0.5)	11.835	48		5		42.587
16		2	1.5,1,(0.75),(0.5)	13.835		52	5		46.587
	18	2.5	2,1.5,1,(0.75),(0.5)	15.294	56		5.5	4,3,2,1.5,(1)	50.046
20		2.5		17.294					

注:(1)优先选用第一系列,括号内尺寸尽可能不用。
　　(2)公称直径 D、d 第三系列未列入

附表2 非螺纹密封的管螺纹(GB/T 7307—2001)

标 记 示 例
尺寸代号 $1\frac{1}{2}$ 的左旋 A 级外螺纹: $G1\frac{1}{2}A—LH$

(单位:mm)

螺纹尺寸代号	每25.4mm内的牙数	螺距 P	基本直径		螺纹尺寸代号	每25.4mm内的牙数	螺距 P	基本直径	
			大径 d、D	小径 d_1、D_1				大径 d、D	小径 d_1、D_1
1/8	28	0.907	9.728	8.566	1¼		2.309	41.910	38.952
1/4	19	1.337	13.157	11.445	1½		2.309	47.807	44.845
3/8		1.337	16.662	14.950	1¾		2.309	53.746	50.788
1/2	14	1.814	20.955	18.631	2		2.309	59.614	56.656
(5/8)		1.814	22.911	20.587	2¼		2.309	65.710	62.752
3/4		1.814	26.441	24.117	2½	11	2.309	75.184	72.226
(7/8)		1.814	30.201	27.877	2¾		2.309	81.534	78.576
1	11	2.309	33.249	30.291	3		2.309	87.884	84.926
1⅛		2.309	37.897	34.939	4		2.309	113.030	110.072

附表3 六角头螺栓

六角头螺栓—A 和 B 级（GB/T 5782—2000）　　　　　六角头螺栓—全螺纹—A 和 B 级（GB/T 5783—2000）

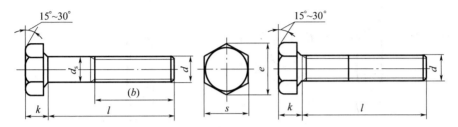

标 记 示 例

螺纹规格 $d=$M12，公称长度 $l=$80mm，性能等级为8.8级，表面氧化，产品等级为 A 级的六角头螺栓：

螺栓 GB/T 5782 M12×80

螺纹规格 $d=$M12，公称长度 $l=$80mm，性能等级为8.8级，表面氧化，全螺纹，产品等级为 A 级的六角头螺栓：

螺栓 GB/T 5783 M12×80

（单位:mm）

螺纹规格	d		M4	M5	M6	M8	M10	M12	M16	M20	M24	M30	M36	M42	M48
b 参考	$l≤125$		14	16	18	22	26	30	38	46	54	66	—	—	—
	$125<l≤200$		20	22	24	28	32	36	44	52	60	72	84	96	108
	$l>200$		33	35	37	41	45	49	57	65	73	85	95	109	121
k			2.8	3.5	4	5.3	6.4	7.5	10	12.5	15	18.7	22.5	26	30
d_{smax}			4	5	6	8	10	12	16	20	24	30	36	42	48
s_{max}			7	8	10	13	16	18	24	30	36	46	55	65	75
e_{min}	产品等级	A	7.66	8.79	11.05	14.38	17.77	20.03	26.75	33.53	39.98	—	—	—	—
		B	—	8.63	10.89	14.2	17.59	19.85	26.17	32.95	39.55	50.85	60.79	72.02	82.6
l 范围	GB/T 5782		25~40	25~50	30~60	40~80	45~100	50~120	65~160	80~200	90~240	110~300	140~360	160~440	180~480
	GB/T 5783		8~40	10~50	12~60	16~80	20~100	25~120	30~200	40~200	50~200	60~200	70~200	80~200	100~200
l 系列	GB/T 5782		20~65（5 进位）、70~160（10 进位）、180~400（20 进位）；l 小于最小值时，全长制螺纹												
	GB/T 5783		8、10、12、16、18、20~65（5 进位）、70~160（10 进位）、180~500（20 进位）												

注：(1) 末端倒角按 GB/T 2 规定。

(2) 螺纹公差:6g；力学性能等级:8.8。

(3) 产品等级：A 级用于 $d=1.6~24$mm 和 $l≤10d$ 或 $l≤150$mm（按较小值）；B 级用于 $d>24$mm 或 $l>10d$ 或 >150mm（按较小值）的螺栓。

(4) 螺纹均为粗牙

附表4　六角螺母

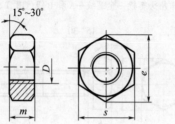
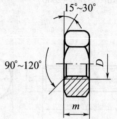

六角螺母—C级(GB/T 41—2000)　　　Ⅰ型六角螺母—A和B级(GB/T 6170—2000)

标 记 示 例

螺纹规格 D=M12,性能等级为10级,不经表面处理,产品等级为A级的Ⅰ型六角螺母:

螺母　GB/T 6170　M12

螺纹规格 D=M12,性能等级为5级,不经表面处理,产品等级为C级的六角螺母:

螺母　GB/T 41　M12

(单位:mm)

螺纹规格 D		M4	M5	M6	M8	M10	M12	M16	M20	M24	M30	M36	M42	M48
s_{max}		7	8	10	13	16	18	24	30	36	46	55	65	75
e_{min}	A、B级	7.66	8.79	11.05	14.38	17.77	20.03	26.75	32.95	39.55	50.85	60.79	71.3	82.6
	C级	—	8.63	10.89	14.2	17.59	19.85	26.17	32.95	39.55	50.85	60.79	71.3	82.6
m_{max}	A、B级	3.2	4.7	5.2	6.8	8.4	10.8	14.8	18	21.5	25.6	31	34	38
	C级	—	5.6	6.4	7.9	9.5	12.2	15.9	19	22.3	26.4	31.9	34.9	38.9

注:(1)A级用于 D≥16 的螺母;B级用于 D>16 的螺母;C级用于 D≥5 的螺母。

(2)螺纹公差:A、B级为6H,C级为7H;力学性能等级:A、B级为6、8、10级,C级为4、5级。

(3)均为粗牙螺纹

附表5　平垫圈—A级(GB/T 97.1—2002)、平垫圈倒角型—A级(GB/T 97.2—2002)

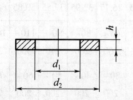
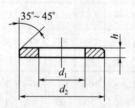

标 记 示 例

标准系列、公称尺寸 d=8mm、由钢制造的硬度等级为200HV级、不经表面处理、产品等级为A级的平垫圈:

垫圈　GB/T 97.1　8

(单位:mm)

规格(螺纹直径)	2	2.5	3	4	5	6	8	10	12	14	16	20	24	30
内径 d_1	2.2	2.7	3.2	4.3	5.3	6.4	8.4	10.5	13	15	17	21	25	31
外径 d_2	5	6	7	9	10	12	16	20	24	28	30	37	44	56
厚度 h	0.3	0.5	0.5	0.8	1	1.6	1.6	2	2.5	2.5	3	3	4	4

附表 6　标准型弹簧垫圈(GB/T 93—1987)　　轻型弹簧垫圈(GB/T 859—1987)

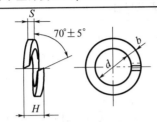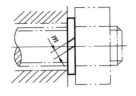

标记示例

公称直径 16mm、材料为 65Mn、表面氧化的标准型弹簧垫圈:

垫圈　GB/T 93　16

(单位:mm)

规格(螺纹直径)		2	2.5	3	4	5	6	8	10	12	16	20	24	30	36	42	48
d		2.1	2.6	3.1	4.1	5.1	6.2	8.2	10.2	12.3	16.3	20.5	24.5	30.5	36.6	42.6	49
H	GB/T 93—1987	1.2	1.6	2	2.4	3.2	4	5	6	7	8	10	12	13	14	16	18
	GB/T 859—1987	1	1.2	1.6	1.6	2	2.4	3.2	4	5	6.4	8	9.6	12			
$s(b)$	GB/T 93—1987	0.6	0.8	1	1.2	1.6	2	2.5	3	3.5	4	5	6	6.5	7	8	9
s	GB/T 859—1987	0.5	0.6	0.8	0.8	1	1.2	1.6	2	2.5	3.2	4	4.8	6			
$m \leqslant$	GB/T 93—1987		0.4		0.5	0.6	0.8	1	1.2	1.5	1.7	2	2.5	3	3.2	3.5	4	4.5
	GB/T 859—1987		0.3		0.4		0.5	0.6	0.8		1.2	1.6	2	2.4	3			
b	GB/T 859—1987		0.8		1		1.2		1.6	2	2.5	3.5	4.5	5.5	6.5	8		

附表 7　内六角圆柱头螺钉(GB/T 70.1—2000)

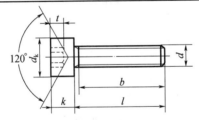

标记示例

螺纹规格 d=M5、公称长度 l=20mm、性能等级为 8.8 级、表面氧化的内六角圆柱头螺钉:

螺钉　GB/T 70.1　M5×20

(单位:mm)

螺纹规格 d		M2.5	M3	M4	M5	M6	M8	M10	M12	(M14)	M16	M20	M24	M30	M36
d_k	max	4.5	5.5	7	8.5	10	13	16	18	21	24	30	36	45	54
k	max	2.5	3	4	5	6	8	10	12	14	16	20	24	30	36
t	min	1.1	1.3	2	2.5	3	4	5	6	7	8	10	12	15.5	19
r			0.1		0.2		0.25		0.4		0.6		0.8		1
s		2	2.5	3	4	5	6	8	10	12	14	17	19	22	27
e		2.3	2.87	3.44	4.58	5.72	6.86	9.15	11.43	13.72	16	19.44	21.73	25.15	30.85
b(参考)		17	18	20	22	24	28	32	36	40	44	52	60	72	84
l 系列		\multicolumn{14}{l}{2.5,3,4,5,6,8,10,12,16,20,25,30,35,40,45,50,55,60,65,70,80,90,100,110,120,130,140,150,160,180,200}

注:(1)b 不包括螺尾。

(2)M3~M20 为商品规格,其他为通用规格

附表 8　双头螺柱

$b_m = 1d\,(\text{GB/T 897—1988})$，$b_m = 1.25d\,(\text{GB/T 898—1988})$

$b_m = 1.5d\,(\text{GB/T 899—1988})$，$b_m = 2d\,(\text{GB/T 900—1988})$

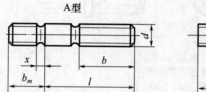　A 型　　　　　　　B 型

标 记 示 例

两端均为粗牙普通螺纹、螺纹规格 $d = \text{M10}$、公称长度 $l = 50\text{mm}$、性能等级为 4.8 级、不经表面处理、$b_m = 1d$、B 型的双头螺栓：

螺柱 GB/T 897　M10×50

旋入机体一端为粗牙普通螺纹、旋入螺母一端为螺距 $P = 1\text{mm}$ 的细牙普通螺纹、$b_m = d$、螺纹规格 $d = \text{M10}$、公称长度 $l = 50\text{mm}$、性能等级为 4.8 级，不经表面处理、A 型、$b_m = 1d$ 的双头螺柱：

螺柱 GB/T 897　AM10-M10×1×50

（单位：mm）

螺纹规格 d		M5	M6	M8	M10	M12	M16	M20	M24	M30	M36
b_m	GB/ T 897—1988	5	6	8	10	12	16	20	24	30	36
	GB/ T 898—1988	6	8	10	12	15	20	25	30	38	45
	GB/ T 899—1988	8	10	12	15	18	24	30	36	45	54
	GB/ T 900—1988	10	12	16	20	24	32	40	48	60	72
$\dfrac{l}{b}$		$\dfrac{16\sim12}{10}$	$\dfrac{20}{10}$	$\dfrac{20}{10}$	$\dfrac{25}{14}$	$\dfrac{25\sim30}{16}$	$\dfrac{30\sim35}{20}$	$\dfrac{35\sim40}{25}$	$\dfrac{45\sim50}{30}$	$\dfrac{60\sim65}{40}$	$\dfrac{65\sim75}{45}$
		$\dfrac{25\sim50}{16}$	$\dfrac{25\sim30}{14}$	$\dfrac{25\sim30}{16}$	$\dfrac{30\sim35}{16}$	$\dfrac{35\sim40}{20}$	$\dfrac{40\sim55}{30}$	$\dfrac{45\sim60}{35}$	$\dfrac{60\sim75}{45}$	$\dfrac{70\sim90}{50}$	$\dfrac{80\sim110}{60}$
			$\dfrac{32\sim70}{18}$	$\dfrac{32\sim90}{22}$	$\dfrac{40\sim120}{26}$	$\dfrac{45\sim120}{30}$	$\dfrac{60\sim120}{38}$	$\dfrac{70\sim120}{46}$	$\dfrac{80\sim120}{54}$	$\dfrac{95\sim120}{66}$	$\dfrac{120}{78}$
					$\dfrac{130}{32}$	$\dfrac{130\sim180}{36}$	$\dfrac{130\sim200}{44}$	$\dfrac{130\sim200}{52}$	$\dfrac{130\sim200}{60}$	$\dfrac{130\sim200}{72}$	$\dfrac{130\sim200}{84}$
										$\dfrac{210\sim250}{85}$	$\dfrac{210\sim300}{97}$
l 系列		

l 系列：16,(18),20,(22),25,(28),30,(32),35,(38),40,45,50,(55),60,(65),70,(75),80,(85),90,(95),100,110,120,130,140,150,160,170,180,190,200,210,220,230,240,250,260,280,300

附表9 开槽螺钉

开槽圆柱头螺钉(GB/T 65—2000)、开槽沉头螺钉(GB/T 68—2000)、开槽盘头螺钉(GB/T 67—2000)

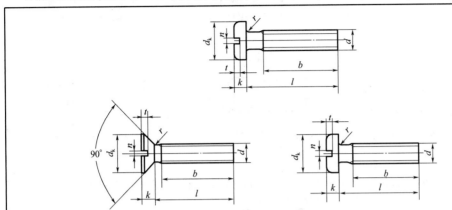

标 记 示 例

螺纹规格 d=M5、公称长度 l=20mm、性能等级为4.8级、不经表面处理的开槽圆柱头螺钉:

螺钉 GB/T 65 M5×20

(单位:mm)

螺纹规格 d		M1.6	M2	M2.5	M3	M4	M5	M6	M8	M10
GB/T 65 —2000	d_k					7	8.5	10	13	16
	k					2.6	3.3	3.9	5	6
	t min					1.1	1.3	1.6	2	2.4
	r min					0.2	0.2	0.25	0.4	0.4
	l					5~40	6~50	8~60	10~80	12~80
	全螺纹时最大长度					40	40	40	40	40
GB/T 67 —2000	d_k	3.2	4	5	5.6	8	9.5	12	16	23
	k	1	1.3	1.5	1.8	2.4	3	3.6	4.8	6
	t min	0.35	0.5	0.6	0.7	1	1.2	1.4	1.9	2.4
	r min	0.1	0.1	0.1	0.1	0.2	0.2	0.25	0.4	0.4
	l	2~16	2.5~20	3~25	4~30	5~40	6~50	8~60	10~80	12~80
	全螺纹时最大长度	30	30	30	30	40	40	40	40	40
GB/T 68 —2000	d_k	3	3.8	4.7	5.5	8.4	9.3	11.3	15.8	18.3
	k	1	1.2	1.5	1.65	2.7	2.7	3.3	4.65	5
	t min	0.32	0.4	0.5	0.6	1	1.1	1.2	1.8	2
	r max	0.4	0.5	0.6	0.8	1	1.3	1.5	2	2.5
	l	2.5~16	3~20	4~25	5~30	6~40	8~50	8~60	10~80	12~80
	全螺纹时最大长度	30	30	30	30	45	45	45	45	45
n		0.4	0.5	0.6	0.8	1.2	1.2	1.6	2	2.5
b			25				38			
l 系列		2,2.5,3,4,5,6,8,10,12,(14),16,20,25,30,35,40,45,50,(55),60,(65),70, (75),80								

附表 10　紧定螺钉

开槽锥端紧定螺钉 GB/T 71—1985	开槽平端紧定螺钉 GB/T 73—1985	开槽长圆柱端紧定螺钉 GB/T 75—1985
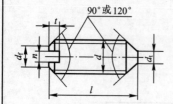	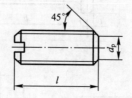	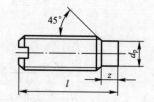

标记示例

螺纹规格 d=M5,公称长度 l=20mm,性能等级为 14 级,表面氧化的开槽锥端紧定螺钉,其标记为:

螺钉　GB/T 71　M5×20

紧定螺钉各部分尺寸　　　　　　　　　　　　　　　　　　　　　　　(单位:mm)

螺纹规格 d			M2	M2.5	M3	M4	M5	M6	M8	M10	M12
d_f			螺 纹 小 径								
n			0.25	0.4	0.4	0.6	0.8	1	1.2	1.6	2
t		max	0.84	0.95	1.05	1.42	1.63	2	2.5	3	3.6
	d_t max		0.2	0.25	0.3	0.4	0.5	1.5	2	2.5	3
GB/T 71—1985	l	120°	—	3	—	—	—	—	—	—	—
		90°	3~10	4~12	4~16	6~20	8~25	8~30	10~40	12~50	14~60
GB/T 73—1985 GB/T 75—1985	d_p	max	1	1.5	2	2.5	3.5	4	5.5	7	8.5
GB/T 73—1985	l	120	2~2.5	2.5~3	3	4	5	6	—	—	—
		90	3~10	4~12	4~16	5~20	6~25	8~30	8~40	10~50	12~60
GB/T 75—1985	z	max	1.25	1.5	1.75	2.25	2.75	3.25	4.3	5.3	6.3
	l	120	3	4	5	6	8	8~10	10~14	12~16	14~20
		90	4~10	5~12	6~16	8~20	10~25	12~30	16~40	20~50	25~60

注:① GB/T 71—1985 和 GB/T 73—1985 规定螺钉的螺纹规格 d=M1.2~M12,公称长度 l=2~60mm;GB/T 75—1985 规定螺钉的螺纹规格 d=M1.6~M12,公称长度 l=2.5~60mm。

② 公称长度 l(系列)为 2,2.5,3,4,5,6,8,10,12,(14),16,20,25,30,35,40,45,50,(55),60mm。

A.2　常用标准件(键、销、滚动轴承)

附表11　键和键槽的剖面尺寸(GB/T 1095—2003)、普通平键的形式尺寸(GB/T 1096—2003)

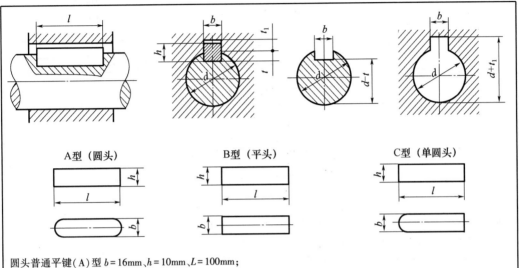

圆头普通平键(A)型 $b=16mm$、$h=10mm$、$L=100mm$;

GB/T 1096　键 $16×10×100$

(单位:mm)

轴径	键		键 槽				
			键 宽			深度	
d (参考)	b	h	b	一般键连接偏差		轴 t	毂 t_1
				轴 N9	毂 JS9		
自 6~8	2	2	2	−0.004 −0.029	±0.0125	1.2	1
>8~10	3	3	3			1.8	1.4
>10~12	4	4	4	0 −0.030	±0.018	2.5	1.8
>12~17	5	5	5			3.0	2.3
>17~22	6	6	6			3.5	2.8
>22~30	8	7	8	0 −0.036	±0.018	4.0	3.3
>30~28	10	8	10			5.0	3.3
>38~44	12	8	12	0 −0.043	±0.0215	5.0	3.3
>44~50	14	9	14			5.5	3.8
>50~58	16	10	16			6.0	4.3
>58~65	18	11	18			7.0	4.4
>65~75	20	12	20	0 −0.052	±0.026	7.5	4.9
>75~85	22	14	22			9.0	5.4
>85~95	25	14	25			9.0	5.4
>95~110	28	16	28			10.0	6.4
>110~130	32	18	32	0 −0.062	±0.031	11.0	7.4
>130~150	36	20	36			12.0	8.4
>150~170	40	22	40			13.0	9.4
>170~200	45	25	45			15.0	10.4
l 系列	6,8,10,12,16,18,20,22,25,28,32,40,45,50,56,63,70,80,90,100,110,125,140,160,180,200, 220,250,280,320,360,400,450						

附表 12　销

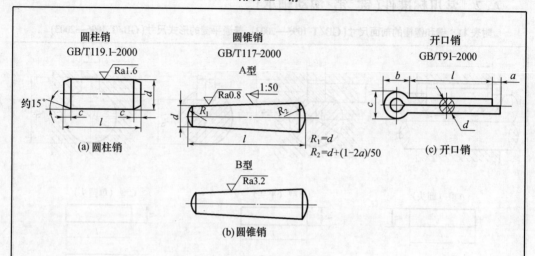

(a) 圆柱销

(b)圆锥销

(c) 开口销

公称直径 10mm、长 50mm 的 A 型圆柱销,其标记为:销　GB/T 119.1　10m6×50

公称直径 10mm、长 60mm 的 A 型圆锥销,其标记为:销　GB/T 117　10×60

公称直径 5mm、长 50mm 的开口销,其标记为:销　GB/T 91　10×50

(单位:mm)

名　称	公称直径 d	1	1.2	1.5	2	2.5	3	4	5	6	9	10	12
圆柱销 (GB/T 199.1 —2000)	$n\approx$	0.12	0.16	0.20	0.25	0.30	0.40	0.50	0.63	0.80	1.0	1.2	1.6
	$c\approx$	0.20	0.25	0.30	0.35	0.40	0.50	0.63	0.80	1.2	1.6	2	2.5
圆锥销 (GB/T 117 —2000)	$a\approx$	0.12	0.16	0.20	0.25	0.30	0.40	0.50	0.63	0.80	1	1.2	1.6
开口销 (GB/T 91 —2000)	d(公称)	0.6	0.8	0.1	1.2	1.6	2	2.5	3.2	4	5	6.3	8
	c	1	1.4	1.8	2	2.8	3.6	4.6	5.8	7.4	9.2	11.8	15
	$b\approx$	2	2.4	3	3	3.2	4	5	6.4	8	10	12.6	16
	a	1.6	1.6	1.6	2.5	2.5	2.5	2.5	4	4	4	4	4
	l(商品规 格范围公 称长度)	4~ 12	5~ 16	6~ 0	8~ 6	8~ 2	10~ 40	12~ 50	14~ 65	18~ 80	22~ 100	30~ 120	40~ 160
l 系列		2,3,4,5,6,8,10,12,14,16,18,20,22,24,26,28,30,32,35,40,45,50,55,60,65, 70,75,80,85,90,95,100,120											

附表 13 滚动轴承 （单位:mm）

深沟球轴承（画法摘自 GB/T 276—1994）	圆锥滚子轴承（画法摘自 GB/T 297—1994）	推力球轴承（画法摘自 GB/T 301—1995）

标记示例：
滚动轴承　6308 GB/T 276—1994

标记示例：
滚动轴承　30209 GB/T 297—1994

标记示例：
滚动轴承　51205 GB/T 301—1995

轴承型号	d	D	B	轴承型号	d	D	B	C	T	轴承型号	d	D	T	d_{1min}
尺寸系列(02)				尺寸系列(02)						尺寸系列(12)				
6202	15	35	11	30203	17	40	12	11	13.25	51202	15	32	12	17
6203	17	40	12	30204	20	47	14	12	15.25	51203	17	35	12	19
6204	20	47	14	30205	25	52	15	13	16.25	51204	20	40	14	22
6205	25	52	15	30206	30	62	16	14	17.25	51205	25	47	15	27
6206	30	62	16	30207	35	72	17	15	18.25	51206	30	52	16	32
6207	35	72	17	30208	40	80	18	16	19.75	51207	35	62	18	37
6208	40	80	18	30209	45	85	19	16	20.75	51208	40	68	19	42
6209	45	85	19	30210	50	90	20	17	21.75	51209	45	73	20	47
6210	50	90	20	30211	55	100	21	18	22.75	51210	50	78	22	52
6211	55	100	21	30212	60	110	22	19	23.75	51211	55	90	25	57
6212	60	110	22	30213	65	120	23	20	24.75	51212	60	95	26	62
尺寸系列(03)				尺寸系列(03)						尺寸系列(13)				
6302	15	42	13	30302	15	42	13	11	14.25	51304	20	47	18	22
6203	17	47	14	30303	17	47	14	12	15.25	51305	25	52	18	27
6204	20	52	15	30304	20	52	15	13	16.25	51306	30	60	21	32
6305	25	62	17	30305	25	62	17	15	18.25	51307	35	68	24	37
6306	30	72	19	30306	30	72	19	16	20.75	51308	40	78	26	42
6207	35	80	21	30307	35	80	21	18	22.75	51309	45	85	28	47
6308	40	90	23	30308	40	90	23	20	25.25	51310	50	95	31	52
6309	45	100	25	30309	45	100	25	22	27.25	51311	55	105	35	57
6310	50	110	27	30310	50	110	27	23	29.25	51312	60	110	35	62
6311	55	120	29	30311	55	120	29	25	31.5	51313	65	115	36	67
6312	60	130	31	30312	60	130	31	26	33.5	51314	70	125	40	72
6313	65	140	33	30313	65	140	33	28	36.0	51315	75	135	44	77

A.3 极限与配合

附表14 优先配合中轴的极限偏差(GB/ T 1801—2009)　　　(单位:μm)

公称尺寸 mm		公 差 带											
大于	至	c	d	f	g	h				k	n	p	s	u
		11	9	7	6	6	7	9	11	6	6	6	6	6
—	3	−60 −120	−20 −45	−6 −16	−2 −8	0 −6	0 −10	0 −25	0 −60	+6 0	+10 +4	+12 +6	+20 +14	+24 +18
3	6	−70 −145	−30 −60	−10 −22	−4 −12	0 −8	0 −12	0 −30	0 −75	+9 +1	+16 +8	+20 +12	+27 +19	+31 +23
6	10	−80 −170	−40 −76	−13 −28	−5 −14	0 −9	0 −15	0 −36	0 −90	+10 +1	+19 +10	+24 +15	+32 +23	+37 +28
10	14	−95 −205	−50 −93	−16 −34	−6 −17	0 −11	0 −18	0 −43	0 −110	+12 +1	+23 +12	+29 +18	+39 +28	+44 +33
14	18													
18	24	−110 −240	−65 −117	−20 −41	−7 −20	0 −13	0 −21	0 −52	0 −130	+15 +2	+28 +15	+35 +22	+48 +35	+54 +41
24	30													+61 +48
30	40	−120 −280	−80 −142	−25 −50	−9 −25	0 −16	0 −25	0 −62	0 −160	+18 +2	+33 +17	+42 +26	+59 +43	+76 +60
40	50	−130 −290												+86 +70
50	65	−140 −330	−100 −174	−30 −60	−10 −29	0 −19	0 −30	0 −74	0 −190	+21 +2	+39 +20	+51 +32	+72 +53	+106 +87
65	80	−150 −340											+78 +59	+121 +102
80	100	−170 −390	−120 −207	−36 −71	−12 −34	0 −22	0 −35	0 −87	0 −220	+25 +3	+45 +23	+59 +37	+93 +71	+146 +124
100	120	−180 −400											+101 +79	+166 +144
120	140	−200 −450	−145 −245	−43 −83	−14 −39	0 −25	0 −40	0 −100	0 −250	+28 +3	+52 +27	+68 +43	+117 +92	+195 +170
140	160	−210 −460											+125 +100	+215 +190
160	180	−230 −480											+133 +108	+235 +210
180	200	−240 −530	−170 −285	−50 −96	−15 −44	0 −29	0 −46	0 −115	0 −290	+33 +4	+60 +31	+79 +50	+151 +122	+265 +236
200	225	−260 −550											+159 +130	+287 +258
225	250	−280 −570											+169 +140	+313 +284
250	280	−300 −620	−190 −302	−56 −108	−17 −49	0 −32	0 −52	0 −130	0 −320	+36 +4	+66 +34	+88 +56	+190 +158	+347 +315
280	315	−330 −650											+202 +170	+382 +350

公称尺寸 mm		公 差 带											
		c	d	f	g	h				k	n	p	s	u
大于	至	11	9	7	6	6	7	9	11	6	6	6	6	6
315	355	−360 −720	−210	−62	−18	0	0	0	0	+40	+73	+98	+226 +190	+426 +390
355	400	−400 −760	−350	−119	−54	−36	−57	−140	−360	+4	+37	+62	+244 +208	+471 +435
400	450	−440 −840	−230	−68	−20	0	0	0	0	+45	+80	+108	+272 +232	+530 +490
450	500	−480 −880	−385	−131	−60	−40	−63	−155	−400	+5	+40	+68	+292 +252	+580 +540

附表 15　优先配合中孔的极限偏差(GB/ T 1801—2009)　　(单位:μm)

公称尺寸 mm		公 差 带												
		C	D	F	G	H				K	N	P	S	U
大于	至	11	9	8	7	7	8	9	11	7	7	7	7	7
—	3	+120 +60	+45 +20	+20 +6	+12 +2	+10 0	+14 0	+25 0	+60 0	0 −10	−4 −14	−6 −16	−14 −24	−18 −28
3	6	+145 +70	+60 +30	+28 +10	+16 +4	+12 0	+18 0	+30 0	+75 0	+3 −9	−4 −16	−3 −20	−15 −27	−19 −31
6	10	+170 +80	+76 +40	+35 +13	+20 +5	+15 0	+22 0	+36 0	+90 0	+5 −10	−4 −19	−9 −24	−17 −32	−22 −37
10	14	+205 +95	+93 +50	+43 +16	+24 +6	+18 0	+27 0	+43 0	+110 0	+6 −12	−5 −23	−11 −29	−21 −39	−26 −44
14	18													
18	24	+240 +110	+117 +65	+53 +20	+28 +7	+21 0	+33 0	+52 0	+130 0	+6 −15	−7 −28	−14 −35	−27 −48	−33 −54
24	30													−40 −61
30	40	+280 +120	+142 +80	+64 +25	+34 +9	+25 0	+39 0	+62 0	+160 0	+7 −18	−8 −33	−17 −42	−34 −59	−51 −76
40	50	+290 +130												−61 −86
50	65	+330 +140	+174 +100	+76 +30	+40 +10	+30 0	+46 0	+74 0	+190 0	+9 −21	−9 −39	−21 −51	−42 −72	−76 −106
65	80	+340 +150											−48 −78	−91 −121
80	100	+390 +170	+207 +120	+90 +36	+47 +12	+35 0	+54 0	+87 0	+220 0	+10 −25	−10 −45	−24 −59	−58 −93	−111 −146
100	120	+400 +180											−66 −101	−131 −166

续表

公称尺寸 mm		公 差 带												
大于	至	C	D	F	G	H				K	N	P	S	U
		11	9	8	7	7	8	9	11	7	7	7	7	7
120	140	+450 / +200	+245 / +145	+106 / +43	+54 / +14	+40 / 0	+63 / 0	+100 / 0	+250 / 0	+12 / -28	-12 / -52	-28 / -68	-77 / -117	-155 / -195
140	160	+460 / +210											-85 / -125	-175 / -215
160	180	+480 / +230											-93 / -133	-195 / -235
180	200	+530 / +240	+285 / +170	+122 / +50	+61 / +15	+46 / 0	+72 / 0	+115 / 0	+290 / 0	+13 / -33	-14 / -60	-33 / -79	-105 / -151	-219 / -265
200	225	+550 / +260											-113 / -159	-241 / -287
225	250	+570 / +280											-123 / -169	-267 / -313
250	280	+620 / +300	+320 / +190	+137 / +56	+69 / +17	+52 / 0	+81 / 0	+130 / 0	+320 / 0	+16 / -36	-14 / -66	-36 / -88	-138 / -190	-295 / -347
280	315	+650 / +330											-150 / -202	-330 / -382
315	355	+720 / +360	+350 / +210	+151 / +62	+75 / +18	+57 / 0	+89 / 0	+140 / 0	+360 / 0	+17 / -40	-16 / 73	-41 / -98	-169 / -226	-369 / -426
355	400	+760 / +400											-187 / -244	-414 / -471
400	450	+840 / +440	+385 / +230	+165 / +68	+83 / +20	+63 / 0	+97 / 0	+155 / 0	+400 / 0	+18 / -45	-17 / -80	-45 / -108	-209 / -279	-467 / -530
450	500	+880 / +480											-229 / -292	-517 / -580

A.4 常用金属材料与非金属材料

附表16 金属材料

标准	名称	牌号		应用举例	说明
GB/T 700—2006	碳素结构钢	Q215	A级	金属结构件、拉杆、套圈、铆钉、螺栓、短轴、心轴、凸轮(载荷不大的)、垫圈、渗碳零件及焊接件	"Q"为碳素结构钢屈服点"屈"字的汉语拼音首字母,后面数字表示屈服数值。如Q235表示碳素结构钢屈服点为235N/mm²
			B级		
		Q235	A级	金属结构,心部强度要求不高的渗碳或氰化零件,吊钩、拉杆、套圈气缸、齿轮、螺母、螺栓、连杆、轮轴、楔、盖及焊接件	新旧牌号对照:
			B级		Q215—A2
			C级		Q235—A3
			D级		Q275—A5
		Q275		轴、轴销、刹车杆、螺母、螺栓、垫圈、连杆、齿轮以及其他强度较高的零件	

续表

标准	名称	牌号	应用举例	说明
GB/T 699—1999	优质碳素结构钢	10F 10	用作拉杆、卡头、垫圈、铆钉及用作焊接零件	牌号的两位数字表示平均碳的质量分数,45 钢即表示碳的质量分数为 0.45%; 碳的质量分数 0.25% 的碳钢属低碳钢(渗碳钢); 碳的质量分数为 0.25% ~ 0.6% 的碳钢属中碳钢(调质钢); 碳的质量分数大于 0.6% 的碳钢属高碳钢。 沸腾钢在牌号后加符号"F"; 锰的质量分数较高的钢,需加注化学元素符号"Mn"
		15F 15	用于受力不大和韧性较高的零件、渗碳零件及紧固件(如螺栓、螺钉)、法兰和化工贮器	
		35	用于制造曲轴、转轴、轴销、杠杆连杆、螺栓、螺母、垫圈、飞轮(多在正火、调质下使用)	
		45	用作要求综合力学性能高的各种零件,通常经正火或调质处理后使用。用于制造轴、齿轮、齿条、链轮、螺栓、螺母、销钉、键、拉杆等	
		65	用于制造弹簧、弹簧垫圈、凸轮、轧辊等	
		15Mn	制作心部力学性能要求较高且需渗碳的零件	
		65Mn	用作要求耐磨性高的圆盘、衬析、齿轮、花键轴、弹簧等	
GB/T 3077—1999	合金结构钢	30Mn2	起重机行车轴、变速箱齿轮、冷镦螺栓及较大截面的调质零件	钢中加入一定量的合金元素,提高了钢的力学性能和耐磨性,也提高了钢的淬透性,保证金属在较大截面上获得高的力学性能
		20Cr	用于要求心部强度较高、承受磨损、尺寸较大的渗碳零件,如齿轮、齿轮轴、蜗杆、凸轮、活塞销等,也用于速度较大、受中等冲击的调质零件	
		40Cr	用于受变载、中速、中载、强烈磨损而无很大冲击的重要零件,如重要的齿轮、轴、曲轴、连杆、螺栓、螺母等	
		35SiMn	可代替 40Cr 用于中小型轴类、齿轮等零件及 430℃ 以下的重要坚固件等	
		20CrMnTi	强度韧性均高,可代替镍铬钢用于承受高速、中等或重载荷以及冲击、磨损等重要零件,如渗碳齿轮、凸轮等	
GB/T 11352—2009	铸钢	ZG230—450	轧机机架、铁道车辆摇枕、侧梁、铁铮台、机座、箱体、锤轮、450℃ 以下的管路附件等	"ZG" 为铸钢汉语拼音的首位字母,后面数字表示屈服点和抗拉强度。如 ZG230—450 表示屈服点为 230N/mm²、抗拉强度为 450N/mm²
		ZG310—570	联轴器、齿轮、气缸、轴、机架、齿圈等	
GB/T 9439—1988	灰铸铁	HT150	用于小载荷和对耐磨性无特殊要求的零件,如端盖、外罩、手轮、一般机床底座、床身及其复杂零件,滑台、工作台和低压管件等	"HT" 为灰铁的汉语拼音的首位字母,后面的数字表示抗拉强度。为 150N/mm² 的灰铸铁

标准	名称	牌号	应用举例	说明
GB/T 9439—1988	灰铸铁	HT200	用于中等载荷和对耐磨性有一定要求的零件,如机床床身、立柱、飞轮、气缸、泵体、轴承座、活塞、齿轮箱、阀体等	"HT"为灰铁的汉语拼音的首位字母,后面的数字表示抗拉强度。如 HT200 表示抗拉强度为 $200N/mm^2$ 的灰铸铁
		HT250	用于中等载荷和对耐磨性有一定要求的零件,如阀壳、油缸、气缸、联轴器、机体、齿轮、齿轮箱外壳、飞轮、衬套、凸轮、轴承座、活塞等	
		HT300	用于受力大的齿轮、床身导轨、车床卡盘、剪床床身、压力机的床身、凸轮、高压油缸、液压泵和滑阀壳体、冲模模体等	
GB/T 1176—1987	5-5-5 锡青铜	ZCuSN5 Pb5Zn5	耐磨性和耐蚀性均好,易加工,铸造性和气密性较好。用于较高载荷、中等滑动速度下工作的耐磨、耐蚀零件,如轴瓦、衬套、缸套、油塞、离合器、蜗轮等	"Z"为铸造汉语拼音的首位字母,各化学元素后面的数字表示该元素含量的百分数,如 ZCuAl0Fe3 表示含 Al(8.5~11)%,Fe(2~4)%,其余为 Cu 的铸造铝青铜
	10-3 铝青铜	ZCuAl10 Fe3	力学性能好,耐磨性、耐蚀性、抗氧化性好,可焊接性好,不易钎焊,大型铸件自 700℃空冷可防止变脆。可用于制造强度高、耐磨、耐蚀的零件,如蜗轮、轴承、衬套、管嘴、耐热管配件等	
	25-6-3-3 铝黄铜	ZCuZn 25A16 Fe3Mn3	有很好的力学性能,铸造性良好,耐蚀性较好,有应力座腐蚀开裂倾向,可以焊接。适用于高强耐磨零件,如桥梁支承板、螺母、螺杆、耐磨板、滑块和蜗轮等	
	58-2-2 锰黄铜	ZCu58 Mn2Pb2	有较好的力学性能和耐蚀性,耐磨性较好,切削性良好。可用于一般用途的构件、船舶仪表等使用的外形简单的铸件,如套筒、衬套、轴瓦、滑块等	
GB/T 1173—1995	铸造合金	ZL102 ZL202	耐磨性中上等,用于制造载荷不大的薄壁零件	ZL102 表示含硅(10~13)%、余量为铝的铝硅合金;ZL202 表示含铜(9~11)%、余量为铝的铝铜合金
GB/T 3190—2008	硬铝	LY12	焊接性能好,适于制作中等强度的零件	LY12 表示含铜(3.8~4.9)%、镁(1.2~1.8)%、锰(0.3~0.9)%、余量为铝的硬铝
	工业纯铝	L2	适于制作贮槽、塔、热交换器、防止污染及深冷设备等	L2 表示含杂质≤0.4%的工业纯铝

附表 17 非金属材料

标准	名 称	牌号	说 明	应 用 举 例
GB/T 539—2008	耐油石棉橡胶板		有厚度（0.4～3.0)mm 的十种规格	供航空发动机用的煤油、润滑油及冷气系统接合处的密封垫材料
GB/T 5574—2008	耐酸碱橡胶板	2707 2807 2709	较高硬度 中等硬度	具有耐酸碱性能,在温度为-30～60℃的20%浓度的酸碱液体中工作,用作冲制密封性能较好的势圈
	耐油橡胶板	3707 3807 3709 3809	较高硬度	可在一定温度的机油、变压器油、汽油等介质中工作,适用冲制各种形状的垫圈
	耐热橡胶板	4708 4808 4710	较高硬度 中等硬度	可在-30～100℃且压力不大的条件下,于热空气、蒸汽介质中工作,用作冲制各种垫圈和隔热垫板

A.5　装配体测绘任务书

　　　　　　　　　　　_____学年第_____学期

_____学院(系、部)_____专业_____班

课程名称：_____

设计题目：_____

完成期限：自____年____月____日____至____年____月____日____共____周

<table>
<tr>
<td rowspan="1">内容及任务</td>
<td colspan="2">

一、内容与目的

　　部件测绘是《工程制图》课程的一个重要的综合实践环节。它是根据现有的部件或机器模型,测绘出全部非标准零件的草图,然后通过对草图的修改与整理,绘制出设计机器装配图和零件图工作图的过程。其目的是进一步提高学生绘制机械工程图样的能力。

二、任务与要求

(1) 掌握机器测绘的方法和步骤,熟悉各种测量工具的使用,掌握正确的测量方法。

(2) 掌握徒手绘图以及仪器绘图的技能,掌握零件图、装配图的视图选择和画法。

(3) 能查阅有关国家标准与资料。

　　(提倡独立思考、勇于创新,反对不求甚解、盲目抄袭;所绘图纸作图准确、表达清晰、内容完整、图面整洁。)

三、测绘工作量

(1) 草图一套。

(2) 装配图一张。

(3) 零件图 若干张。

四、装订要求

全部测绘图纸按 A4 幅面装订成册,并设计封面。封面内容包括:部件名称、班级、学号、姓名、指导老师、校名、系名等。封面背面设计图纸目录表。

</td>
</tr>
</table>

<table>
<tr>
<td rowspan="4">进度安排</td>
<td>起止日期</td>
<td>工作内容</td>
</tr>
<tr>
<td>月 ~ 月</td>
<td>部件拆卸,画装配示意图、零件草图并测量尺寸</td>
</tr>
<tr>
<td>月 ~ 月</td>
<td>拼画装配图</td>
</tr>
<tr>
<td>月 ~ 月</td>
<td>画零件图,校核与检查</td>
</tr>
</table>

<table>
<tr>
<td>主要参考资料</td>
<td></td>
</tr>
</table>

指导教师：_____　　　　　　　　　　　　　　　　　　年　月　日

参 考 文 献

［1］赵大兴.工程制图.北京:高等教育出版社,2009.

［2］何人可.工业设计史.北京:北京理工大学出版社,2000.

［3］窦忠强.工业产品设计与表达.北京：高等教育出版社,2009.

［4］王巍.机械制图. 北京：高等教育出版社,2008.

［5］刘潭玉.工程制图.长沙:湖南大学出版社,2008.

［6］刘小年.工程制图. 北京：高等教育出版社,2010.

［7］刘克明.中国工程图学史.武汉:华中科技大学出版社,2005.

［8］王成刚.工程图学简明教程.武汉:武汉理工大学出版社,2002.

［9］焦永和,等. 工程制图.北京:高等教育出版社,2008.

［10］李虹,等. 画法几何及机械制图.2 版.北京:国防工业出版社,2008.

［11］侯洪生.机械工程图学.2 版.北京:科学出版社,2008.

［12］AutoCAD2011 中文版实用教程.北京:电子工业出版社,2011.

［13］全国技术产品文件标准化委员会.技术产品文件标准汇编(机械制图卷).北京:中国标准出版社,2009.

反侵权盗版声明

　　电子工业出版社依法对本作品享有专有出版权。任何未经权利人书面许可,复制、销售或通过信息网络传播本作品的行为;歪曲、篡改、剽窃本作品的行为,均违反《中华人民共和国著作权法》,其行为人应承担相应的民事责任和行政责任,构成犯罪的,将被依法追究刑事责任。

　　为了维护市场秩序,保护权利人的合法权益,本社将依法查处和打击侵权盗版的单位和个人。欢迎社会各界人士积极举报侵权盗版行为,本社将奖励举报有功人员,并保证举报人的信息不被泄露。

举报电话:(010)88254396;(010)88258888

传　　真:(010)88254397

E-mail:dbqq@phei.com.cn

通信地址:北京市海淀区万寿路173信箱
　　　　　电子工业出版社总编办公室

邮　　编:100036